小型建设工程施工项目负责人岗位培训教材

# 市政公用工程

小型建设工程施工项目负责人岗位培训教材编写委员会 编写

中国建筑工业出版社

图书在版编目（CIP）数据

市政公用工程/小型建设工程施工项目负责人岗位培训教材
编写委员会编写 . 一北京：中国建筑工业出版社，2013.8
小型建设工程施工项目负责人岗位培训教材
ISBN 978-7-112-15577-4

Ⅰ.①市… Ⅱ.①小… Ⅲ.①市政工程-工程施工-岗位培
训-教材 Ⅳ.①TU99

中国版本图书馆 CIP 数据核字（2013）第 143041 号

　　本书是《小型建设工程施工项目负责人岗位培训教材》中的一本，是市政公用工程专业小型建设工程施工项目负责人参加岗位培训的参考教材。全书共分两篇内容，包括市政公用工程技术、市政公用工程项目施工管理等。本书可供市政公用工程专业小型建设工程施工项目负责人作为岗位培训参考教材，也可供市政公用工程专业相关技术人员和管理人员参考使用。

\* \* \*

责任编辑：刘　江　岳建光　张　磊
责任设计：李志立
责任校对：党　蕾　刘梦然

小型建设工程施工项目负责人岗位培训教材
**市政公用工程**
小型建设工程施工项目负责人岗位培训教材编写委员会　编写

\*

中国建筑工业出版社出版、发行（北京西郊百万庄）
各地新华书店、建筑书店经销
北京红光制版公司制版
河北省零五印刷厂印刷

\*

开本：787×1092 毫米　1/16　印张：14　字数：340 千字
2014 年 4 月第一版　　2014 年 4 月第一次印刷
定价：38.00 元
ISBN 978-7-112-15577-4
（24163）

小型建设工程施工项目负责人岗位培训教材

# 编 写 委 员 会

主　　编：缪长江

编　　委：（按姓氏笔画排序）

王　莹　王晓峥　王海滨　王雪青

王清训　史汉星　冯桂烜　成　银

刘伊生　刘雪迎　孙继德　李启明

杨卫东　何孝贵　张云富　庞南生

贺　铭　高尔新　唐江华　潘名先

# 序

　　为了加强建设工程施工管理，提高工程管理专业人员素质，保证工程质量和施工安全，建设部会同有关部门自 2002 年以来陆续颁布了《建造师执业资格制度暂行规定》、《注册建造师管理规定》、《注册建造师执业工程规模标准》（试行）、《注册建造师施工管理签章文件目录》（试行）、《注册建造师执业管理办法》（试行）等一系列文件，对从事建设工程项目总承包及施工管理的专业技术人员实行建造师执业资格制度。

　　《注册建造师执业管理办法》（试行）第五条规定：各专业大、中、小型工程分类标准按《注册建造师执业工程规模标准》（试行）执行；第二十八条规定：小型工程施工项目负责人任职条件和小型工程管理办法由各省、自治区、直辖市人民政府建设行政主管部门会同有关部门根据本地实际情况规定。该文件对小型工程的管理工作做出了总体部署，但目前我国小型建设工程还未形成一个有效、系统的管理体系，尤其是对于小型建设工程施工项目负责人的管理仍是一项空白，为此，本套培训教材编写委员会组织全国具有丰富理论和实践经验的专家、学者以及工程技术人员，编写了《小型建设工程施工项目负责人岗位培训教材》（以下简称《培训教材》），力求能够提高小型建设工程施工项目负责人的素质；缓解"小工程、大事故"的矛盾；帮助地方建立小型工程管理体系；完善和补充建造师执业资格制度体系。

　　本套《培训教材》共 17 册，分别为《建设工程施工管理》、《建设工程施工技术》、《建设工程施工成本管理》、《建设工程法规及相关知识》、《房屋建筑工程》、《农村公路工程》、《铁路工程》、《港口与航道工程》、《水利水电工程》、《电力工程》、《矿山工程》、《冶炼工程》、《石油化工工程》、《市政公用工程》、《通信与广电工程》、《机电安装工程》、《装饰装修工程》。其中《建设工程施工成本管理》、《建设工程法规及相关知识》、《建设工程施工管理》、《建设工程施工技术》为综合科目，其余专业分册按照《注册建造师执业工程规模标准》（试行）来划分。本套《培训教材》可供相关专业小型建设工程施工项目负责人作为岗位培训参考教材，也可供相关专业相关技术人员和管理人员参考使用。

　　对参与本套《培训教材》编写的大专院校、行政管理、行业协会和施工企业的专家和学者，表示衷心感谢。

　　在《培训教材》的编写过程中，虽经反复推敲核证，仍难免有不妥甚至疏漏之处，恳请广大读者提出宝贵意见。

小型建设工程施工项目负责人岗位培训教材编写委员会

2013 年 9 月

# 前　　言

　　本书根据全国一级建造师和二级建造师执业资格考试用书《市政公用工程管理与实务》（第三版）的内容，按照小型建设工程施工项目负责人岗位知识需求改编而成。

　　本书内容上改编的依据是注册建造师执业工程规模标准。从常见的合同总价小于1000万元的小型市政工程项目出发，来选择小型建设工程项目负责人应当掌握的常用市政公用工程技术；从小型建设工程项目负责人在管理项目的全过程中需要用到管理知识出发，来选择他们需要掌握的施工管理知识。为此，在市政公用工程技术篇内删去了城市轨道交通工程、城市绿化与园林工程两章；在市政公用工程项目施工管理篇内删去了市政工程实体质量管理和施工安全管理专业要求内容，将它们移入第一篇内一并叙述；同时删去了市政公用工程项目相关法规与标准篇。需要指出的是：根据本套丛书编写委员会的总体安排，丛书内增加了一本公共课教材《建设工程施工技术》，因此，本书第一篇内的很多内容都移到那儿去了，希望读者能够注意。

　　本书是培训教材，不是考试用书，因此，编目的变化是显而易见的，他们不再被分成掌握、熟悉和了解。希望本书既是读者入行的入门书，又是读者在搞施工管理时的便携参考手册。由于篇幅所限，很多内容没有编写进去，读者如需在系统性和理论性方面得到补充和提高，还请参考相关的专业书籍。

　　虽然，在本书的改编过程中，根据近三年来新出的规范、标准的内容，对相应的叙述作了修改，对发现的一些错误做了订正，但是，限于编者的水平，本书肯定存在不为编者所识的错误和不足，希望广大读者批评指正。

　　最后向《市政公用工程管理与实务》（第三版）原编著者致以深深的歉意和崇高的敬意。

# 目　录

## 第一篇　市政公用工程技术

# 第二篇　市政公用工程项目施工管理

# 第一篇 市政公用工程技术

# 第1章 城镇道路工程

## 1.1 城镇道路工程结构与材料

### 1.1.1 城镇道路分类与分级

1. 城镇道路分级

我国城镇道路按道路在道路网中的地位、交通功能以及对沿线的服务功能等，分为快速路、主干路、次干路和支路四个等级。

快速路应中央分隔、全部控制出入、控制出入口间距及形式，应实现交通连续通行，单向设置不应少于两条车道，并应设有配套的交通安全与管理设施。快速路两侧不应设置吸引大量车流、人流的公共建筑物的出入口。

主干路应连接城市各主要分区，应以交通功能为主。主干路两侧不宜设置吸引大量车流、人流的公共建筑物的出入口。

次干路应与主干路结合组成干路网，应以集散交通的功能为主，兼有服务功能。

支路宜与次干路和居住区、工业区、交通设施等内部道路相连接，应以解决局部地区交通，服务功能为主。

2. 城镇道路技术标准

我国城镇道路分级及主要技术指标见表 1-1。

我国城镇道路分类及主要技术指标 表 1-1

| 等 级 | 设计车速<br>（km/h） | 双向机动<br>车道数<br>（条） | 机动车道宽度<br>（m） | 分隔带设置 | 横断面采<br>用型式 | 设计使用年限<br>（年） |
|---|---|---|---|---|---|---|
| 快速路 | 100～60 | ≥4 | 3.7～3.50 | 必须设 | 双、四幅路 | 20 |
| 主干路 | 60～40 | ≥4 | 3.5～3.25 | 应设 | 三、四幅路 | 20 |
| 次干路 | 50～30 | 2～4 | 3.5～3.25 | 可设 | 单、双幅路 | 15 |
| 支路 | 40～20 | 2 | 3.5～3.25 | 不设 | 单幅路 | 10～15 |

3. 城镇道路路面分类

（1）按结构强度分类

①高级路面：路面强度高、刚度大、稳定性好是高级路面的特点。它使用年限长，适应繁重交通量，且路面平整、车速高、运输成本低，建设投资高，养护费用少。

②次高级路面：路面强度、刚度、稳定性、使用寿命、车辆行驶速度、适应交通量等

1

均低于高级路面，但是维修、养护、运输费用较高。

城镇道路路面等级和面层材料见表1-2。

城镇道路路面等级和面层材料表 表1-2

| 路面等级 | 面层材料 | 设计使用年限（年） | 适用范围 |
|---|---|---|---|
| 高级路面 | 水泥混凝土 | 30 | 城镇快速路、主干路、次干路、支路、城市广场、停车场 |
| | 沥青混凝土、沥青碎石 | 15 | |
| 次高级面 | 沥青贯入式碎（砾）石 | 10 | 城镇支路、停车场 |
| | 沥青表面处治 | 8 | |

（2）按力学特性分类

①柔性路面：荷载作用下产生的弯沉变形较大、抗弯强度小，在反复荷载作用下产生累积变形，它的破坏取决于极限垂直变形和弯拉应变。柔性路面主要代表是各种沥青类路面，包括沥青混凝土面层、沥青碎石面层、沥青贯入式碎（砾）石面层等。

②刚性路面：行车荷载作用下产生板体作用，抗弯拉强度大，弯沉变形很小，呈现出较大的刚性，它的破坏取决于极限弯拉强度。刚性路面主要代表是水泥混凝土路面，包括接缝处设传力杆、不设传力杆及设补强钢筋网的水泥混凝土路面。

## 1.1.2 沥青路面结构组成特点

1. 结构组成

城镇沥青路面结构由面层、基层和路基组成，层间结合必须紧密稳定，以保证结构的整体性和应力传递的连续性。大部分道路结构组成是多层次的，但层数不宜过多。

行车载荷和自然因素对路面的影响随深度的增加而逐渐减弱；对路面材料的强度、刚度和稳定性的要求也随深度的增加而逐渐降低。因此，通常按使用要求、受力状况、土基支承条件和自然因素影响程度的不同，在路基顶面采用不同规格和要求的材料分别铺设基层和面层等结构层。

面层、基层的结构类型及厚度应与交通量相适应。交通量大、轴载重时，应采用高等级面层与强度较高的结合料稳定类材料基层。

基层的结构类型可分为柔性基层、半刚性基层；在半刚性基层上铺筑面层时，城市主干路、快速路应适当加厚面层或采取其他措施以减轻反射裂缝。

（1）路基与填料

①路基分类

按材料分，路基可分为土方路基、石方路基、特殊土路基。

按路基断面形式分，可分为路堤——路基顶面高于原地面的填方路基；路堑——全部由地面开挖出的路基（又分重路堑、半路堑、半山峒三种形式）；半填、半挖——横断面一侧为挖方，另一侧为填方的路基。

②路基填料

高液限黏土、高液限粉土及含有机质细粒土，不适用做路基填料。因条件限制而必须采用上述土做填料时，应掺加石灰或水泥等结合料进行改善。

地下水位高时，宜提高路基顶面标高。在设计标高受限制，未能达到中湿状态的路基临界高度时，应选用粗粒土或低剂量石灰或水泥稳定细粒土做路基填料。同时应采取在边沟下设置排水渗沟等降低地下水位的措施。

岩石或填石路基顶面应铺设整平层。整平层可采用未筛分碎石和石屑或低剂量水泥稳定粒料，其厚度视路基顶面不平整程度而定，一般为 100～150mm。

（2）基层与材料

基层是路面结构中的承重层，主要承受车辆荷载的竖向力，并把面层下传的应力扩散到土基。基层可分为上基层和底基层，各类基层结构性能、施工或排水要求不同，厚度也不同。

应根据道路交通等级和路基抗冲刷能力来选择基层材料。湿润和多雨地区，宜采用排水基层。未设垫层，且路基填料为细粒土、黏土质砂或级配不良砂（承受特重或重交通），或者为细粒土（承受中等交通）时，应设置底基层。底基层可采用级配粒料、水泥稳定粒料或石灰粉煤灰稳定粒料等。

常用的基层材料有：

①无机结合料稳定粒料

无机结合料稳定粒料基层包括石灰稳定土类基层、石灰粉煤灰稳定砂砾基层、石灰粉煤灰钢渣稳定土类基层、水泥稳定土类基层等，其强度高，整体性好，适用于交通量大、轴载重的道路。工业废渣（粉煤灰、钢渣等）混合料的强度、稳定性和整体性均较好，适用于各种路面的基层，但所用工业废渣应性能稳定、无风化、无腐蚀。

②嵌锁型和级配型材料

级配砂砾及级配砾石基层可用作城市次干道及其以下道路基层。为防止冻胀和湿软，天然砂砾应质地坚硬，含泥量不应大于砂质量（粒径小于 5mm）的 10%。级配砾石作次干道及其以下道路底基层时，级配中最大粒径宜小于 53mm，做基层时最大粒径不应大于 37.5mm。

级配碎石及级配砾石基层可用作城市快速路、主干路、次干路及其以下道路基层，也可作为城市快速路、主干路、次干路及其以下道路底基层。嵌缝料应与骨料的最小粒径衔接。

（3）面层与材料

高等级沥青路面面层可划分为磨耗层、面层上层、面层下层，或称之为上（表）面层、中面层、下（底）面层。

沥青路面面层类型有：

①热拌沥青混合料面层

热拌沥青混合料（HMA），包括 SMA（沥青玛琋脂碎石混合料）和 OGFC（大空隙开级配排水式沥青磨耗层）等嵌挤型热拌沥青混合料；适用于各种等级道路的面层，其种类按集料公称最大粒径、矿料级配、孔隙率划分。

②冷拌沥青混合料面层

冷拌沥青混合料适用于支路及其以下道路的路面、支路的表面层，以及各级沥青路面的基层、连接层或整平层；冷拌改性沥青混合料可用于沥青路面的坑槽冷补。

③温拌沥青混合料面层

在沥青混合料拌制过程中添加特定成分，使沥青混合料在 120～130℃时拌合。温拌沥青混合料与热拌沥青混合料适用范围相同。

④沥青贯入式面层

沥青贯入式面层宜做城市次干路以下路面层使用，其主石料层厚度应依据碎石的粒径确定，厚度不宜超过 100mm。

⑤沥青表面处治面层

主要起防水层、磨耗层、防滑层或改善碎（砾）石路面的作用。沥青表面处治面层的集料最大粒径与处治层厚度相匹配。

2. 结构层的性能要求

（1）路基

路基既为车辆在道路上行驶提供基础条件，也是道路的支撑结构物，对路面的使用性能有重要影响。路基应稳定、密实、均质，对路面结构提供均匀的支承，即路基在环境和荷载作用下不产生不均匀变形。

其主要性能指标有：

①整体稳定性

在地表上开挖或填筑路基，必然会改变原地层（土层或岩层）的受力状态；原先处于稳定状态的地层，有可能由于填筑或开挖而引起不平衡，导致路基失稳。软土地层上填筑高路堤产生的填土附加荷载如超出了软土地基的承载力，就会造成路堤沉陷；在山坡上开挖深路堑使上侧坡体失去支承，有可能造成坡体坍塌破坏。在不稳定的地层上填筑或开挖路基会加剧滑坡或坍塌。因此，必须保证路基在不利的环境（地质、水文或气候）条件下具有足够的整体稳定性，以发挥路基在道路结构中的强力承载作用。

②变形量控制

路基及其下承的地基，在自重和车辆荷载作用下会产生变形，如地基软弱填土过分疏松或潮湿时，所产生的沉陷或固结、不均匀变形，会导致路面出现过量的变形和应力增大，促使路面过早破坏并影响汽车行驶舒适性。因此，必须尽量控制路基、地基的变形量，才能给路面以坚实的支承。

（2）基层

基层是路面结构中的承重层，主要承受车辆荷载的竖向力，并把面层下传的应力扩散到路基，且为面层施工提供稳定而坚实的工作面，控制或减少路基不均匀冻胀或沉降变形对面层产生的不利影响。基层受自然因素的影响虽不如面层强烈，但面层下的基层应有足够的水稳定性，以防基层湿软后变形大，导致面层损坏。

其主要性能指标有：

①基层应具有足够的、均匀一致的承载力和较大的刚度；有足够的抗冲刷能力和抗变形能力，坚实、平整、整体性好。

②不透水性好。底基层顶面宜铺设沥青封层或防水土工织物；为防止地下渗水影响路基，排水基层下应设置由水泥稳定粒料或密级配粒料组成的不透水底基层。

（3）面层

面层是直接同行车和大气相接触的层位，承受行车荷载引起的竖向力、水平力和冲击力的作用，同时又受降水的侵蚀作用和温度变化的影响。因此面层应具有较高的强度、刚

4

度、耐磨、不透水和高低温稳定性，并且其表面层还应具有良好的平整度和粗糙度。

（4）路面使用指标

①承载能力

当车辆荷载作用在路面上，使路面结构内产生应力和应变，如果路面结构整体或某一结构层的强度或抗变形能力不足以抵抗这些应力和应变时，路面便出现开裂或变形（沉陷、车辙等），降低其服务水平。路面结构暴露在大气中，受到温度和湿度的周期性影响，也会使其承载能力下降。路面在长期使用中会出现疲劳损坏和塑性累积变形，需要维修养护，但频繁维修养护势必会干扰正常的交通运营。为此，路面必须满足设计年限的使用需要，具有足够抗疲劳破坏和塑性变形的能力，即具备相当高的强度和刚度。

②平整度

平整的路表面可减小车轮对路面的冲击力，行车产生附加的振动小不会造成车辆颠簸，能提高行车速度和舒适性，不增加运行费用。依靠先进的施工机具、精细的施工工艺、严格的施工质量控制及经常、及时的维修养护，可实现路面的高平整度。为减缓路面平整度的衰变速率，应重视路面结构及面层材料的强度和抗变形能力。

③温度稳定性

路面材料特别是表面层材料，长期受到水文、温度、大气因素的作用，材料强度会下降，材料性状会变化，如沥青面层老化，弹性—黏性—塑性逐渐丧失，最终路况恶化，导致车辆运行质量下降。为此，路面必须保持较高的稳定性，即具有较低的温度、湿度敏感度。

④抗滑能力

光滑的路表面使车轮缺乏足够的附着力，汽车在雨雪天行驶或紧急制动或转弯时，车轮易产生空转或溜滑危险，极有可能造成交通事故。因此，路表面应平整、密实、粗糙、耐磨，具有较大的摩擦系数和较强的抗滑能力。路面抗滑能力强，可缩短汽车的制动距离，降低发生交通安全事故的频率。

⑤透水性

一般情况下，城镇道路路面应具有不透水性，以防止水分渗入道路结构层和路基，致使路面的使用功能丧失。

⑥噪声量

城市道路使用过程中产生的交通噪声，使人们出行感到不舒适，居民生活质量下降。城市区域应尽量使用低噪声路面，为营造静谧的社会环境创造条件。

近年我国城市开始修筑降噪排水路面，以提高城市道路的使用功能和减少城市交通噪声。沥青路面结构组合：上面（磨耗层）层采用 OGFC 沥青混合料，中面层、下（底）面层等采用密级配沥青混合料。既满足沥青路面强度高、高低温性能好和平整密实等路用功能，又实现了城市道路排水降噪的环保功能。

## 1.1.3　水泥混凝土路面构造特点

水泥混凝土路面结构的组成包括路基、垫层、基层以及面层。

1. 构造特点

（1）垫层

在温度和湿度状况不良的环境下，城市水泥混凝土道路应设置垫层，以改善路面结构的使用性能。

①在季节性冰冻地区，道路结构设计总厚度小于最小防冻厚度要求时，根据路基干湿类型和路基填料的特点设置垫层；其差值即是垫层的厚度。水文地质条件不良的土质路堑，路基土湿度较大时，宜设置排水垫层。路基可能产生不均匀沉降或不均匀变形时，宜加设半刚性垫层。

②垫层的宽度应与路基宽度相同，其最小厚度为150mm。

③防冻垫层和排水垫层宜采用砂、砂砾等颗粒材料。半刚性垫层宜采用低剂量水泥、石灰等无机结合稳定粒料或土类材料。

（2）基层

①水泥混凝土道路基层作用：防止或减轻由于唧泥产生板底脱空和错台等病害；与垫层共同作用，可控制或减少路基不均匀冻胀或体积变形对混凝土面层产生的不利影响；为混凝土面层施工提供稳定而坚实的工作面，并改善接缝的传荷能力。

②基层材料的选用原则：根据道路交通等级和路基抗冲刷能力来选择基层材料。特重交通宜选用贫混凝土、碾压混凝土或沥青混凝土；重交通道路宜选用水泥稳定粒料或沥青稳定碎石；中、轻交通道路宜选择水泥或石灰粉煤灰稳定粒料或级配粒料。湿润和多雨地区，繁重交通路段宜采用排水基层。

③基层的宽度应根据混凝土两层施工方式的不同，比混凝土面层每侧至少宽出300mm（小型机具施工时）或500mm（轨模式摊铺机施工时）或650mm（滑模式摊铺机施工时）。

④各类基层结构性能、施工或排水要求不同，厚度也不同。

⑤为防止下渗水影响路基，排水基层下应设置由水泥稳定粒料或密级配粒料组成的不透水底基层，底基层顶面宜铺设沥青封层或防水土工织物。

⑥碾压混凝土基层应设置与混凝土面层相对应的接缝。

（3）面层

①面层混凝土板通常分为普通（素）混凝土板、钢筋混凝土板、连续配筋混凝土板、预应力混凝土板等。目前我国多采用普通（素）混凝土板。水泥混凝土面层应具有足够的强度、耐久性（抗冻性），表面抗滑、耐磨、平整。

②混凝土板在温度变化影响下会产生胀缩。为防止胀缩作用导致板体裂缝或翘曲，混凝土板设有垂直相交的纵向和横向缝，将混凝土板分为矩形板。一般相邻的接缝对齐，不错缝。每块矩形板的板长按面层类型、厚度并由应力计算确定。

③纵向接缝是根据路面宽度和施工铺筑宽度设置。一次铺筑宽度小于路面宽度时，应设置带拉杆的平缝形式的纵向施工缝。一次铺筑宽度大于4.5m时，应设置带拉杆的假缝形式的纵向缩缝，纵缝应与线路中线平行。

横向接缝：横向施工缝尽可能选在缩缝或胀缝处。前者采用加传力杆的平缝形式，后者同胀缝形式。特殊情况下，采用设拉杆的企口缝形式。

胀缝设置：除夏季施工的板，且板厚大于等于200mm时可不设胀缝外，其他季节施工时均应设胀缝。胀缝间距一般为100～200m。混凝土板边与邻近桥梁等其他结构物相接处或板厚有变化或有竖曲线时，一般也设胀缝。横向缩缝为假缝时，可等间距或变间距布置，一般不设传力杆。

④对于特重及重交通等级的混凝土路面，横向胀缝、缩缝均设置传力杆。

当板厚按设传力杆确定的混凝土板的自由边不能设置传力杆时，应增设边缘钢筋，自由板角上部增设角隅钢筋。

混凝土既是刚性材料，又属于脆性材料。因此，混凝土路面板的构造，都是为了最大限度发挥其刚性特点，使路面能承受车轮荷载，保证行车平顺；同时又为了克服其脆性的弱点，防止在车载和自然因素作用下发生开裂、破坏，最大限度提高其耐久性，延长服务周期。

⑤抗滑构造：

混凝土面层应具有较大的粗糙度，即应具备较高的抗滑性能，以提高行车的安全性。因此可采用刻槽、压槽、拉槽或拉毛等方法形成一定的构造深度。

2. 主要原材料选择

（1）城市快速路、主干路应采用道路硅酸盐水泥或硅酸盐水泥、普通硅酸盐水泥；其他道路可采用矿渣水泥。水泥应有出厂合格证（含化学成分、物理指标），并经复验合格，方可使用。不同等级、厂牌、品种、出厂日期的水泥不得混存、混用。出厂期超过三个月或受潮的水泥，必须经过试验，合格后方可使用。

（2）粗骨料应采用质地坚硬、耐久、洁净的碎石、砾石、破碎砾石，技术指标应符合规范要求，粗骨料宜使用人工级配，粗骨料的最大公称粒径，碎砾石不得大于 26.5mm，碎石不得大于 31.5mm，砾石不宜大于 19.0mm；钢纤维混凝土粗骨料最大粒径不宜大于 19.0mm。

（3）宜采用质地坚硬，细度模数在 2.5 以上，符合级配规定的洁净粗砂、中砂，技术指标应符合规范要求。使用机制砂时，还应检验砂浆磨光值，其值宜大于 35，不宜使用抗磨性较差的水成岩类机制砂。海砂不得直接用于混凝土面层。淡化海砂不得用于城市快速路、主干路、次干路，可用于支路。

（4）外加剂应符合国家现行《混凝土外加剂》GB 8076 的有关规定，并有合格证。使用外加剂应经掺配试验，确认符合国家现行《混凝土外加剂应用技术规范》GB 50119 的有关规定方可使用。

（5）钢筋的品种、规格、成分，应符合设计和现行国家标准规定，具有生产厂的牌号、炉号，检验报告和合格证，并经复试（含见证取样）合格。钢筋不得有锈蚀、裂纹、断伤和刻痕等缺陷。传力杆（拉杆）、滑动套材质、规格应符合规定。

（6）胀缝板宜用厚 20mm，水稳定性好，具有一定柔性的板材制作，且经防腐处理。填缝材料宜用树脂类、橡胶类、聚氯乙烯胶泥类、改性沥青类填缝材料，并宜加入耐老化剂。

## 1.1.4 沥青混合料组成与材料

1. 结构组成与分类

（1）材料组成

①沥青混合料是一种复合材料，主要由沥青、粗骨料、细骨料、矿粉组成，有的还加入聚合物和木纤维素。由这些不同质量和数量的材料混合形成不同的结构，并具有不同的

力学性质。

②沥青混合料结构是材料单一结构和相互联系结构的概念的总和，包括沥青结构、矿物骨架结构及沥青—矿粉分散系统结构等。沥青混合料的结构取决于下列因素：矿物骨架结构、沥青的结构、矿物材料与沥青相互作用的特点、沥青混合料的密实度及其毛细孔隙结构的特点。

③沥青混合料的力学强度，主要由矿物颗粒之间的内摩阻力和嵌挤力，以及沥青胶结料及其与矿料之间的粘结力所构成。

（2）基本分类

①按材料组成及结构分为连续级配、间断级配混合料。按矿料级配组成及空隙率大小分为密级配、半开级配、开级配混合料。

②按公称最大粒径的大小可分为特粗式（公称最大粒径大于 31.5mm）、粗粒式（公称最大粒径等于或大于 26.5mm）、中粒式（公称最大粒径 16mm 或 19mm）、细粒式（公称最大粒径 9.5mm 或 13.2mm）、砂粒式（公称最大粒径小于 9.5mm）沥青混合料。

③按生产工艺分为热（温）拌沥青混合料、冷拌沥青混合料、再生沥青混合料等。

（3）结构类型

沥青混合料，可分为按嵌挤原则构成和按密实级配原则构成的两大结构类型。

①按嵌挤原则构成的沥青混合料的结构强度，是以矿质颗粒之间的嵌挤力和内摩阻力为主、沥青结合料的粘结作用为辅而构成的。这类路面是以较粗的、颗粒尺寸均匀的矿物构成骨架，沥青结合料填充其空隙，并把矿料粘结成一个整体。这类沥青混合料的结构强度受自然因素（温度）的影响较小。

②按密实级配原则构成的沥青混合料的结构强度，是以沥青与矿料之间的粘结力为主，矿质颗粒间的嵌挤力和内摩阻力为辅而构成的。这类沥青混合料的结构强度受温度的影响较大。

③按级配原则构成的沥青混合料，其结构组成通常有下列三种形式：

a. 密实—悬浮结构：由次级骨料填充前级骨料（较次级骨料粒径稍大）空隙的沥青混凝土具有很大的密度，但由于前级骨料被次级骨料和沥青胶浆分隔，不能直接互相嵌锁形成骨架，因此该结构具有较大的黏聚力 $c$，但内摩擦角 $\varphi$ 较小，高温稳定性较差。通常按最佳级配原理进行设计。

b. 骨架—空隙结构：粗骨料所占比例大，细骨料很少甚至没有。粗骨料可互相嵌锁形成骨架，嵌挤能力强；但细骨料过少不易填充粗骨料之间形成的较大的空隙。该结构内摩擦角 $\varphi$ 较高，但黏聚力 $c$ 也较低。沥青碎石混合料（AN）和 OGFC 排水沥青混合料是这种结构典型代表。

c. 骨架—密实结构：较多数量的断级配粗骨料形成空间骨架，发挥嵌挤锁结作用，同时由适当数量的细骨料和沥青填充骨架间的空隙形成既嵌紧又密实的结构。该结构不仅内摩擦角 $\varphi$ 较高，黏聚力 $c$ 也较高，是综合以上两种结构优点的结构。沥青玛瑞脂混合料（简称 SMA）是这种结构典型代表。

三种结构的沥青混合料由于密度 $\rho$、空隙率 V、矿料间隙率 VMA 不同，使它们在稳定性和路用性能上亦有显著差别。

2. 主要材料与性能

（1）沥青

我国行业标准《城镇道路工程施工与质量验收规范》CJJ 1规定：城镇道路面层宜优先采用 A 级沥青，不宜使用煤沥青。其主要技术性能如下：

①粘结性

沥青材料在外力作用下，沥青粒子产生相互位移的抵抗变形的能力即沥青的黏度。常用的是条件黏度，我国《公路沥青路面施工技术规范》JTG F40也列入了60℃动力黏度（绝对黏度）作为道路石油沥青的选择性指标。对高等级道路，夏季高温持续时间长、重载交通、停车场等行车速度慢的路段，尤其是汽车荷载剪应力大的结构层，宜采用稠度大（针入度小）的沥青；对冬季寒冷地区、交通量小的道路宜选用稠度小的沥青。当需要满足高、低温性能要求时，应优先考虑高温性能的要求。

②感温性

沥青材料的黏度随温度变化的感应性。表征指标之一是软化点，指的是沥青在特定试验条件下达到一定黏度时的条件温度。软化点高，意味着等黏温度也高，因此软化点可作为反应感温性的指标。《公路沥青路面施工技术规范》JTG F40规范新增了针入度指数（PI）这一指标，它是应用针入度和软化点的试验结果来表征沥青感温性的一项指标。对日温差、年温差大的地区宜选用针入度指数大的沥青。高等级道路，夏季高温持续时间长的地区、重载交通、停车站、有信号灯控制的交叉路口、车速较慢的路段或部位需选用软化点高的沥青；反之，则用软化点较小的沥青。

③耐久性

沥青材料在生产、使用过程中，受到热、光、水、氧气和交通荷载等外界因素的作用而逐渐变硬变脆，改变原有的黏度和低温性能，这种变化称为沥青的老化。沥青应有足够的抗老化性能即耐久性，使沥青路面具有较长的使用年限。我国相关规范规定，采用薄膜烘箱加热试验，测老化后沥青的质量变化、残留针入度比、残留延度（10℃或5℃）等来反映其抗老化性。通过水煮法试验，测定沥青和骨料的粘附性，反映其抗水损害能力，等级越高，粘附性越好。

④塑性

沥青材料在外力作用下发生变形而不被破坏的能力，即反映沥青抵抗开裂的能力。过去曾采用25℃的延度而不能比较黏稠石油沥青的低温性能。现行规范规定：25℃延度改为10℃延度或15℃延度，不同标号的沥青延度就有了明显的区别，从而反映出它们的低温性能，一般认为，低温延度越大，抗开裂性能越好。在冬季低温或高、低温差大的地区，要求采用低温延度大的沥青。

⑤安全性

确定沥青加热熔化时的安全温度界限，使沥青安全使用有保障。有关规范规定，通过闪点试验测定沥青加热点闪火的温度——闪点，确定它的安全使用范围。沥青越软（标号高），闪点越小。如沥青标号110号到160号，闪点不小于230℃，标号90号不小于245℃。

（2）粗骨料

①粗骨料应洁净、干燥、表面粗糙；质量技术要求应符合《城镇道路工程施工与质量验收规范》CJJ 1有关规定。

②每种粗骨料的粒径规格（即级配）应符合工程设计的要求。

③粗骨料应具有较大的表观相对密度，较小的压碎值、洛杉矶磨耗损失、吸水率、针片状颗粒含量、水洗法＜0.075mm颗粒含量和软石含量。如城市快速路、主干道路表面层粗骨料压碎值不大于26％、吸水率不大于2.0％等。

④城市快速路、主干道路的表面层（或磨耗层）的粗骨料的磨光值PSV应不少于36～42（雨量气候分区中干旱区—潮湿区），以满足沥青路面耐磨的要求。

⑤粗骨料与沥青的粘附性应有较大值，城市快速路、主干道的骨料对沥青的粘附性应大于或等于4级，次干路及以下道路在潮湿区应大于或等于3级。

（3）细骨料

①细骨料应洁净、干燥、无风化、无杂质，质量技术要求应符合《城镇道路工程施工与质量验收规范》CJJ 1有关规定。

②热拌密集配沥青混合料中天然砂用量不宜超过骨料总量的20％，SMA、OGFC不宜使用天然砂。

（4）矿粉

①应采用石灰岩等憎水性石料磨成，且应洁净、干燥，不含泥土成分，外观无团粒结块。

②城市快速路、主干道的沥青路面不宜采用粉煤灰作填料。

③沥青混合料用矿粉质量要求应符合《城镇道路工程施工与质量验收规范》CJJ 1有关规定。

（5）纤维稳定剂

①木质纤维技术要求应符合《城镇道路工程施工与质量验收规范》CJJ 1有关规定。

②不宜使用石棉纤维。

③纤维稳定剂应在250℃高温条件下不变质。

3. 热拌沥青混合料主要类型

（1）普通沥青混合料即AC型沥青混合料，适用于城市次干道、辅路或人行道等场所。

（2）改性沥青混合料

①改性沥青混合料是指掺加橡胶、树脂、高分子聚合物、磨细的橡胶粉或其他填料等外掺剂（改性剂），使沥青或沥青混合料的性能得以改善所制成的沥青混合料。

②改性沥青混合料与AC型混合料相比具有较高的路面抗流动性即高温下抗车辙的能力，良好的路面柔性和弹性即低温下抗开裂的能力，较高的耐磨耗能力，从而延长面层的使用寿命。

③改性沥青混合料面层适用于城市主干道和城镇快速路。

（3）沥青玛琋脂碎石混合料（简称SMA）

①SMA是一种以沥青、矿粉及纤维稳定剂组成的沥青玛琋脂结合料填充于间断级配的矿料骨架中所形成的混合料。

②SMA是一种间断级配的沥青混合料，5mm以上的粗骨料比例高达70％～80％，矿粉的用量达7％～13％（"粉胶比"超出通常值1.2的限制）；沥青用量较多，高达6.5％～7％，粘结性要求高，且选用针入度小、软化点高、温度稳定性好的沥青。

③SMA 是当前国内外使用较多的一种抗变形能力强，耐久性较好的沥青面层混合料，适用于城市主干道和城镇快速路。

（4）改性（沥青）SMA

①采用改性沥青，材料配比采用 SMA 结构形式。

②路面有非常好的高温抗车辙能力、低温变形性能和水稳定性，且构造深度大，抗滑性能好、耐老化性能及耐久性等路面性能都有较大提高。

③适用于交通流量和行驶频度急剧增长，客运车的轴重不断增加，严格实行分车道单向行驶的城镇主干道和城镇快速路。

## 1.1.5　沥青路面材料的再生应用

1. 再生目的与意义

（1）再生机理

①沥青路面材料在沥青混合料拌制、运输、施工和沥青路面使用过程中，由于加热和各种自然因素的作用，沥青逐渐老化，胶体结构改变，导致沥青针入度减小、黏度增大，延度降低，反映沥青流变性质的复合流动度降低，沥青的非牛顿性质更为显著。沥青的老化削弱了沥青与骨料颗粒的粘结力，造成沥青路面的硬化，进而使路面粒料脱落、松散，降低了道路耐久性。

②旧沥青路面材料的再生，关键在于沥青的再生。沥青的再生是沥青老化的逆过程。在已老化的旧沥青中，加入某种组分的低黏度油料（即再生剂），或者加入适当稠度的沥青材料，经过科学合理的工艺，调配出具有适宜黏度并符合路用性能要求的再生沥青。再生沥青比旧沥青复合流动度有较大提高，流变性质大为改善。

（2）再生效益

沥青路面材料再生技术是将需要翻修或者废弃的旧沥青混凝土路面，经过翻挖、回收、破碎、筛分，再添加适量的新骨料、新沥青，重新拌合成为具有良好路用性能的再生沥青混合料，用于铺筑路面面层或基层的整套工艺技术。

沥青路面材料再生利用，能够节约大量的沥青和砂石材料，节省工程投资。同时，有利于处理废料，节约能源，保护环境，因而具有显著的经济效益和社会效益。

2. 再生剂技术要求与选择

（1）再生剂作用

①当沥青路面中的旧沥青的黏度高于 106Pa·s 或针入度小于 40（0.1mm）时，应在旧沥青中加入低黏度的胶结料——再生剂，调节过高的黏度并使脆硬的旧沥青混合料软化，便于充分分散，和新料均匀混合。

②再生剂还能渗入旧沥青中，使其已凝聚的沥青质重新熔解分散，调节沥青的胶体结构，改善沥青流变性质。

③再生剂主要采用低黏度石油系的矿物油，如精制润滑油时的抽出油、润滑油、机油和重油等，为节省成本，工程上可用上述各种油料的废料。

（2）技术要求

①具有软化与渗透能力，即具备适当的黏度；

②具有良好的流变性质，复合流动度接近 1，显现牛顿液体性质；

③具有溶解分散沥青质的能力，即应富含芳香酚。可以再生效果系数 $K$ —再生沥青的延度与原（旧）沥青延度的比值表征旧沥青添加再生剂后恢复原沥青性能的能力；

④具有较高的表面张力；

⑤必须具有良好的耐热性和耐候性（以试验薄膜烘箱试验前后黏度比衡量）。

（3）技术指标

①根据我国目前研究成果，再生剂的推荐技术指标是：25℃黏度：$0.01\sim20$Pa·s；25℃复合流动度$>0.90$；芳香酚含量$>30\%$；25℃表面张力$>36\times10^{-3}$ N/m；薄膜烘箱试验黏度比（$\eta_{后}/\eta_{前}$）$<3$。

②日本的再生剂质量标准还要求：不含有毒物质；根据施工性能和旧料物理性能恢复的能力确定 60℃黏度；应有足够高的闪点（施工安全性）；规定了薄膜烘箱试验后的黏度比和质量变化（保证再生路面的耐久性）。

3. 再生材料生产与应用

（1）再生混合料配合比：

①再生沥青混合料配合比设计可采用普通热拌沥青混合料的设计方法，包括骨料级配、混合料的各种物理力学性能指标的确定。经验表明：再生沥青混合料的配合比设计，应考虑旧路面材料的品质，即回收沥青的老化程度，旧料中沥青的含量和骨料级配，必须在旧料配合比、骨料级配、再生沥青性能等方面调配平衡。

②再生剂选择与用量的确定应考虑旧沥青的黏度、再生沥青的黏度、再生剂的黏度等因素。

③再生沥青混合料中旧料含量：如直接用于路面面层，交通量较大，则旧料含量取低值，占 $30\%\sim40\%$；交通量不大时用高值，旧料含量占 $50\%\sim80\%$。

（2）生产工艺：

①再生沥青混合料生产可根据再生方式、再生场地、使用机械设备不同而分为热拌、冷拌再生技术，人工、机械拌合，现场再生、厂拌再生等。采用间歇式拌合机拌制时，旧料含量一般不超过 $30\%$，采用滚筒式拌合机拌制时，旧料含量可达 $40\%\sim80\%$。

②目前再生沥青混合料最佳沥青用量的确定方法采用马歇尔试验方法，技术标准原则上参照热拌沥青混合料的技术标准。由于再生沥青混合料组成的复杂性，个别指标可适当放宽或不予要求，并根据试验结果和经验确定。

③再生沥青混合料性能试验指标有：空隙率、矿料间隙率、饱和度、马歇尔稳定度、流值等。

④再生沥青混合料的检测项目有车辙试验动稳定度、残留马歇尔稳定度、冻融劈裂抗拉强度比等，其技术标准参考热拌沥青混合料标准。

（3）再生混合料用于路面下层时，在保证再生混合料质量的基础上宜尽可能多地使用旧料。

# 1.2　城镇道路路基施工

## 1.2.1　城镇道路路基施工技术

1. 路基施工特点与程序

（1）施工特点

①城市道路路基工程施工处于露天作业，受自然条件影响大；在工程施工区域内的专业类型多、结构物多、各专业管线纵横交错；专业之间及社会之间配合工作多、干扰多，导致施工变化多。

②城市道路路基工程包括路基（路床）本身及有关的土（石）方、沿线的涵洞、挡土墙、路肩、边坡、排水管线等项目。

③路基施工以机械作业为主，人工配合为辅；人工配合土方作业时，必须设专人指挥；采用流水或分段平行作业方式。

（2）基本流程

①准备工作

a. 按照交通导行方案设置围挡，导行临时交通。

b. 开工前，施工项目技术负责人应依据获准的施工方案向施工人员进行技术安全交底，强调工程难点、技术要点、安全措施，使作业人员掌握要点，明确责任。

c. 施工控制桩放线测量，建立测量控制网，恢复中线，补钉转角桩、路两侧外边桩等。

②附属构筑物

a. 地下管线、涵洞（管）等构筑物是城镇道路路基工程中必不可少的组成部分。涵洞（管）等构筑物可与路基（土方）同时进行，但新建的地下管线施工必须遵循"先地下，后地上"、"先深后浅"的原则。

b. 既有地下管线等构筑物的拆改、加固保护。

c. 修筑地表水和地下水的排除设施，为后续的土、石方工程施工创造条件。

③路基（土、石方）施工

开挖路堑、填筑路堤，整平路基、压实路基、修整路床，修建防护工程等。

2. 路基施工要点

（1）填土路基

当原地面标高低于设计路基标高时，需要填筑土方（即填方路基）。

①路基填土不得使用腐殖土、生活垃圾土、淤泥、冻土块或盐渍土。填土内不得含有草、树根等杂物，粒径超过100mm的土块应打碎。

②排除原地面积水，清除树根、杂草、淤泥等。应妥善处理坟坑、井穴，并分层填实至原基面高。

③填方段内应事先找平，当地面坡度陡于1:5时，需修成台阶形式，每层台阶高度不宜大于300mm，宽度不应小于1.0m。

④根据测量中心线桩和下坡脚桩，分层填土，压实。

⑤碾压前检查铺筑土层的宽度与厚度，合格后即可碾压，碾压"先轻后重"，最后碾压应采用不小于12t级的压路机。

⑥填方高度内的管涵顶面填土500mm以上才能用压路机碾压。

⑦填土至最后一层时，应按设计断面、高程控制填土厚度，并及时碾压修整。

（2）挖土路基

当路基设计标高低于原地面标高时，需要挖土成型——挖方路基。

①路基施工前，应将现况地面上积水排除、疏干，将树根坑、粪坑等部位进行技术处理。

②根据测量中线和边桩开挖。

③挖方段不得超挖，应留有碾压而到设计标高的压实量。

④压路机不小于 12t 级，碾压应自路两边向路中心进行，直至表面无明显轮迹为止。

⑤碾压时，应视土的干湿程度而采取洒水或换土、晾晒等措施。

⑥过街雨水支管沟槽及检查井周围应用石灰土或石灰粉煤灰砂砾填实。

（3）石方路基

①修筑填石路堤应进行地表清理，先码砌边部，然后逐层水平填筑石料，确保边坡稳定。

②先修筑试验段，以确定松铺厚度、压实机具组合、压实遍数及沉降差等施工参数。

③填石路堤宜选用 12t 以上的振动压路机、25t 以上轮胎压路机或 2.5t 的夯锤压（夯）实。

④路基方范围内管线、构筑物四周的沟槽宜回填土料。

3. 质量检查与验收

检验与验收项目：主控项目为压实度和弯沉值（mm/100）；一般项目有路基允许偏差和路床、路堤边坡等要求。

## 1.2.2 城镇道路路基压实作业要点

1. 路基材料与填筑

（1）材料要求

①应符合设计要求和有关规范的规定。填料的强度（CBR）值应符合设计要求，其最小强度值应符合表 1-3 的规定。

路基填料强度（CBR）的最小值　　　　　　表 1-3

| 填方类型 | 路床顶面以下深度（cm） | 最小强度（%） | |
| --- | --- | --- | --- |
| | | 城市快速路、主干路 | 其他等级道路 |
| 路床 | 0~30 | 8.0 | 6.0 |
| 路基 | 30~80 | 5.0 | 4.0 |
| 路基 | 80~150 | 4.0 | 3.0 |
| 路基 | >150 | 3.0 | 2.0 |

②不应使用淤泥、沼泽土、泥炭土、冻土、有机土及含生活垃圾的土做路基填料。

（2）填筑

①填土应分层进行。下层填土合格后，方可进行上层填筑。路基填土宽度应比设计宽度宽 500mm。

②对过湿土翻松、晾干，或对过干土均匀加水，使其含水量接近最佳含水量范围之内。

2. 路基压实施工要点

（1）试验段

①在正式进行路基压实前，有条件时应做试验段，以便取得路基或基层施工相关的技术参数。

②试验目的主要有：

a. 确定路基预沉量值。

b. 合理选用压实机具；选用机具考虑因素有道路不同等级、工程量大小、施工条件和工期要求等。

c. 按压实度要求，确定压实遍数。

d. 确定路基宽度内每层虚铺厚度。

e. 根据土的类型、湿度、设备及场地条件，选择压实方式。

（2）路基范围内管道沟槽土的回填与压实

①当管道位于路基范围内时，其沟槽的回填土压实度应符合《给水排水管道工程施工及验收规范》GB 50268 的规定，且管顶以上 500mm 范围内不得使用压路机。

②当管道结构顶面至路床的覆土厚度不大于 500mm 时，应对管道结构进行加固。

③当管道结构顶面至路床的覆土厚度在 500～800mm 时，路基压实时应对管道结构采取保护或加固措施。

（3）路基压实

①压实方法（式）：重力压实（静压）和振动压实两种。

②土质路基压实原则："先轻后重、先静后振、先低后高、先慢后快，轮迹重叠。"压路机最快速度不宜超过 4km/h。

③碾压应从路基边缘向中央进行，压路机轮外缘距路基边应保持安全距离。

④碾压不到的部位应采用小型夯压机夯实，防止漏夯，要求夯击面积重叠 1/4～1/3。

3. 土质路基压实质量检查

（1）主要检查各层压实度和弯沉值，不符合质量标准时应采取措施改进。

（2）路床应平整、坚实，无显著轮迹、翻浆、波浪、起皮等现象。

（3）路堤边坡应密实、稳定、平顺。

## 1.2.3 熟悉岩土分类与不良土质处理方法

1. 工程用土分类

（1）工程用土分类

①依据《土的工程分类标准》GB/T 50145，工程用土指工程勘察、建筑物地基、堤坝填料和地基处理等所涉及的土类，有机土指土料中大部分成分为有机物质的土。

②工程用土的类别应根据下列土的指标确定：

a. 土颗粒组成及其特征；土的分类和土颗粒粒径关系见图 1-1。

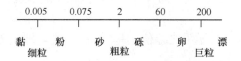

图 1-1　土的分类和土颗粒粒径关系（单位：mm）

b. 土的塑性指标：液限 $w_L$、塑限 $W_p$ 和塑性指数 $I_p$。

c. 土中有机质存在情况。

（2）按照土的坚实系数分类

①一类土，松软土

主要包括砂土、粉土、冲积砂土层、疏松种植土、淤泥（泥炭）等，坚实系数为 0.5~0.6。

②二类土，普通土

主要包括粉质黏土，潮湿的黄土，夹有碎石、卵石的砂，粉土混卵（碎）石；种植土、填土等，坚实系数为 0.6~0.8。

③三类土，坚土

主要包括软及中等密实黏土，重粉质黏土，砾石土，干黄土、含有碎石卵石的黄土、粉质黏土；压实的填土等；坚实系数为 0.8~1.0。

④四类土，砂砾坚土

主要包括坚硬密实的黏性土或黄土，含有碎石卵石的中等密实的黏性土或黄土，粗卵石；天然级配砂石，软泥灰岩等；坚实系数为 1.0~1.5。

⑤五类土，软石

主要包括硬质黏土，中密的页岩、泥灰岩、白垩土；胶结不紧的砾岩，软石灰及贝壳石灰石等；坚实系数为 1.5~4.0。

2. 土的性能参数

（1）土的工程性质

①土的强度性质

土的工程性质除表现为坚实系数外，还表现在土的强度性质。土的强度性质除与其颗粒粒径级配有关外，还与土的三相（固体颗粒、水和气）组成部分之间的比例有关。土体由固、液、气三相组成。其中固相是以颗粒形式的散体状态存在。固、液、气三相间相互作用对土的工程性质有很大的影响。

②土体应力应变

土体应力应变关系的复杂性从根本上讲都与土颗粒相互作用有关，土的密实状态决定其力学性质。通过土中固、液、气相的相互作用研究还有助于促进非饱和土力学理论的发展，有助于进一步了解各类非饱和土的工程性质。

（2）路用工程（土）主要性能参数

含水量 $W$：土中水的质量与干土粒质量之比，即 $W=W_w/W_s$，%；

天然密度 $\rho$：土的质量与其体积之比，即 $\rho=W/V$，（g/cm³，t/m³）；

孔隙比 $e$：土的孔隙体积与土粒体积之比，即 $e=V_v/V_s$；

塑限 $W_p$：土由可塑状态转为半固体状态时的界限含水量为塑性下限，称为塑性界限，简称塑限；

塑性指数 $I_p$：土的液限与塑限之差值，$I_p=w_L-w_p$，即土处于塑性状态的含水量变化范围，表征土的塑性大小；

液性指数 $I_L$：土的天然含水量与塑限之差值对塑性指数之比值，$I_L=(W-W_p)/I_p$，$I_L$ 可用以判别土的软硬程度；$I_L<0$ 坚硬、半坚硬状态，$0\leqslant I_L<0.5$ 硬塑状态，$0.5\leqslant I_L$

16

$<1.0$ 软塑状态，$I_L \geq 1.0$ 流塑状态。

孔隙率 $n$：土的孔隙体积与土的体积（三相）之比，即 $n = V_v/V$,%。

土的压缩性指标 $E_s$：$E_s = l + e_c/a$，$e_c$ 为土的天然孔隙比，$a$ 为从土的自重应力至土的自重加附加应力段的压缩系数。

（3）土的强度性质通常是指土体的抗剪强度，即土体抵抗剪切破坏的能力。土体会因受拉而开裂，也可因受剪而破坏。土体中各点的力学性质会因其物理状态的不均而不同，因此土体的剪切破坏可能是局部的，也可能是整体破坏。

### 3. 不良土质路基处理方法

道路工程中不良土质路基需解决的主要问题是提高地基承载力、土坡稳定性等，处理方法选择应经技术经济比较，因地制宜。

（1）淤泥、淤泥质土及天然强度低、压缩性高、透水性小的一般黏土统称为软土。由淤泥、淤泥质土、水下沉积的饱和软黏土为主组成的软土在我国南方有广泛分布，这些土都具有天然含水量较高、孔隙比大、透水性差、压缩性高、强度低等特点。软土地区路基的主要破坏形式是沉降过大引起路基开裂损坏。在较大的荷载作用下，地基易发生整体剪切、局部剪切或刺入破坏，造成路面沉降和路基失稳；因孔隙水压力过载（来不及消散）、剪切变形过大，会造成路基边坡失稳。

软土基处理施工方法有数十种，常用的处理方法有表层处理法、换填法、重压法、垂直排水固结法等方法；具体可采取置换土、抛石挤淤、砂垫层置换、反压护道、砂桩、粉喷桩、塑料排水板及土工织物等处理措施。除选择就地处理方法时应满足安全可靠的要求外，还应综合考虑工程造价、施工技术和工期等因素，选择一种或数种方法综合应用。

（2）湿陷性黄土土质较均匀、结构疏松、孔隙发达。在未受水浸湿时，一般强度较高，压缩性较小。当在一定压力下受水浸湿，土结构会迅速破坏，产生较大附加下沉，强度迅速降低。由于大量节理和裂隙的存在，黄土的抗剪强度表现出明显的各向异性。主要病害有路基路面发生变形、凹陷、开裂，道路边坡发生崩塌、剥落，道路内部易被水冲蚀成土洞和暗河。为保证路基的稳定，在湿陷性黄土地区施工应注意采取特殊的加固措施，减轻或消除其湿陷性。

湿陷性黄土路基处理施工除采用防止地表水下渗的措施外，可根据工程具体情况采取换土法、强夯法、挤密法、预浸法、化学加固法等方法因地制宜进行处理，并采取措施做好路基的防冲、截排、防渗。加筋挡土墙是湿陷性黄土地区得到迅速推广的有效防护措施。

（3）具有吸水膨胀性或失水收缩特性的高液限黏土称为膨胀土，该类土具有较大的塑性指数。在坚硬状态下该土的工程性质较好。但其显著的胀缩特性可使路基发生变形、位移、开裂、隆起等严重的破坏。

膨胀土路基应主要解决的问题是减轻和消除路基胀缩性对路基的危害，可采取的措施包括用灰土桩、水泥桩或用其他无机结合料对膨胀土路基进行加固和改良；也可用开挖换填、堆载预压对路基进行加固。同时应采取措施做好路基的防水和保湿，如设置排水沟，采用不透水的面层结构，在路基中设不透水层，在路基裸露的边坡等部位植草、植树等措施；可调节路基内干湿循环，减少坡面径流，并增强坡面的防冲刷、防变形、防溜塌和滑坡能力。

（4）冻土分为季节性冻土和多年性冻土两大类。冻土在冻结状态强度较高、压缩性较低。融化后承载力急剧下降，压缩性提高，地基容易产生融沉。而冻土中产生的冻胀对地基不利。一般土颗粒越细，含水量越大，土的冻胀和融沉性越大，反之越小。在城市道路中，土基冻胀量与冻土层厚度成正比。不同土质与压实度不均匀也容易发生不均匀沉降。

对于季节性冻土，为了防止路面因路基冻胀发生变形而破坏，在路基施工中应注意以下几点：

①应尽量减少和防止道路两侧地表水或地下水在冻结前或冻结过程中渗入到路基顶部，可增加路基总高度，使其满足最小填土高度要求。

②选用不发生冻胀的路面结构层材料。了解不同路面材料、土基及路面下的冰冻深度与温度之间的关系，使土基冻层厚度不超过一定限度。控制土基的冻胀量不超过允许值。

③对于不满足防冻胀要求的结构，可采用调整结构层的厚度或采用隔温性能好的材料等措施来满足防冻胀要求。多孔矿渣是较好的隔温材料。

④为防止不均匀冻胀，防冻层厚度（包括路面结构层）应不低于标准的规定。

## 1.2.4 水对城镇道路路基的危害

1. 地下水分类与水土作用

（1）地下水分类

①地下水是埋藏在地面以下土颗粒之间的孔隙、岩石的孔隙和裂隙中的水。土中水有固、液、气三种形态，其中液态水有吸着水、薄膜水、毛细水和重力水，其中毛细水可在毛细作用下逆重力方向上升一定高度，在 0℃ 以下毛细水仍能移动、积聚，发生冻胀。

②从工程地质的角度，根据地下水的埋藏条件又可将地下水分为上层滞水、潜水、承压水。上层滞水分布范围有限，但接近地表，水位受气候、季节影响大，大幅度的水位变化会给工程施工带来困难。潜水分布广，与道路等市政公用工程关系密切。在干旱和半干旱的平原地区，若潜水的矿化度较高，而水位埋藏较浅，应注意土的盐渍化。盐渍土可使路基出现盐胀和吸湿软化，因此在该地区筑路要做好排水工作，并可以采用隔离层等措施。承压水存在于地下两个隔水层之间，具有高水头补给，一般需注意其向上的排泄，即对潜水和地表水的补给或以上升泉的形式出露。

（2）水土作用

①工程实践表明：给道路路基的施工、运行与维护造成危害的诸多因素中，影响最大、最持久的是地下水。水与土体相互作用，可以使土体的强度和稳定性降低，致使道路路基或地下构筑物周围土体软化，并可能产生滑坡、沉陷、潜蚀、管涌、冻胀、翻浆等事故。因此市政公用工程，特别是城镇道路的安全运行必须考虑沿线地下水的类型、埋藏条件及活动规律，以便采取措施保证工程安全。

②道路沿线地表水积水及排泄方式，临近的河道洪水位和常水位的变化；也会给路基带来滑坡、沉陷、冻胀、翻浆等危害。为防止水流等因素对路堤或路堑边坡的危害，保证路基边坡的稳定性，应根据当地的具体条件和工作特点，分别采取防护与加固措施，并应考虑与当地环境协调，注意街道美观。

③地下水位和地下水的运动规律，其他形式的水文和水文地质因素对路基或其他构筑物基础的稳定性有影响，也是影响主体结构安全和运行安全的重要因素，需要在工程建设

和维护运行中采取必要措施。

2. 地下水和地表水的控制

（1）路基排水

①路基的各种病害或变形的产生，都与地表水和地下水的浸湿和冲刷等破坏作用有关。要保证路基的稳定性，提高路基抗变形能力，必须采取相应的排水措施或隔水措施，以消除或减轻水对路基稳定的危害。

②路基排水分为地面和地下两类。一般情况下可以通过设置各种管渠、地下排水构筑物等办法达到迅速排水的目的。在有地下水或地表水水流危害路基边坡稳定时，可设置渗沟或截水沟。边坡较陡或可能受到流水冲刷时，可设置各种类型的护坡、护墙等。

（2）路基隔（截）水

①地下水位接近或高于路槽地面标高时，应设置暗沟、渗沟或其他设施，以排除或截断地下水流，降低地下水位。

②地下水位或地面积水水位较高，路基处于过湿状态，或强度与稳定性不符合要求的潮湿状态时，可设置隔离层或采取疏干路基等措施。路基疏干可采用土工织物、塑料板等材料或超载预压法稳定处理。

3. 危害控制措施

（1）路基与面层

①路基结构形式要满足设计要求，施工严格控制基层内的细料含量。在潮湿路段，应采用水稳定好且透水的基层。对于冻深较大的季节性冻土地区，应有预防冻胀和翻浆的危害的具体措施。

②面层结构除满足其他设计要求外，应考虑地表水的排放，防止地表水渗入基层；且其总厚度要满足防冻层厚度的要求，避免路基出现较厚的聚冰带而导致路面开裂和过量的不均匀冻胀。如果面层厚度不足，可设置以水稳定性好的砂砾料或隔温性好的材料组成的垫层。

（2）附属构筑物

①过街支管与检查井周接合部应采取密封措施，防止渗漏水造成路面早期塌陷。

②管道与检查井、收水井周围回填压实要达到设计要求和规范相关规定，防止地表水渗入造成对道路的破坏。

# 1.3 城镇道路基层施工

## 1.3.1 不同无机结合料稳定基层特性

1. 无机结合料稳定基层

（1）定义

目前大量采用结构较密实、孔隙率较小、透水性较小、水稳性较好、适宜于机械化施工、技术经济较合理的水泥、石灰及工业废渣稳定材料做路面基层，通常称之为无机结合料稳定基层。

（2）分类

①在粉碎的或原状松散的土（包括各种粗、中、细粒土）中，掺入一定量的水泥或石

灰等无机结合料和水,经拌合、压实及养护后得到的混合料,称为水泥或石灰稳定材料。视所用材料,分别称为水泥稳定土、石灰稳定土、水泥稳定粒料、石灰稳定粒料等。

②用一定量的石灰和粉煤灰与其他骨料相配合,并加入适量的水,经拌合压实及养护后得到的混合料,称为石灰粉煤灰稳定土或稳定粒料。

2. 常用的基层材料

(1) 石灰稳定土类基层

①石灰稳定土有良好的板体性,但其水稳性、抗冻性以及早期强度不如水泥稳定土。石灰土的强度随龄期增长,并与养护温度密切相关,温度低于 5℃时强度几乎不增长。

②石灰稳定土的干缩和温缩特性十分明显,且都会导致裂缝。与水泥土一样,由于其收缩裂缝严重,强度未充分形成时表面会遇水软化以及表面容易产生唧浆冲刷等损坏,石灰土已被严格禁止用于高等级路面的基层,只能用作高级路面的底基层。

(2) 水泥稳定土基层

①水泥稳定土有良好的板体性,其水稳性和抗冻性都比石灰稳定土好。水泥稳定土的初期强度高,其强度随龄期增长。水泥稳定土在暴露条件下容易干缩,低温时会冷缩,而导致裂缝。

②水泥稳定细粒土(简称水泥土)的干缩系数、干缩应变以及温缩系数都明显大于水泥稳定粒料,水泥土产生的收缩裂缝会比水泥稳定粒料的裂缝严重得多;水泥土强度没有充分形成时,表面遇水会软化,导致沥青面层龟裂破坏;水泥土的抗冲刷能力低,当水泥土表面遇水后,容易产生唧浆冲刷,导致路面裂缝、下陷,并逐渐扩展。为此,水泥土只用作高级路面的底基层。

(3) 石灰工业废渣稳定土基层

①石灰工业废渣稳定土中,应用最多、最广的是石灰粉煤灰类的稳定土,简称二灰稳定土,其特性在石灰工业废渣稳定土中具有典型性。

②二灰稳定土有良好的力学性能、板体性、水稳性和一定的抗冻性,其抗冻性能比石灰土高很多。

③二灰稳定土早期强度较低,随龄期增长,并与养护温度密切相关,温度低于 4℃时强度几乎不增长;二灰中的粉煤灰用量越多,早期强度越低,3 个月龄期的强度增长幅度也越大。

④二灰稳定土也具有明显的收缩特性,但小于水泥土和石灰土,也被禁止用于高等级路面的基层,而只能做底基层。二灰稳定粒料可用于高等级路面的基层与底基层。

【案例 1-1】

背景资料:

某公司中标城市主干道路面大修工程,其中包括部分路段的二灰料路基施工。施工项目部为了减少对城市交通的影响,采取夜间运输基层材料,白天分段摊铺碾压。施工中发现基层材料明显离析,压实后的表面有松散现象,局部厚度不均部位采用贴料法补平。负责此段工程的监理工程师发现问题并认定为重大质量事故的隐患,要求项目部采取措施进行纠正。

问题:

(1) 从背景材料看,控制基层材料离析应从哪些方面入手?

（2）试分析压实后的基层表面为什么会产生松散现象？

（3）厚度不均的基层局部采用补平法是否可行？

（4）监理工程师为何认定为重大质量的隐患？

参考答案：

（1）答：

应从以下三个方面控制基层材料离析：

①基层材料生产

a. 骨料堆放要采用小料堆，避免大料堆放时大颗粒流到外侧；

b. 二灰的含量应严格控制，减少混合料中小于 0.075mm 颗粒的含量；

c. 混合料的总拌合时间一般在 35s 左右。

②基层材料运输堆放

为避免运输堆放的离析现象，装料时应分次，均匀上料；卸料时要尽量使混合料整体卸落；堆放料堆应便于摊铺，避免二次倒运。

③基层材料摊铺

尽可能连续摊铺混合料。施工场地受到限制时应尽可能减少停顿和重新启动次数；特别是调整摊铺机的速度，使摊铺机的产量和拌合机的产量相匹配等。

（2）答：

从背景材料看，可能原因有：混合料运送堆放未很好覆盖，且摊铺前堆放时间长，混合料含水量未视条件适当调整使现场的混合料含水量接近最佳含水量。

（3）答：

不可行。有关规范规定：禁止用薄层贴补的方法进行找平。施工现场应经试验控制虚铺厚度。

（4）答：

因为基层设置在面层之下，并与面层一起将车轮荷载的反复作用传布到底基层、垫层、土基，起主要的承重作用；对基层材料的强度指标应有较高的要求；出现背景所说的路面基层问题将直接影响到道路的使用质量，所以可以认定为重大质量隐患。

## 1.3.2 城镇道路基层施工技术

1. 石灰稳定土基层与水泥稳定土基层

（1）材料与拌合

①石灰、水泥、土、拌合用水等原材料应进行检验，符合要求后方可使用，并严格按照标准规定进行材料配比设计。

②城区施工应采用厂拌（异地集中拌合）方式，不得使用路拌方式；以保证配合比准确，且达到文明施工要求。

③应根据原材料含水量变化、骨料的颗粒组成变化，及时调整拌合用水量。

④稳定土拌合前，应先筛除骨料中不符合要求的粗颗粒。

⑤宜用强制式拌合机进行拌合，拌合应均匀。

（2）运输与摊铺

①拌成的稳定土应及时运送到铺筑现场。

②运输中应采取防止水分蒸发和防扬尘措施。

③宜在春末和气温较高季节施工，施工最低气温为5℃。

④厂拌石灰土摊铺时路床应湿润。

⑤雨期施工应防止石灰、水泥和混合料淋雨；降雨时应停止施工，已摊铺的应尽快碾压密实。

（3）压实与养护

①压实系数应经试验确定。

②摊铺好的稳定土应当天碾压成活，碾压时的含水量宜在最佳含水量的±2%范围内。

③直线和不设超高的平曲线段，应由两侧向中心碾压；设超高的平曲线段，应由内侧向外侧碾压。纵、横接缝（槎）均应设直槎。

④纵向接缝宜设在路中线处，横向接缝应尽量减少。

⑤压实成活后应立即洒水（或覆盖）养护，保持湿润，直至上部结构施工为止。

⑥稳定土养护期应封闭交通。

2. 石灰工业废渣（石灰粉煤灰）稳定砂砾（碎石）基层（也可称二灰混合料）

（1）材料与拌合

①对石灰、粉煤灰等原材料应进行质量检验，符合要求后方可使用。

②按规范要求进行混合料配合比设计，使其符合设计与检验标准的要求。

③采用厂拌（异地集中拌合）方式，且宜采用强制式拌合机拌制，配料应准确，拌合应均匀。

④拌合时应先将石灰、粉煤灰拌合均匀，再加入砂砾（碎石）和水均匀拌合。

⑤混合料含水量宜略大于最佳含水量。混合料含水量应视气候条件适当调整，使运到施工现场的混合料含水量接近最佳含水量。

（2）运输与摊铺

①运输中应采取防止水分蒸发和防扬尘措施。

②应在春末和夏季组织施工，施工期的日最低气温应在5℃以上，并应在第一次重冰冻（－5～－3℃）到来之前一个月到一个半月完成。

（3）压实与养护

①混合料施工时由摊铺时根据试验确定的松铺系数控制虚铺厚度，混合料每层最大压实厚度为200mm，且不宜小于100mm。

②碾压时采用先轻型、后重型压路机碾压。

③禁止用薄层贴补的方法进行找平。

④混合料的养护采用湿养，始终保持表面潮湿，也可采用沥青乳液和沥青下封层进行养护，养护期为7～14d。

3. 级配砂砾（碎石）、级配砾石（碎砾石）基层

（1）材料与拌合

①级配砂砾、级配砾石基层、级配碎石、级配碎砾石基层所用原材料的压碎值、含泥量及细长扁平颗粒含量等技术指标应符合规范要求，颗粒范围也应符合有关规范的规定。

②采用厂拌方式和强制式拌合机拌制，符合级配要求。

（2）运输与摊铺

①运输中应采取防止水分蒸发和防扬尘措施。

②宜采用机械摊铺且厂拌级配碎石，级配砂砾应摊铺均匀一致，发生粗、细骨料离析（"梅花"、"砂窝"）现象时，应及时翻拌均匀。

③两种基层材料的压实系数均应通过试验段确定，每层应按虚铺厚度一次铺齐，颗粒分布应均匀，厚度一致，不得多次找补。

（3）压实与养护

①碾压前和碾压中应先适量洒水。

②控制碾压速度，碾压至轮迹不大于 5mm，表面平整、坚实。

③可采用沥青乳液和沥青下封层进行养护，养护期为 7～14d。

④未铺装面层前不得开放交通。

### 1.3.3　土工合成材料的应用

1. 土工合成材料

（1）分类

①土工合成材料是以人工合成的聚合物为原料制成的各类型产品，是工程中应用的一种新型工程材料的总称。

②土工合成材料可分为土工织物、土工膜、特种土工合成材料和复合型土工合成材料等类型。

（2）功能与作用

①土工合成材料可设置于岩土或其他工程结构内部、表面或各结构层之间，具有加筋、防护、过滤、排水、隔离等功能，应用时应按照其在结构中发挥的不同功能进行选型和设计。

②当工程中使用土工合成材料兼有其他功能且要考虑这些功能的作用时，还需进行相应项目的校核设计。

2. 工程应用

（1）路堤加筋

①采用土工合成材料加筋，以提高路堤的稳定性。当加筋路堤的原地基的承载力不足时，应先行技术处理，以确保路堤的整体稳定。加筋路堤填方的压实度必须达到现行路基设计规范规定的压实标准。土工格栅、土工织物、土工网等土工合成材料均可用于路堤加筋，其中用作路堤单纯加筋目的时，宜选择强度高、变形小、糙度大的土工格栅。土工合成材料应具有足够的抗拉强度，且应具有较高的撕破强度、顶破强度和握持强度等性能。

②加筋路堤的施工原则是应能充分发挥土工合成材料的加筋效果。合成材料连接应牢固，在受力方向处的连接强度不得低于该材料设计抗拉强度，其叠合长度不应小于150mm。铺设土工合成材料的土层表面应平整，表面严禁有碎、块石等坚硬凸出物。土工合成材料摊铺后宜在 48h 以内填筑填料，以避免其过长时间受阳光直接暴晒。填料不应直接卸在土工合成材料上面，必须卸在已摊铺完毕的土面上；卸土高度不宜大于 1m，以防局部承载力不足。卸土后立即摊铺，以免出现局部下陷。

③第一层填料宜采用轻型压路机压实，当填筑层厚度超过 600mm 后，才允许采用重

型压路机。边坡防护与路堤的填筑应同时进行。

（2）台背路基填土加筋

①采用土工合成材料对台背路基填土加筋的目的是为了减少路基与构造物之间的不均匀沉降。加筋台背适宜的高度为 5.0～10.0m。加筋材料宜选用土工网或土工格栅，其 20℃时抗拉强度（kN/m²）应大于 6（纵向）和大于 5（横向），拉伸模量（kN/m）> 100。台背填料应有良好的水稳定性与压实性能，以碎石土、砾石土为宜。土工合成材料与填料之间应有足够的摩阻力。

②土工合成材料与构造物应相互连接，并在相互平行的水平面上分层铺设，加筋材料间距应经计算。在路基顶面以下 5.0m 的深度内，铺网间距宜不大于 1.0m。纵向铺设长度宜上长下短，可采用缓于或等于 1：1 的坡度自下而上逐层增大，最下一层的铺网长度应不小于计算的最小纵向铺设长度。

③台背加筋的施工程序：清地表—地基压实—锚固土工合成材料、摊铺、张紧并定位。分层摊铺、压实填料至下一层土工合成材料的铺设标高，进行下一层土工合成材料锚固、摊铺、张紧与定位。相邻两幅加筋材料应相互搭接，宽度宜不小于 200mm，并用牢固方式连接，连接强度不低于合成材料强度的 60%。台背填料应在最佳含水量时分层压实，每层压实厚度宜不大于 300mm，边角处厚度不得大于 150mm。压实标准按相关规范执行。施工时应设法避免任何机械、外物对土工合成材料造成推移或损伤，并做好台背排水，避免地表水渗入、滞留。

（3）路面裂缝防治

①土工合成材料如玻纤网、土工织物，铺设于旧沥青路面、旧水泥混凝土路面的沥青加铺层底部或新建道路沥青面层底部，可减少或延缓由旧路面对沥青加铺层的反射裂缝，或半刚性基层对沥青面层的反射裂缝。用于裂缝防治的玻纤网和土工织物应分别满足抗拉强度、最大负荷延伸率、网孔尺寸、单位面积质量等技术要求。玻纤网网孔尺寸宜为其上铺筑的沥青面层材料最大粒径的 0.5～1.0 倍。土工织物应能耐 170℃以上的高温。

②用土工合成材料和沥青混凝土面层对旧沥青路面裂缝进行防治，首先要对旧路进行外观评定和弯沉值测定，进而确定旧路处理和新料加铺方案。施工要点是：旧路面清洁与整平，土工合成材料张拉，搭接和固定，洒布粘层油，按设计或规范规定铺筑新沥青面层。

③旧水泥混凝土路面裂缝处理要点是：对旧水泥混凝土路面评定；旧路面清洁和整平，土工合成材料张拉、搭接和固定，洒布粘层油，铺沥青面层。

为防止新建道路的半刚性基层养护期的收缩开裂，应将土工合成材料置于半刚性基层与下封层之间，以防止裂缝反射到沥青面层上。施工方法同旧沥青面裂缝防治。

（4）路基防护

①路基防护主要包括：坡面防护—防护易受自然因素影响而破坏的土质或岩石边坡；冲刷防护—防护水流对路基的冲刷与淘刷。土质边坡防护可采用拉伸网草皮、固定草种布或网格固定撒草种。岩石边坡防护可采用土工网或土工格栅。沿河路基可采用土工织物软体沉排、土工模袋等进行防冲刷保护。

②坡面防护

土质边坡防护的边坡坡度宜在 1：1.0～1：2.0 之间；岩石边坡防护的边坡坡度宜缓

于 1∶0.3。土质边坡防护应做好草皮的种植、施工和养护工作。施工步骤是：整平坡面，铺设草皮或土工网，草皮养护。易碎岩面和小量的岩崩可采用土工网或土工格栅加固。以裸露式或埋藏式两种方式进行防护。岩石边坡防护施工步骤是：清除坡面松散岩石，铺设固定土工网或土工格栅，喷护水泥砂浆，设置岩面排水孔。

③冲刷防护

冲刷防护是保证路基坚固与稳定的重要措施。

土工织物软体沉排系指在土工织物上放置块石或预制混凝土块体为压重的护坡结构，适用于水下工程及预计可能发生冲刷的路基坡面。排体材料宜采用聚丙烯编织型土工织物。土工织物软体沉排防护，应验算排体抗浮、排体压块抗滑、排体整体抗滑三方面的稳定性。土工模袋是一种双层织物袋，袋中充填流动性混凝土、水泥砂浆或稀释混凝土，凝固后形成高强度和高刚度的硬结板块。采用土工模袋护坡的坡度不得陡于 1∶1。模袋选型应根据工程设计要求和当地土质、地形、水文、经济与施工条件等确定。确定土工模袋的厚度应考虑抵抗弯曲应力、抵抗浮动力两方面因素。土工模袋不允许在沿坡面的分力作用下产生滑动。模袋铺设流程：卷模袋，设定位桩及拉紧装置，铺层模袋；模袋铺层、压稳后，应拉紧上缘固定绳套，防止模袋下滑。模袋铺设后及时充灌混凝土或砂浆，并及时清扫模袋表面、滤孔和进行养护。

（5）过滤与排水

土工合成材料可单独或与其他材料配合，作为过滤体和排水体用于暗沟、渗沟、坡面防护，支挡结构壁墙后排水，软基路堤地基表面排水垫层，处治翻浆冒泥和季节性冻土的导流沟等道路工程结构中。

3. 施工质量检验

（1）基本要求

①土工合成材料质量应符合设计要求或相关标准规定，外观无破损、无老化、无污染。

②在平整的下承层上按设计要求铺设、固定土工合成材料，并应按设计要求张拉、无皱折、紧贴下承层，锚固端施工应符合设计要求。

③接缝连接强度应符合要求，上、下层土工合成材料搭接缝应交替错开。

（2）施工质量资料

①新型材料的验收、铺筑试验段、施工过程中的质量管理和检查验收。

②由于土工合成材料大多用于隐蔽工程，应加强旁站监理和施工日志记录。

# 1.4 城镇道路面层施工

## 1.4.1 沥青混合料面层施工技术

1. 施工准备

（1）透层与粘层

①沥青混合料面层应在基层表面喷洒透层油，在透层油完全深入基层后方可铺筑面层。施工中应根据基层类型选择渗透性好的液体沥青、乳化沥青做透层油。沥青路面透油层材料的规格、用量和撒布养护应符合《城镇道路工程施工与质量验收规范》CJJ 1 的有

关规定。

②双层式或多层式热拌热铺沥青混合料面层之间应喷洒粘层油，或在水泥混凝土路面、沥青稳定碎石基层、旧沥青路面上加铺沥青混合料时，应在既有结构、路缘石和检查井等构筑物与沥青混合料层连接面喷洒粘层油。宜采用快裂或中裂乳化沥青、改性乳化沥青，也可采用快凝或中凝液体石油作粘层油。粘层油材料的规格、用量和洒布养护应符合《城镇道路工程施工与质量验收规范》CJJ 1 的有关规定。

③《城镇道路工程施工与质量验收规范》CJJ 1 中强制性条文规定：沥青混合料面层不得在雨、雪天气及环境最高温度低于5℃时施工。

（2）运输与布料

①为防止沥青混合料粘结运料车车厢板，装料前应喷洒一薄层隔离剂或防粘结剂。运输中沥青混合料上宜用篷布覆盖保温、防雨和防污染。

②运料车轮胎上不得沾有泥土等可能污染路面的脏物，施工时发现沥青混合料不符合施工温度要求或结团成块、已遭雨淋现象不得使用。

③应按施工方案安排运输和布料，摊铺机前应有足够的运料车等候；对高等级道路，开始摊铺前等候的运料车宜在 5 辆以上。

④运料车应在摊铺机前 100～300mm 外空档等候，被摊铺机缓缓顶推前进并逐步卸料，避免撞击摊铺机。每次卸料必须倒净，如有余料应及时清除，防止硬结。

2. 摊铺作业

（1）机械施工

①热拌沥青混合料应采用履带式或轮胎式沥青摊铺机。摊铺机的受料斗应涂刷薄层隔离剂或防粘结剂。

②铺筑高等级道路沥青混合料时，1 台摊铺机的铺筑宽度不宜超过 6（双车道）～7.5m（三车道以上），通常采用 2 台或多台摊铺机前后错开 10～20m 呈梯队方式同步摊铺，两幅之间应有 30～60mm 左右宽度的搭接，并应避开车道轮迹带，上下层搭接位置宜错开 200mm 以上。

③摊铺机开工前应提前 0.5～1h 预热熨平板使其不低于 100℃。铺筑时应选择适宜的熨平板振捣或夯实装置的振动频率和振幅，以提高路面初始压实度。

④摊铺机必须缓慢、均匀、连续不间断地摊铺，不得随意变换速度或中途停顿，以提高平整度，减少沥青混合料的离析。摊铺速度宜控制在 2～6m/min 的范围内。当发现沥青混合料出现明显的离析、波浪、裂缝、拖痕时，应分析原因，予以及时消除。

⑤摊铺机应采用自动找平方式。下面层宜采用钢丝绳引导的高程控制方式。上面层宜采用平衡梁或滑靴并辅以厚度控制方式摊铺。

⑥热拌沥青混合料的最低摊铺温度根据铺筑层厚度、气温、风速及下卧层表面温度，并按现行规范要求执行。例如，铺筑普通沥青混合料，下卧层的表面温度为 15～20℃，铺筑层厚度为＜50mm、50～80mm、＞80mm 三种情况下，最低摊铺温度分别是 140℃、135℃、130℃。

⑦沥青混合料的松铺系数应根据试铺试压确定。应随时检查铺筑层厚度、路拱及横坡，并辅以使用的沥青混合料总量与面积校验平均厚度。松铺系数的取值可参考表 1-4 中所给的范围。

**沥青混合料的松铺系数**　　　　　表 1-4

| 种　　类 | 机械摊铺 | 人工摊铺 |
|---|---|---|
| 沥青混凝土混合料 | 1.15～1.35 | 1.25～1.50 |
| 沥青碎石混合料 | 1.15～1.30 | 1.20～1.45 |

⑧摊铺机的螺旋布料器转动速度与摊铺速度应保持均衡。为减少摊铺中沥青混合料的离析，布料器两侧应保持有不少于送料器 2/3 高度的混合料。摊铺的混合料，不宜用人工反复修整。

（2）人工施工

①不具备机械摊铺情况下，可采用人工摊铺作业。

②半幅施工时，路中一侧宜预先设置挡板；摊铺时应扣锹布料，不得扬锹远甩；边摊铺边整平，严防骨料离析；摊铺不得中途停顿，并尽快碾压；低温施工时，卸下的沥青混合料应覆盖篷布保温。

3. 压实成型与接缝

（1）压实成型

①沥青路面施工应配备足够数量、状态完好的压路机，选择合理的压路机组合方式，根据摊铺完成的沥青混合料温度情况严格控制初压、复压、终压（包括成型）时机。压实层最大厚度不宜大于 100mm，各层应符合压实度及平整度的要求。

②碾压速度做到慢而均匀，应符合规范要求的压路机碾压速度(km/h)（表 1-5）。

**压路机碾压速度（km/h）**　　　　　表 1-5

| 压路机类型 | 初压 | | 复压 | | 终压 | |
|---|---|---|---|---|---|---|
| | 适宜 | 最大 | 适宜 | 最大 | 适宜 | 最大 |
| 钢筒式压路机 | 1.5～2 | 3 | 2.5～3.5 | 5 | 2.5～3.5 | 5 |
| 轮胎压路机 | | | 3.5～4.5 | 6 | 4～6 | 8 |
| 振动压路机 | 1.5～2（静压） | 5（静压） | 1.5～2（振动） | 1.5～2（振动） | 2～3（静压） | 5（静压） |

③压路机的碾压温度应根据沥青和沥青混合料种类、压路机、气温、层厚等因素经试压确定。规范规定的碾压温度见表 1-6。

**热拌沥青混合料的碾压温度（℃）**　　　　　表 1-6

| 施　工　工　序 | | 石油沥青的标号 | | | |
|---|---|---|---|---|---|
| | | 50 号 | 70 号 | 90 号 | 110 号 |
| 开始碾压的混合料内部温度，不低于 | 正常施工 | 135 | 130 | 125 | 120 |
| | 低温施工 | 150 | 145 | 135 | 130 |
| 碾压终了的表面温度，不低于 | 钢轮压路机 | 80 | 70 | 65 | 60 |
| | 轮胎压路机 | 85 | 80 | 75 | 70 |
| | 振动压路机 | 75 | 70 | 60 | 55 |
| 开放交通的路表温度，不高于 | | 50 | 50 | 50 | 45 |

④初压宜采用钢轮压路机静压1～2遍。碾压时应将压路机的驱动轮面向摊铺机，从外侧向中心碾压；在超高路段和坡道上则由低处向高处碾压。复压应紧跟在初压后开始，不得随意停顿。碾压路段总长度不超过80m。

⑤密级配沥青混合料复压宜优先采用重型轮胎压路机进行碾压，以增加密水性，其总质量不宜小于25t。相邻碾压带应重叠1/3～1/2轮宽。对粗骨料为主的混合料，宜优先采用振动压路机复压（厚度宜大于30mm），振动频率宜为35～50Hz，振幅宜为0.3～0.8mm。层厚较大时宜采用高频大振幅，厚度较薄时宜采用低振幅，以防止骨料破碎。相邻碾压带宜重叠100～200mm。当采用三轮钢筒式压路机时，总质量不小于12t，相邻碾压带宜重叠后轮的1/2轮宽，并不应小于200mm。

⑥终压应紧接在复压后进行。终压应选用双轮钢筒式压路机或关闭振动的振动压路机，碾压不宜少于2遍，至无明显轮迹为止。

⑦为防止沥青混合料粘轮，对压路机钢轮可涂刷隔离剂或防粘结剂，严禁刷柴油。亦可向碾轮喷淋添加少量表面活性剂的雾状水。

⑧压路机不得在未碾压成型路段上转向、掉头、加水或停留。在当天成型的路面上，不得停放各种机械设备或车辆，不得散落矿料、油料及杂物。

（2）接缝

①沥青混合料路面接缝必须紧密、平顺。上、下层的纵缝应错开150mm（热接缝）或300～400mm（冷接缝）以上。相邻两幅及上、下层的横向接缝均应错位1m以上。应采用3m直尺检查，确保平整度达到要求。

②采用梯队作业摊铺时应选用热接缝，将已铺部分留下100～200mm宽暂不碾压，作为后续部分的基准面，然后跨缝压实。如半幅施工采用冷接缝时，宜加设挡板或将先铺的沥青混合料刨出毛槎，涂刷粘层油后再铺新料，新料重叠在已铺层上50～100mm，软化下层后铲走，再进行跨缝压密挤紧。

③高等级道路的表面层横向接缝应采用垂直的平接缝，以下各层和其他等级的道路的各层可采用斜接缝。平接缝宜采用机械切割或人工刨除层厚不足部分，使工作缝成直角连接。清除切割时留下的泥水，干燥后涂刷粘层油，铺筑新混合料接头应使接槎软化，压路机先进行横向碾压，再纵向充分压实，连接平顺。

4. 开放交通

《城镇道路工程施工与质量验收规范》CJJ 1强制性条文规定：热拌沥青混合料路面应待摊铺层自然降温至表面温度低于50℃后，方可开放交通。

【案例1-2】

背景资料：

甲公司中标承包某市主干道路工程施工，其路面结构为20mm细粒式沥青混凝土表面层，40mm中粒式沥青混凝土中面层，60mm粗粒式沥青混凝土底面层，300mm石灰粉煤灰稳定碎石基层和200mm石灰土底基层。路面下设有给水排水、燃气、电力、通信管线，由建设方直接委托专业公司承建。

该工程年初签了承包施工合同，合同约定当年年底竣工。受原有管线迁移影响，建设方要求甲公司调整施工部署，主要道路施工安排在9月中旬开始，并保持总工期和竣工日期不变。为此项目部决定：

（1）为满足进度要求，项目部负责人下达了提前开工令，见缝插针，抢先施工能施工部位。

（2）项目部安排 9 月中旬完成管道沟槽回填压实、做挡墙等工程，于 10 月底进入路基结构施工，施工期日最低温度为－1℃；石灰粉煤灰稳定碎石基层采用沥青乳液和沥青下封层进行养护 3d 后进入下一道工序施工。

（3）开始路面面层施工时，日最低温为－3℃，最高温度为＋3℃，但天气晴好；项目部组织突击施工面层，没有采取特殊措施。

（4）为避免对路下管道和周围民宅的损坏，振动压路机作业时取消了振动压实。

工程于 12 月底如期竣工，开放交通。次年 4 月，该引道路面出现成片龟裂，6 月中旬沥青面层开始出现车辙。

问题：

（1）项目部下达提前开工令的做法对吗？为什么？

（2）指出路基结构施工不妥之处。

（3）分析道路面出现龟裂、车辙的主要成因。

参考答案：

（1）答：

项目负责人下达开工令是错误做法：因为，工程施工承包合同中对开工日期都有约定。项目部应根据合同安排进度，并且在开工前先应向监理工程师提交开工申请报告，由监理工程师下达开工令，项目部应按监理的命令执行。

（2）答：

不妥之处主要是：

①不符合规范关于施工期的日最低气温应在 5℃以上的规定；

②不符合规范关于基层采用沥青乳液和沥青下封层养护 3～7d 的规定。

（3）答：

引道路面出现龟裂和车辙主要成因：

①路面基层采用的是石灰稳定类材料，属于半刚性材料，其强度增长与温度有密切关系。温度低时强度增长迟缓。为使这类基层施工后能尽快增长其强度，以适应开放交通后的承载条件，规范规定这类基层应在 5℃以上的气温条件下施工，且应在出现第一次冰冻之前 1～1.5 个月以上完工。

开放交通后，在交通荷载作用下，基层强度不足，是整个路面结构强度不足，出现成片龟裂的质量事故。

②沥青路面必须在冬期施工时，应采取提高沥青混合料的施工温度，并应采取快卸、快铺、快平、快压等措施，以保证沥青面层有足够的碾压温度和密实度。

③次年 6 月以后出现车辙，主要原因是振动压路机作业时取消了振动压实，致使沥青混合料的压实密度不够，在次年气温较高时，经车轮碾压压实，形成车辙。

## 1.4.2 改性沥青混合料面层施工技术

1. 生产和运输

（1）生产

改性沥青混合料的生产除遵照普通沥青混合料生产要求外，尚应注意以下几点：

①改性沥青混合料生产温度应根据改性沥青品种、黏度、气候条件、铺装层的厚度确定，改性沥青混合料的正常生产温度根据实践经验并参照表1-7选择。通常宜较普通沥青混合料的生产温度提高10～20℃。当采用表1-7以外的聚合物或天然沥青改性沥青时，生产温度由试验确定。

改性沥青混合料的正常生产温度范围（℃）　　　　　　　　表1-7

| 工　　序 | 改性沥青品种 | | |
| --- | --- | --- | --- |
| | SBS 类 | SBR 胶乳类 | EVA、PE 类 |
| 基质沥青加热温度 | 160～165 | | |
| 改性沥青现场制作温度 | 165～170 | | 165～170 |
| 成品改性沥青加热温度，不大于 | 175 | | 175 |
| 骨料加热温度 | 190～220 | 200～210 | 185～195 |
| 改性沥青混合料出厂温度 | 170～185 | 100～180 | 165～180 |
| 混合料最高温度（废弃温度） | 195 | | |
| 混合料贮存温度 | 拌合出料后降低不超过10 | | |

②改性沥青混合料宜采用间歇式拌合设备生产，这种设备除尘系统完整，能达到环保要求；给料仓数量较多，能满足配合比设计配料要求；且具有添加纤维等外掺料的装置。

③改性沥青混合料拌合时间根据具体情况经试拌确定，以沥青均匀包裹骨料为度。间歇式拌合机每盘的生产周期不宜少于45s（其中干拌时间不少于5～10s）。改性沥青混合料的拌合时间应适当延长。

④间歇式拌合机宜备有保温性能好的成品储料仓。贮存过程中混合料温降不得大于10℃，且具有沥青滴漏功能。改性沥青混合料的贮存时间不宜超过24h；改性沥青SMA混合料只限当天使用；OGFC混合料宜随拌随用。

⑤添加纤维的沥青混合料，纤维必须在混合料中充分分散，拌合均匀。拌合机应配备同步添加投料装置，松散的絮状纤维可在喷入沥青的同时或稍后采用风送装置喷入拌合锅，拌合时间宜延长5s以上。颗粒纤维可在粗骨料投入的同时自动加入，经5～10s的干拌后，再投入矿粉。

⑥使用改性沥青时应随时检查沥青泵、管道、计量器是否受堵，堵塞时应及时清洗。

（2）运输

改性沥青混合料运输应按照普通沥青混合料运输要求执行，还应做到：运料车卸料必须倒净，如有粘在车厢板上的剩料，必须及时清除，防止硬结。在运输、等候过程中，如发现有沥青滴漏时，应采取措施纠正。

2. 施工

（1）摊铺

①改性沥青混合料的摊铺在满足普通沥青混合料摊铺要求外，还应做到：摊铺在喷洒有粘层油的路面上铺筑改性沥青混合料时，宜使用履带式摊铺机。摊铺机的受料斗应涂刷薄层隔离剂或防粘结剂。SMA混合料施工温度应经试验确定，一般情况下，摊铺温度不低于160℃。

②摊铺机必须缓慢、均匀、连续不间断地摊铺，不得随意变换速度或中途停顿，以提高平整度，减少混合料的离析。改性沥青混合料的摊铺速度宜放慢至 1～3m/min。当发现混合料出现明显的离析、波浪、裂缝、拖痕时，应分析原因，予以及时排除。摊铺系数应通过试验段取得，一般情况下改性沥青混合料的压实系数在 1.05 左右。

③摊铺机应采用自动找平方式，中、下面层宜采用钢丝绳或铝合金导轨引导的高程控制方式，铺筑改性沥青混合料和 SMA 混合料路面时宜采用非接触式平衡梁。

（2）压实与成型

①改性沥青混合料除执行普通沥青混合料的压实成型要求外，还应做到：初压开始温度不低于 150℃，碾压终了的表面温度应不低于 90℃。

②摊铺后应紧跟碾压，保持较短的初压区段，使混合料碾压温度不致降得太低。碾压时应将压路机的驱动轮面向摊铺机，从路外侧向中心碾压。在超高路段则由低向高碾压，在坡道上应将驱动轮从低处向高处碾压。

③改性沥青混合料路面宜采用振动压路机或钢筒式压路机碾压，不宜采用轮胎压路机碾压。OGFC 混合料宜采用不超过 12t 钢筒式压路机碾压。

④振动压路机应遵循"紧跟、慢压、高频、低幅"的原则，即紧跟在摊铺机后面，采取高频率、低振幅的方式慢速碾压。这也是保证平整度和密实度的关键。如发现 SMA 混合料高温碾压有推拥现象，应复查其级配是否合适。不得采用轮胎压路机碾压，以防沥青混合料被搓擦挤压上浮，造成构造深度降低或泛油。

⑤施工过程中应密切注意 SMA 混合料碾压产生的压实度变化，以防止过度碾压。

（3）接缝

①改性沥青混合料路面冷却后很坚硬，冷接缝处理很困难，因此应尽量避免出现冷接缝。

②摊铺时应保证充分的运料车，以满足摊铺的需要，使纵向接缝成为热接缝。在摊铺特别宽的路面时，可在边部设置挡板。在处理横接缝时，应在当天改性沥青混合料路面施工完成后，在其冷却之前垂直切割端部不平整及厚度不符合要求的部分（先用 3m 直尺进行检查），并冲净、干燥，第二天，涂刷粘层油，再铺新料。其他接缝做法执行普通沥青混合料路面施工要求。

3. 开放交通及其他

（1）热拌改性沥青混合料路面开放交通的条件应同于热拌沥青混合料路面的有关规定。需要提早开放交通时，可洒水冷却降低混合料温度。

（2）改性沥青路面的雨期施工应做到：密切关注气象预报与变化，保持现场、沥青拌合厂及气象台站之间气象信息的沟通，控制施工摊铺段长度，各项工序紧密衔接。运料车和工地应备有防雨设施，并做好基层及路肩排水的准备。

（3）改性沥青面层施工应严格控制开放交通的时机。做好成品保护，保持整洁，不得造成污染，严禁在改性沥青面层上堆放施工产生的土或杂物，严禁在已完成的改性沥青面层上制作水泥砂浆等可能造成污染成品的作业。

### 1.4.3　水泥混凝土路面施工技术

1. 混凝土配合比设计、搅拌和运输

（1）混凝土配合比设计

混凝土的配合比设计在兼顾技术经济性的同时应满足抗弯强度、工作性、耐久性三项指标要求；符合《城镇道路工程施工与质量验收规范》的有关规定。

根据《公路水泥混凝土路面设计规范》的规定，并按统计数据得出的变异系数、试验样本的标准差，保证率系数确定配制 28d 弯拉强度值。不同摊铺方式混凝土最佳工作性范围及最大用水量、混凝土含气量、混凝土最大水灰比和最小单位水泥用量应符合规范要求，严寒地区路面混凝土抗冻等级不宜小于 F250，寒冷地区不宜小于 F200。混凝土外加剂的使用应符合：高温施工时，混凝土拌合物的初凝时间不得小于 3h，低温施工时，终凝时间不得大于 10h；外加剂的掺量应由混凝土试配试验确定；当引气剂与减水剂或高效减水剂等外加剂复配在同一水溶液中时，不得发生絮凝现象。

混凝土配合比参数的计算应符合下列要求：

①水灰比的确定应按《公路水泥混凝土路面设计规范》的经验公式计算，并在满足弯拉强度计算值和耐久性两者要求的水灰比中取小值。

②应根据砂的细度模数和粗骨料种类按设计规范查表确定砂率。

③根据粗骨料种类和适宜的坍落度，按规范的经验公式计算单位用水量，并取计算值和满足工作性要求的最大单位用水量两者中的小值。

④根据水灰比计算确定单位水泥用量，并取计算值与满足耐久性要求的最小单位水泥用量中的大值。

⑤可按密度法或体积法计算砂石料用量。

⑥必要时可采用正交试验法进行配合比优选。

按照以上方法确定的普通混凝土配合比、钢纤维混凝土配合比应在试验室内经试配检验弯拉强度、坍落度、含气量等配合比设计的各项指标，从而依据结果进行调整，并经试验段的验证。

（2）搅拌

①搅拌设备应优先选用间歇式拌合设备，并在投入生产前进行标定和试拌，搅拌楼配料计量偏差应符合规范规定。根据拌合物的黏聚性、均质性及强度稳定性经试拌确定最佳拌合时间。单立轴式搅拌机总拌合时间宜为 80～120s，全部材料到齐后的最短纯拌合时间不宜短于 40s；行星立轴和双卧轴式搅拌机总拌合时间为 60～90s，最短纯拌合时间不宜短于 35s；连续双卧轴搅拌楼最短拌合时间不宜短于 40s。

②搅拌过程中，应对拌合物的水灰比及稳定性、坍落度及均匀性、坍落度损失率、振动黏度系数、含气量、泌水率、视密度、离析等项目进行检验与控制，均应符合质量标准的要求。

③钢纤维混凝土的搅拌应符合《城镇道路工程施工与质量验收规范》CJJ 1 的有关规定。

（3）运输

①应根据施工进度、运量、运距及路况，选配车型和车辆总数。不同摊铺工艺的混凝土拌合物从搅拌机出料到运输、铺筑完成的允许最长时间应符合规定。如施工气温 10～19℃时，滑模、轨道机械施工 2.0h，三辊轴机组、小型机具施工 1.5h；20～29℃时，前者 1.5h，后者 1.25h；30～35℃时，前者 1.25h，后者 1.0h。

② 混凝土拌合物出料到运输、铺筑完毕允许最长时间（h）见表1-8。

混凝土拌合物出料到运输、铺筑完毕允许最长时间（h）　　　　　　表1-8

| 施工气温*<br>（℃） | 到运输完毕允许最长时间 | | 到铺筑完毕允许最长时间 | |
|---|---|---|---|---|
| | 滑模、轨道 | 三辊轴、小机具 | 滑模、轨道 | 三辊轴、小机具 |
| 5～9 | 2.0 | 1.5 | 2.5 | 2.0 |
| 10～19 | 1.5 | 1.0 | 2.0 | 1.5 |
| 20～29 | 1.0 | 0.75 | 1.5 | 1.25 |
| 30～35 | 0.75 | 0.50 | 1.25 | 1.0 |

注：表中 * 指施工时间的日间平均气温，使用缓凝剂延长凝结时间后，本表数值可增加 0.25～0.5h。

2. 混凝土面板施工

（1）模板

①宜使用钢模板，钢模板应顺直、平整，每 1m 设置 1 处支撑装置。如采用木模板，应质地坚实，变形小，无腐朽、扭曲、裂纹，且用前须浸泡，木模板直线部分板厚不宜小于 50mm，每 0.8～1m 设 1 处支撑装置；弯道部分板厚宜为 15～30mm，每 0.5～0.8m 设 1 处支撑装置，模板与混凝土接触面及模板顶面应刨光。模板制作偏差应符合规范规定要求。

②模板安装应符合：支模前应核对路面标高、面板分块、胀缝和构造物位置；模板应安装稳固、顺直、平整，无扭曲，相邻模板连接应紧密平顺，不得错位；严禁在基层上挖槽嵌入模板；使用轨道摊铺机应采用专用钢制轨模；模板安装完毕，应进行检验合格方可使用；模板安装检验合格后表面应涂脱模剂或隔离剂，接头应粘贴胶带或塑料薄膜等密封。

（2）钢筋设置

钢筋安装前应检查其原材料品种、规格与加工质量，确认符合设计要求与规范规定；钢筋网、角隅钢筋等安装应牢固、位置准确。钢筋安装后应进行检查，合格后方可使用；传力杆安装应牢固、位置准确。

（3）摊铺与振动

①三辊轴机组铺筑混凝土面层时，辊轴直径应与摊铺层厚度匹配，且必须同时配备一台安装插入式振捣器组的排式振捣机；当面层铺装厚度小于 150mm 时，可采用振捣梁；当一次摊铺双车道面层时应配备纵缝拉杆插入机，并配有插入深度控制和拉杆间距调整装置。

铺筑时卸料应均匀，布料应与摊铺速度相适应；设有纵缝、缩缝拉杆的混凝土面层，应在面层施工中及时安设拉杆；三辊轴整平机分段整平的作业单元长度宜为 20～30m，振捣机振实与三辊轴整平工序之间的时间间隔不宜超过 15min；在一个作业单元长度内，应采用前进振动、后退静滚方式作业，最佳滚压遍数应经过试铺段确定。

②采用轨道摊铺机铺筑时，最小摊铺宽度不宜小于 3.75m，并选择适宜的摊铺机；坍落度宜控制在 20～40mm，根据不同坍落度时的松铺系数计算出松铺高度；轨道摊铺机应配备振捣器组，当面板厚度超过 150mm，坍落度小于 30mm 时，必须插入振捣；轨道摊铺机应配备振动梁或振动板对混凝土表面进行振捣和修整，使用振动板振动提浆饰面时，

提浆厚度宜控制在（4±1）mm；面层表面整平时，应及时清除余料，用抹平板完成表面整修。

③采用人工摊铺混凝土施工时，松铺系数宜控制在1.10～1.25；摊铺厚度达到混凝土板厚的2/3时，应拔出模内钢钎，并填实钎洞；混凝土面层分两次摊铺时，上层混凝土的摊铺应在下层混凝土初凝前进行，且下层厚度宜为总厚的3/5；混凝土摊铺应与钢筋网、传力杆及边缘角隅钢筋的安放相配合；一块混凝土板应一次连续浇筑完毕。

（4）接缝

①普通混凝土路面的胀缝应设置胀缝补强钢筋支架、胀缝板和传力杆。胀缝应与路面中心线垂直；缝壁必须垂直；缝宽必须一致，缝中不得连浆。缝上部灌填缝料，下部胀缝板和安装传力杆。

②传力杆的固定安装方法有两种。一种是端头木模固定传力杆安装方法，宜用于混凝土板不连续浇筑时设置的胀缝。传力杆长度的一半应穿过端头挡板，固定于外侧定位模板中。混凝土拌合物浇筑前应检查传力杆位置；浇筑时，应先摊铺下层混凝土拌合物用插入式振捣器振实，并应在校正传力杆位置后，再浇筑上层混凝土拌合物。浇筑邻板时应拆、除端头木模，并应设置胀缝板、木制嵌条和传力杆套管。胀缝宽20～25mm，使用沥青或塑料薄膜滑动封闭层时，胀缝板及填缝宽度宜加宽到25～30mm。传力杆一半以上长度的表面应涂防黏涂层。另一种是支架固定传力杆安装方法，宜用于混凝土板连续浇筑时设置的胀缝。传力杆长度的一半应穿过胀缝板和端头挡板，并应采用钢筋支架固定就位。浇筑时应先检查传力杆位置，再在胀缝两侧前置摊铺混凝土拌合物至板面，振捣密实后，抽出端头挡板，空隙部分填补混凝土拌合物，并用插入式振捣器振实。宜在混凝土未硬化时，剔除胀缝板上的混凝土，嵌入（20～25）mm×20mm的木条，整平表面。胀缝板应连续贯通整个路面板宽度。

③横向缩缝采用切缝机施工，切缝方式有全部硬切缝、软硬结合切缝和全部软切缝三种。应由施工期间混凝土面板摊铺完毕到切缝时的昼夜温差确定切缝方式。如温差＜10℃，最长时间不得超过24h，硬切缝1/4～1/5板厚。温差10～15℃时，软硬结合切缝，软切深度不应小于60mm，不足者应硬切补深到1/3板厚。温差＞15℃时，宜全部软切缝，抗压强度等级为1～1.5MPa，人可行走。软切缝不宜超过6h。软切深度应大于等于60mm，未断开的切缝，应硬切补深到不小于1/4板厚。对已插入拉杆的纵向缩缝，切缝深度不应小于1/3～1/4板厚，最浅切缝深度不应小于70mm，纵横缩缝宜同时切缝。缩缝切缝宽度控制在4～6mm，填缝槽深度宜为25～30mm，宽度宜为7～10mm。纵缝施工缝有平缝、企口缝等形式。混凝土板养护期满后应及时灌缝。

④灌填缝料前，缝中清除砂石、凝结的泥浆、杂物等，冲洗干净。缝壁必须干燥、清洁。缝料灌注深度宜为15～20mm，热天施工时缝料宜与板面平，冷天缝料应填为凹液面，中心宜低于板面1～2mm。填缝必须饱满均匀、厚度一致、连续贯通，填缝料不得缺失、开裂、渗水。填缝料养护期间应封闭交通。

（5）养护

混凝土浇筑完成后应及时进行养护，可采取喷洒养护剂或保湿覆盖等方式；在雨天或养护用水充足的情况下，可采用保温膜、土工毡、麻袋、草袋、草帘等覆盖物洒水湿养护方式，不宜使用围水养护；昼夜温差大于10℃以上的地区或日均温度低于5℃施工的混凝土板应采用保温养护措施。养护时间应根据混凝土弯拉强度增长情况而定，不宜小于设计弯拉强度的 80％，一般宜为 14～21d，应特别注重前 7d 的保湿（温）养护。

（6）开放交通

在混凝土达到设计弯拉强度 40％以后，可允许行人通过。混凝土完全达到设计弯拉强度后，方可开放交通。

### 1.4.4　城镇道路大修维护技术要点

1. 微表处工艺

（1）工艺适用条件

①微表处技术应用于城镇道路进行大修养护时，原有路面结构应能满足使用要求，原路面的强度满足设计要求、路面基本无损坏，经微表处大修后可恢复面层的使用功能。

②微表处技术应用于城镇道路大修，可达到延长道路使用期目的，且工程投资少、工期短。

③微表处大修工程施工基本要求如下：

a. 对原有路面病害进行处理、刨平或补缝，使其符合设计要求。

b. 宽度大于 5mm 的裂缝进行灌浆处理。

c. 路面局部破损处进行挖补处理。

d. 深度 15～40mm 的车辙可采取填充处理，壅包应进行铣刨处理。

e. 微表处混合料的质量应符合《公路沥青路面施工技术规程》JTG F40 有关规定。

（2）施工流程与要求

① 清除原路面的泥土、杂物。

② 可采用半幅施工，施工期间不断行。

③ 微表处一摊铺机专用施工机械，速度 1.5～3.0km/h。

④ 橡胶耙人工找平，清除超大粒料。

⑤ 不需碾压成型，摊铺找平后必须立即进行初期养护，禁止一切车辆和行人通行。

⑥ 通常，气温 25～30℃时养护 30min 满足设计要求后，即可开放交通。

⑦ 微表处施工前应安排试验段，长度不小于 200m；以便确定施工参数。

2. 旧路加铺沥青混合料面层工艺

（1）旧沥青路面作为基层加铺沥青混合料面层

①旧沥青路面作为基层加铺沥青混合料面层时，应对原有路面进行处理、整平或补强，符合设计要求。

②施工要点：

a. 符合设计强度、基本无损坏的旧沥青路面经整平后可作基层使用。

b. 旧沥青路面有明显的损坏，但强度能达到设计要求的，应对损坏部分进行处理。

c. 填补旧沥青路面，凹坑应按高程控制、分层摊铺，每层最大厚度不宜超过 100mm。

（2）旧水泥混凝土路作为基层加铺沥青混合料面层

①旧水泥混凝土路作为基层加铺沥青混合料面层时，应对原有水泥混凝土路面进行处理、整平或补强，符合设计要求。

②施工要点

a. 对旧水泥混凝土路作弯沉试验，符合设计要求，经处理后可作为基层使用。

b. 对旧水泥混凝土路面层与基层间的空隙，应作填充处理。

c. 对局部破损的原水泥混凝土路面层应剔除，并修补完好。

d. 对旧水泥混凝土路面层的胀缝、缩缝、裂缝应清理干净，并应采取防反射裂缝措施。

3. 加铺沥青面层技术要点

（1）面层水平变形反射裂缝预防措施

①水平变形反射裂缝的产生原因是旧水泥混凝土路板上存在接缝和裂缝，如果直接加铺沥青混凝土，在温度变化和行车荷载的作用下，水泥混凝土路面沿着接缝和裂缝处伸缩，当沥青混凝土路面的伸缩变形与其不一致时，就会在这些部位开裂，这就是产生反射裂缝的机理。因此，在旧水泥混凝土路面加铺沥青混凝土必须处理好反射裂缝，尽可能减少或延缓反射裂缝的出现。

②在沥青混凝土加铺层与旧水泥混凝土路面之间设置应力消减层，具有延缓和抑制反射裂缝产生的效果。

③采取土工织物处理技术措施参见 1.3.3 所述。

（2）面层垂直变形破坏预防措施

①在大修前对局部破损部位进行过修补，应将这些破损部位彻底剔除并重新修复；不需要将板体整块凿除重新浇筑，采用局部修补的方法即可。

②使用沥青密封膏处理旧水泥混凝土板缝。沥青密封膏具有很好的粘结力和抗水平与垂直变形能力，可以有效防止雨水渗入结构而引发冻胀。施工时首先采用切缝机结合人工剔除缝内杂物破除所有的破碎边缘，按设计要求剔除到足够深度；其次用高压空气清除缝内灰尘，保证其洁净；再次用 M7.5 水泥砂浆灌注板体裂缝或用防腐麻绳填实板缝下半部，上部预留 7～100mm 空间，待水泥砂浆初凝后，在砂浆表面及接缝两侧涂抹混凝土接缝粘合剂后，填充密封膏，厚度不小于 40mm。

（3）基底处理要求

①基底的不均匀垂直变形导致原水泥混凝土路面板局部脱空，严重脱空部位的路面板局部断裂或碎裂。为保证水泥混凝土路面板的整体刚性，加铺沥青混合料面层前，必须对脱空和路面板局部破裂处的基底进行处理，并对破损的路面板进行修复。基底处理方法有两种：一种是换填基底材料，另一种是注浆填充脱空部位的空洞。

②开挖式基底处理。对于原水泥混凝土路面局部断裂或碎裂部位，将破坏部位凿除，换填基底并压实后，重新浇筑混凝土。这种常规的处理方法，工艺简单，修复也比较彻底，但对交通影响较大，适合交通不繁忙的路段。

③非开挖式基底处理。对于脱空部位的空洞，采用从地面钻孔注浆的方法进行基底处理。这是城镇道路大修工程中使用比较广泛和成功的方法。处理前应采用探地雷达进行详细探查，测出路面板下松散、脱空和既有管线附近沉降区域。

# 第2章 城市桥梁工程

## 2.1 城市桥梁下部结构施工

### 2.1.1 桩基础施工方法与设备选择

城市桥梁工程常用的桩基础通常可分为沉入桩基础和灌注桩基础，按成桩施工方法又可分为：沉入桩、钻孔灌注桩、人工挖孔桩。

1. 沉入桩基础

常用的沉入桩有钢筋混凝土桩、预应力混凝土桩和钢管桩。

（1）准备工作

①沉桩前应掌握工程地质钻探资料、水文资料和打桩资料。

②沉桩前必须处理地上（下）障碍物，平整场地，并应满足沉桩所需的地面承载力。

③应根据现场环境状况采取降噪声措施；城区、居民区等人员密集的场所不应进行沉桩施工。

④对地质复杂的大桥、特大桥，为检验桩的承载能力和确定沉桩工艺应进行试桩。

⑤贯入度应通过试桩或做沉桩试验后会同监理及设计单位研究确定。

⑥用于地下水有侵蚀性的地区或腐蚀性土层的钢桩应按照设计要求做好防腐处理。

（2）施工技术要点

①预制桩的接桩可采用焊接、法兰连接或机械连接，接桩材料工艺应符合规范要求。

②沉桩时，桩帽或送桩帽与桩周围间隙应为 5～10mm；桩锤、桩帽或送桩帽应和桩身在同一中心线上；桩身垂直度偏差不得超过 0.5%。

③沉桩顺序：对于密集桩群，自中间向两个方向或四周对称施打；根据基础的设计标高，宜先深后浅；根据桩的规格，宜先大后小，先长后短。

④ 施工中若锤击有困难时，可在管内助沉。

⑤桩终止锤击的控制应以控制桩端设计标高为主，贯入度为辅。

⑥沉桩过程中应加强对邻近建筑物、地下管线等的观测、监护。

（3）沉桩方式及设备选择

①锤击沉桩宜用于砂类土、黏性土。桩锤的选用应根据地质条件、桩型、桩的密集程度、单桩竖向承载力及现有施工条件等因素确定。

②振动沉桩宜用于锤击沉桩效果较差的密实的黏性土、砾石、风化岩。

③在密实的砂土、碎石土、砂砾的土层中用锤击法、振动沉桩法有困难时，可采用射水作为辅助手段进行沉桩施工。在黏性土中应慎用射水沉桩；在重要建筑物附近不宜采用射水沉桩。

④静力压桩宜用于软黏土（标准贯入度 $N<20$）、淤泥质土。

⑤钻孔埋桩宜用于黏土、砂土、碎石土，且河床覆土较厚的情况。

**2. 钻孔灌注桩基础**

（1）准备工作

①施工前应掌握工程地质资料、水文地质资料，具备所用各种原材料及制品的质量检验报告。

②施工时应按有关规定，制定安全生产、保护环境等措施。

③灌注桩施工应有齐全、有效的施工记录。

（2）成孔方式与设备选择

依据成桩方式可分为泥浆护壁成孔、干作业成孔、护筒（沉管）灌注桩及爆破成孔，施工机具类型及土质适用条件可参考表 2-1。

**成桩方式与适用条件**　　　　　　　　　　　　　　　　　表 2-1

| 序号 | 成桩方式与设备 | | 土质适用条件 |
|---|---|---|---|
| 1 | 泥浆护壁成孔桩 | 冲抓钻 | 黏性土、粉土、砂土、填土、碎石土及风化岩层 |
| | | 冲击钻 | |
| | | 旋挖钻 | |
| | | 潜水钻 | 黏性土、淤泥、淤泥质土及砂土 |
| 2 | 干作业成孔桩 | 长螺旋钻孔 | 地下水位以上的黏性土、砂土及人工填土非密实的碎石类土、强风化岩 |
| | | 钻孔扩底 | 地下水位以上的坚硬、硬塑的黏性土及中密以上的砂土风化岩层 |
| | | 人工挖孔 | 地下水位以上的黏性土、黄土及人工填土 |
| 3 | 沉管灌注桩 | 夯扩 | 桩端持力层为埋深不超过20m的中、低压缩性黏性土、粉土、砂土和碎石类土 |
| | | 振动 | 黏性土、粉土和砂土 |
| 4 | 爆破成孔 | | 地下水位以上的黏性土、黄土碎石土及风化岩 |

（3）泥浆护壁成孔

①泥浆制备

a. 泥浆制备根据施工机械、工艺及穿越土层情况进行配合比设计，宜选用高塑性黏土或膨润土。

b. 泥浆护壁施工期间，护筒内的泥浆面应高出地下水位 1.0m 以上，在清孔过程中应不断置换泥浆，直至灌注水下混凝土。

c. 灌注混凝土前，孔底 500mm 以内的泥浆相对密度应小于 1.25；含砂率不得大于 8%；黏度不得大于 28s。

d. 现场应设置泥浆池和泥浆收集设施，废弃的泥浆、渣应进行处理，不得污染环境。

②正、反循环钻孔

a. 泥浆护壁成孔时，根据泥浆补给情况控制钻进速度，保持钻机稳定。

b. 钻进过程中如发生斜孔、塌孔和护筒周围冒浆、失稳等现象时，应先停钻，待采取相应措施后再进行钻进。

c. 钻孔达到设计深度，灌注混凝土之前，孔底沉渣厚度应符合设计要求。设计未要求时端承型桩的沉渣厚度不应大于 100mm；摩擦型桩的沉渣厚度不应大于 300mm。

③冲击钻成孔

a. 冲击钻开孔时，应低锤密击，反复冲击造壁，保持孔内泥浆面稳定。

b. 应采取有效的技术措施防止扰动孔壁、塌孔、扩孔、卡钻和掉钻及泥浆流失等事故。

c. 每钻进 4～5m 应验孔一次，在更换钻头前或容易缩孔处，均应验孔并应做记录。

d. 排渣过程中应及时补给泥浆。

e. 冲孔中遇到斜孔、梅花孔、塌孔等情况时，应采取措施后方可继续施工。

f. 稳定性差的孔壁应采用泥浆循环或抽渣筒排渣，清孔后灌注混凝土之前的泥浆指标符合要求。

④旋挖成孔

a. 挖钻成孔灌注桩应根据不同的地层情况及地下水位埋深，采用不同的成孔工艺。

b. 泥浆制备的能力应大于钻孔时的泥浆需求量，每台套钻机的泥浆储备量不少于单桩体积。

c. 成孔前和每次提出钻斗时，应检查钻斗和钻杆连接销子、钻斗门连接销子以及钢丝绳的状况，并应清除钻斗上的渣土。

d. 旋挖钻机成孔应采用跳挖方式，并根据钻进速度同步补充泥浆，保持所需的泥浆面高度不变。

e. 孔底沉渣厚度控制指标符合要求。

（4）干作业成孔

①长螺旋钻孔

a. 钻机定位后，应进行复检，钻头与桩位点偏差不得大于 20mm，开孔时下钻速度应缓慢；钻进过程中，不宜反转或提升钻杆。

b. 在钻进过程中遇到卡钻、钻机摇晃、偏斜或发生异常声响时，应立即停钻，查明原因，采取相应措施后方可继续作业。

c. 钻至设计标高后，应先泵入混凝土并停顿 10～20s，再缓慢提升钻杆。提钻速度应根据土层情况确定，并保证管内有一定高度的混凝土。

d. 混凝土压灌结束后，应立即将钢筋笼插至设计深度，并及时清除钻杆及泵（软）管内残留混凝土。

②钻孔扩底

a. 钻杆应保持垂直稳固，位置准确，防止因钻杆晃动引起扩大孔径。

b. 钻孔扩底桩施工扩底孔部分虚土厚度应符合设计要求。

c. 灌注混凝土时，第一次应灌到扩底部位的顶面，随即振捣密实；灌注桩顶以下 5m 范围内混凝土时，应随灌注随振动，每次灌注高度不大于 1.5m。

③人工挖孔

a. 人工挖孔桩必须在保证施工安全前提下选用。

b. 挖孔桩截面一般为圆形，也有方形桩；孔径 1200～2000mm，最大可达 3500mm；挖孔深度不宜超过 25m。

c. 采用混凝土或钢筋混凝土支护孔壁技术，护壁的厚度、拉接钢筋、配筋、混凝土强度等级均应符合设计要求；井圈中心线与设计轴线的偏差不得大于 20mm；上下节护壁混凝土的搭接长度不得小于 50mm；每节护壁必须保证振捣密实，并应当日施工完毕；应根据土层渗水情况使用速凝剂；模板拆除应在混凝土强度大于 2.5MPa 后进行。

d. 挖孔达到设计深度后，应进行孔底处理。必须做到孔底表面无松渣、泥、沉淀土。

（5）钢筋笼与灌注混凝土施工要点

①钢筋笼加工应符合设计要求。钢筋笼制作、运输和吊装过程中应采取适当的加固措施，防止变形。

②吊放钢筋笼入孔时，不得碰撞孔壁，就位后应采取加固措施固定钢筋笼的位置。

③沉管灌注桩内径应比套管内径小 60～80mm，用导管灌注水下混凝土的桩应比导管连接处的外径大 100mm 以上。

④灌注桩采用的水下灌注混凝土宜采用预拌混凝土，其骨料粒径不宜大于 40mm。

⑤灌注桩各工序应连续施工，钢筋笼放入泥浆后 4h 内必须浇筑混凝土。

⑥桩顶混凝土浇筑完成后应高出设计标高 0.5～1m，确保桩头浮浆层凿除后桩基面混凝土达到设计强度。

⑦当气温低于 0℃ 以下时，浇筑混凝土应采取保温措施，浇筑时混凝土的温度不得低于 5℃。当气温高于 30℃ 时，应根据具体情况对混凝土采取缓凝措施。

⑧灌注桩的实际浇筑混凝土量不得小于计算体积；套管成孔的灌注桩任何一段平均直径与设计直径的比值不得小于 1.0。

⑨场地为浅水时宜采用筑岛法施工，筑岛面积应按钻孔方法、机具大小而定。岛的高度应高出最高施工水位 0.5～1.0m。

⑩场地为深水或淤泥层较厚时，可采用固定式平台或浮式平台。平台须稳固牢靠，能承受施工时的静载和动载；并考虑施工机械进出安全。

（6）水下混凝土灌注

①桩孔检验合格，吊装钢筋笼完毕后，安置导管浇筑混凝土。

②混凝土配合比应通过试验确定，须具备良好的和易性，坍落度宜为 180～220mm。

③导管应符合下列要求：

a. 导管内壁应光滑圆顺，直径宜为 20～30cm，节长宜为 2m。

b. 导管不得漏水，使用前应试拼、试压，试压的压力宜为孔底静水压力的 1.5 倍。

c. 导管轴线偏差不宜超过孔深的 0.5%，且不宜大于 10cm。

d. 导管采用法兰盘接头宜加锥形活套；采用螺旋丝扣型接头时必须有防止松脱装置。

④使用的隔水球应有良好的隔水性能，并应保证顺利排出。

⑤开始灌注混凝土时，导管底部至孔底的距离宜为 300～500mm；导管一次埋入混凝土灌注面以下不应少于 0.8m；导管埋入混凝土深度宜为 2～6m。

⑥灌注水下混凝土必须连续施工，并应控制提拔导管速度，严禁将导管提出混凝土灌注面。灌注过程中的故障应记录备案。

【案例 2-1】

背景资料：

某市迎宾大桥工程采用沉入桩基础，承台平面尺寸为 5m×30m，布置 145 根桩，为群桩形式：顺桥方向 5 行桩，桩中心距为 0.8m，横桥方向 29 排，桩中心距 1m；设计桩长 15m，分两节预制，采用法兰盘等强度接头。由施工项目部经招标程序选择专业队伍分包打桩作业，在施工组织设计编制和审批中出现了下列事项：

（1）鉴于现场条件，预制桩节长度分为 4 种，其中 72 根上节长 7m，下节长 8m（带桩靴），其中 73 根上节长 8m，下节长 7m。

（2）为了挤密桩间土，增加桩与土体的摩擦力，打桩顺序定为四周向中心打。

（3）为防止桩顶或桩身出现裂缝、破碎，决定以贯入度为主控制。

问题：

（1）分述上述方案和做法是否符合规范的规定，若不符合，请说明。

（2）在沉桩过程中，遇到哪些情况应暂停沉桩？并分析原因，采取有效措施。

（3）在沉桩过程中，如何妥善掌握控制桩桩尖标高与贯入度的关系？

参考答案：

（1）答：

①预制桩节符合《城市桥梁工程施工与质量验收规范》CJJ 2 规定。

②打桩顺序不符合规范规定，沉桩顺序应从中心向四周进行。

③以贯入度为主控制不符合规范规定，沉桩时，应以控制桩尖设计标高为主。

（2）答：

在沉桩过程中，若遇到贯入度剧变，桩身突然发生倾斜、位移或有严重回弹，桩顶或桩身出现严重裂缝、破碎等情况时，应暂停沉桩，分析原因，采取措施。

（3）答：

首先明确沉桩时以控制桩尖设计标高为主，当桩尖标高，高于设计标高，而贯入度较大时，应继续锤击，使贯入度接近控制贯入度，当贯入度已达到控制贯入度，而桩间标高未达到设计标高时，应在满足冲刷线下最小嵌固深度后继续锤击 100mm 左右（或 30～50击），如无异常变化，即可停止，若桩尖标高比设计值高得多，应与设计和监理单位研究决定。

## 2.1.2 掌握墩台、盖梁施工技术

1. 现浇混凝土墩台、盖梁

（1）重力式混凝土墩、台施工

① 墩台混凝土浇筑前应对基础混凝土顶面做凿毛处理，清除锚筋污锈。

②墩台混凝土宜水平分层浇筑，每层高度宜为 1.5～2m。

③墩台混凝土分块浇筑时，接缝应与墩台截面尺寸较小的一边平行，邻层分块接缝应错开，接缝宜做成企口形。分块数量，墩台水平截面积在 200m² 内不得超过 2 块；在 300m² 以内不得超过 3 块。每块面积不得小于 50m²。

④明挖基础上灌筑墩、台第一层混凝土时，要防止水分被基础吸收或基顶水分渗入混凝土而降低强度。

⑤大体积混凝土浇筑及质量控制，详见本丛书中的《建设工程施工技术》分册。

（2）柱式墩台施工

①模板、支架除应满足强度、刚度外，稳定计算中应考虑风力影响。

②墩台柱与承台基础接触面应凿毛处理，清除钢筋污锈。浇筑墩台柱混凝土时，应铺

同配合比的水泥砂浆一层。墩台柱的混凝土宜一次连续浇筑完成。

③柱身高度内有系梁连接时，系梁应与柱同步浇筑。V 型墩柱混凝土应对称浇筑。

④采用预制混凝土管做柱身外模时，预制管安装应符合下列要求：

a. 基础面宜采用凹槽接头，凹槽深度不得小于 50mm。

b. 上下管节安装就位后，应采用四根竖方木对称设置在管柱四周并绑扎牢固，防止撞击错位。

c. 混凝土管柱外模应设斜撑，保证浇筑时的稳定。

d. 管节接缝应采用水泥砂浆等材料密封。

e. 墩柱滑模浇筑应选用低流动度的或半干硬性的混凝土拌合料，分层分段对称浇筑，并应同时浇完一层；各段的浇筑应到距模板上缘 100～150mm 处为止。

f. 钢管混凝土墩柱应采用微膨胀混凝土，一次连续浇筑完成。钢管的焊制与防腐应符合设计要求或相关规范规定。

（3）在城镇交通繁华路段施工盖梁时，宜采用整体组装模板、快装组合支架，以减少占路时间。盖梁为悬臂梁时，混凝土浇筑应从悬臂端开始；预应力钢筋混凝土盖梁拆除底模时间应符合设计要求；如设计无要求，孔道压浆强度应达到设计强度后，方可拆除底模板。

2. 预制混凝土柱和盖梁安装

（1）预制柱安装

①基础杯口的混凝土强度必须达到设计要求，方可进行预制柱安装。杯口在安装前应校核长、宽、高，确认合格。杯口与预制件接触面均应凿毛处理，埋件应除锈并应校核位置，合格后方可安装。

②预制柱安装就位后应采用硬木楔或钢楔固定，并加斜撑保持柱体稳定，在确保稳定后方可摘去吊钩。

③安装后应及时浇筑杯口混凝土，待混凝土硬化后拆除硬楔，浇筑二次混凝土，待杯口混凝土达到设计强度 75％后方可拆除斜撑。

（2）预制钢筋混凝土盖梁安装

①预制盖梁安装前，应对接头混凝土面凿毛处理，设埋件时应除锈。

②在墩台柱上安装预制盖梁时，应对墩台柱进行固定和支撑，确保稳定。

③盖梁就位时，应检查轴线和各部尺寸，确认合格后方可固定，并浇筑接头混凝土。接头混凝土达到设计强度后，方可卸除临时固定设施。

（3）重力式砌体墩台

①墩台砌筑前，应清理基础，保持洁净，并测量放线，设置线杆。

②墩台砌体应采用坐浆法分层砌筑，竖缝均应错开，不得贯通。

③砌筑墩台镶面石应从曲线部分或角部开始。

④桥墩分水体镶面石的抗压强度不得低于 40MPa。

⑤砌筑的石料和混凝土预制块应清洗干净，保持湿润。

## 2.1.3 各类围堰施工要求

1. 围堰施工的一般规定

（1）围堰高度应高出施工期间可能出现的最高水位（包括浪高）0.5～0.7m。

（2）围堰外形一般有圆形、圆端形（上、下游为半圆形，中间为矩形）；矩形、带三角的矩形等。围堰外形直接影响堰体的受力情况，必须考虑堰体结构的承载力和稳定性。围堰外形还应考虑水域的水深，以及因围堰施工造成河流断面被压缩后，流速增大引起水流对围堰、河床的集中冲刷，对航道、导流的影响。

（3）堰内平面尺寸应满足基础施工的需要。

（4）围堰要求防水严密，减少渗漏。

（5）堰体外坡面有受冲刷危险时，应在外坡面设置防冲刷设施。

2. 各类围堰适用范围

各类围堰适用范围见表 2-2。

围堰类型及适用条件 表 2-2

| 围堰类型 | | 适 用 条 件 |
| --- | --- | --- |
| 土石围堰 | 土围堰 | 水深≤1.5m，流速≤0.5m/s，河边浅滩，河床渗水性较小 |
| | 土袋围堰 | 水深≤3.0m，流速≤1.5m/s，河床渗水性较小，或淤泥较浅 |
| | 木桩竹条土围堰 | 水深1.5～7m，流速≤2.0m/s，河床渗水性较小，能打桩，盛产竹木地区 |
| | 竹篱土围堰 | 水深1.5～7m，流速≤2.0m/s，河床渗水性较小，能打桩，盛产竹木地区 |
| | 竹、铅丝笼围堰 | 水深4m以内，河床难以打桩，流速较大 |
| | 堆石土围堰 | 河床渗水性很小，流速≤3.0m/s，石块能就地取材 |
| 板桩围堰 | 钢板桩围堰 | 深水或深基坑，流速较大的砂类土、黏性土、碎石土及风化岩等坚硬河床。防水性能好，整体刚度较强 |
| | 钢筋混凝土板桩围堰 | 深水或深基坑，流速较大的砂类土、黏性土、碎石土河床。除用于挡水防水外还可作为基础结构的一部分，亦可采取拔除周转使用，能节约大量木材 |
| 钢套筒围堰 | | 流速≤2.0m/s，覆盖层较薄，平坦的岩石河床，埋置不深的水中基础，也可用于修建桩基承台 |
| 双壁围堰 | | 大型河流的深水基础，覆盖层较薄、平坦的岩石河床 |

3. 土围堰施工要求

（1）筑堰材料宜用黏性土、粉质黏土或砂质黏土。填出水面之后应进行夯实。填土应自上游开始至下游合龙。

（2）筑堰前，必须将堰底下河床底的杂物、石块及树根等清除干净。

（3）堰顶宽度可为 1～2m。机械挖基时不宜小于 3m。堰外边坡迎水流一侧坡度宜为1：2～1：3，背水流一侧可在 1：2 之内。堰内边坡宜为 1：1～1：1.5。内坡脚与基坑的距离不得小于 1m。

4. 土袋围堰施工要求

（1）围堰两侧用草袋、麻袋、玻璃纤维袋或无纺布袋装土堆码。袋中宜装不渗水的黏性土，装土量为土袋容量的 1/2～2/3。袋口应缝合。堰外边坡为 1：0.5～1：1，堰内边坡为 1：0.2～1：0.5。围堰中心部分可填筑黏土及黏性土芯墙。

（2）堆码土袋，应自上游开始至下游合龙。上下层和内外层的土袋均应相互错缝，尽量堆码密实、平稳。

（3）筑堰前，堰底河床的处理、内坡脚与基坑的距离、堰顶宽度与土围堰要求相同。

5. 钢板桩围堰施工要求

（1）有大漂石及坚硬岩石的河床不宜使用钢板桩围堰。

（2）钢板桩的机械性能和尺寸应符合规定要求。

（3）施打钢板桩前，应在围堰上下游及两岸设测量观测点，控制围堰长、短边方向的施打定位。施打时，必须备有导向设备，以保证钢板桩的正确位置。

（4）施打前，应对钢板桩的锁口用止水材料捻缝，以防漏水。

（5）施打顺序一般从上游向下游合龙。

（6）钢板桩可用捶击、振动、射水等方法下沉，但在黏土中不宜使用射水下沉办法。

（7）经过整修或焊接后的钢板桩应用同类型的钢板桩进行锁口试验、检查。接长的钢板桩，其相邻两钢板桩的接头位置应上下错开。

（8）施打过程中，应随时检查桩的位置是否正确、桩身是否垂直，否则应立即纠正或拔出重打。

6. 钢筋混凝土板桩围堰施工要求

（1）板桩断面应符合设计要求。板桩桩尖角度视土质坚硬程度而定。沉入砂砾层的板桩桩头，应增设加劲钢筋或钢板。

（2）钢筋混凝土板桩的制作，应用刚度较大的模板，榫口接缝应顺直、密合。如用中心射水下沉，板桩预制时，应留射水通道。

（3）目前钢筋混凝土板桩中，空心板桩较多。空心多为圆形，用钢管作芯模。板桩的榫口一般圆形的较好。桩尖一般斜度为 $1:2.5\sim1:1.5$。

7. 套箱围堰施工要求

（1）无底套箱用木板、钢板或钢丝网水泥制作，内设木、钢支撑。套箱可制成整体式或装配式。

（2）制作中应防止套箱接缝漏水。

（3）下沉套箱前，同样应清理河床。若套箱设置在岩层上时，应整平岩面。当岩面有坡度时，套箱底的倾斜度应与岩面相同，以增加稳定性并减少渗漏。

8. 双壁钢围堰施工要求

（1）双壁钢围堰应作专门设计，其承载力：刚度、稳定性、锚锭系统及使用期等应满足施工要求。

（2）双壁钢围堰应按设计要求在工厂制作，其分节分块的大小应按工地吊装、移运能力确定。

（3）双壁钢围堰各节、块拼焊时，应按预先安排的顺序对称进行。拼焊后应进行焊接质量检验及水密性试验。

（4）钢围堰浮运定位时，应对浮运、就位和灌水着床时的稳定性进行验算。尽量安排在能保证浮运顺利进行的低水位或水流平稳时进行，宜在白昼无风或小风时浮运。在水深或水急处浮运时，可在围堰两侧设导向船。围堰下沉前初步锚锭于墩位上游处。在浮运、下沉过程中，围堰露出水面的高度不应小于1m。

（5）就位前应对所有缆绳、锚链、锚锭和导向设备进行检查调整，以使围堰落床工作顺利进行，并注意水位涨落对锚锭的影响。

（6）锚锭体系的锚绳规格、长度应相差不大。锚绳受力应均匀。边锚的预拉力要适当，避免导向船和钢围堰摆动过大或折断锚绳。

（7）准确定位后，应向堰体壁腔内迅速、对称、均衡地灌水，使围堰落床。

（8）落床后应随时观测水域内流速增大而造成的河床局部冲刷，必要时可在冲刷段用卵石、碎石垫填整平，以改变河床上的粒径，减小冲刷深度，增加围堰稳定性。

（9）钢围堰着床后，应加强对冲刷和偏斜情况的检查，发现问题及时调整。

（10）钢围堰浇筑水下封底混凝土之前，应按照设计要求进行清基，并由潜水员逐片检查合格后方可封底。

（11）钢围堰着床后的允许偏差应符合设计要求。当作为承台模板用时，其误差应符合模板的施工要求。

## 2.2　城市桥梁上部结构施工

### 2.2.1　装配式梁（板）施工技术

1. 装配式梁（板）施工方案

（1）装配式梁（板）施工方案编制前，应对施工现场条件和拟定运输路线社会交通进行充分调研和评估。

（2）预制和吊装方案：

①应按照设计要求，并结合现场条件确定梁板预制和吊运方案。

②应依据施工进度和现场条件，选择构件厂（或基地）预制和施工现场预制。

③依照吊装机具不同，梁板架设方法分为起重机架梁法、跨墩龙门吊架梁法和穿巷式架桥机架梁法；每种方法选择都应在充分调研和技术经济综合分析的基础上进行。

2. 技术要求

（1）预制构件与支承结构

①安装构件前必须检查构件外形及其预埋件尺寸和位置，其偏差不应超过设计或规范允许值。

②装配式桥梁构件在脱底模、移运、堆放和吊装就位时，混凝土的强度不应低于设计要求的吊装强度，一般不应低于设计强度的75%。预应力混凝土构件吊装时，其孔道水泥浆的强度不应低于构件设计要求。如设计无要求时，一般不低于30MPa。吊装前应验收合格。

③安装构件前，支承结构（墩台、盖梁等）的强度应符合设计要求，支承结构和预埋件的尺寸、标高及平面位置应符合设计要求且验收合格。桥梁支座的安装质量应符合要求，其规格、位置及标高应准确无误。墩台、盖梁、支座顶面清扫干净。

（2）吊运方案

①吊运（吊装、运输）应编制专项方案，并按有关规定进行论证、批准。

②吊运方案应有对各受力部分的设备、杆件的验算，特别是吊车等机具安全性验算，起吊过程中构件内产生的应力验算必须符合要求。梁长25m以上的预应力简支梁应验算裸梁的稳定性。

③应按照起重吊装的有关规定，选择吊运工具、设备，确定吊车站位、运输路线与交

通导行等具体措施。

（3）技术准备

①按照有关规定进行技术安全交底。

②对操作人员进行培训和考核。

③测量放线，给出高程线、结构中心线、边线，并进行清晰的标识。

3. 安装就位的技术要求

（1）吊运要求

①构件移运、吊装时的吊点位置应按设计规定或根据计算决定。

②吊装时构件的吊环应顺直，吊绳与起吊构件的交角小于60°时，应设置吊架或吊装扁担，尽量使吊环垂直受力。

③构件移运、停放的支承位置应与吊点位置一致，并应支承稳固。在顶起构件时应随时置好保险垛。

④吊移板式构件时，不得吊错板梁的上、下面，防止折断。

（2）就位要求

①每根大梁就位后，应及时设置保险垛或支撑，将梁固定并用钢板与已安装好的大梁预埋横向连接钢板焊接，防止倾倒。

②构件安装就位并符合要求后，方可允许焊接连接钢筋或浇筑混凝土固定构件。

③待全孔（跨）大梁安装完毕后，再按设计规定使全孔（跨）大梁整体化。

④梁板就位后应按设计要求及时浇筑接缝混凝土。

【案例2-2】

背景资料：

A公司中标承建一座城市高架桥，上部结构为30m，预制T梁，采用先简支后连续的结构形式，共12跨，桥宽29.5m，为双幅式桥面。项目部在施工方案确定后，便立即开始了预制场的施工。但因为处理T梁预制台座基础沉降影响了工程进度，为扭转工期紧迫的被动局面，项目部负责预制施工人员在施工质量控制中出现纰漏，如千斤顶张拉超限未安排重新标定和T梁张拉后便立即把T梁吊移到存梁区压浆，以加快台座的周转率。被监理工程师要求停工整顿。

问题：

（1）预制场的施工方案如何确定？

（2）预制台座基础怎样保证不发生沉降？

（3）千斤顶张拉超过200次，但钢绞线的实际伸长量满足规范要求，即±6%以内，千斤顶是否可以不重新标定？

（4）T梁张拉后便立即把T梁吊移到存梁区压浆，以加快台座的周转率这种做法正确吗？为什么？

参考答案：

（1）答：

预制场的施工方案，由项目部总工组织编制，经项目部负责人讨论优化，在项目负责人（经理）批准后，报上一级技术负责人审批，并加盖公章，批准后，施工方案才能实施。

（2）答：

张拉台座应具有足够的强度和刚度，台座基础应根据场地情况而定：地质条件良好，地基承载力足以满足梁重承重要求的，可直接在此地基上做台座基础。如果地基达不到承载力要求，则须对地基进行处理。采用换填灰土夯实的方法，或者采用打挤密木桩的形式，保证处理后的地基的承载力满足规范或设计要求，然后，再在上面浇筑混凝土基础。另外，做好预制场场地排水工作也至关重要，以防止雨水浸泡地基。只有这样，才能保证台座基础不发生沉降。

（3）答：

依据相关规范的规定，张拉满 6 个月或者张拉次数达到 200 次的千斤顶，必须重新进行标定方能够继续投入使用。

（4）答：

项目部做法不正确。按照施工规范要求，T 梁在台座上张拉压浆后，其水泥浆强度满足设计要求或者达到 T 梁混凝土同等强度后，才能吊移。否则，会因为不小心的磕碰，容易发生锚具破损、钢绞线断丝现象，从而直接导致安全质量事故发生。

## 2.2.2 现浇预应力（钢筋）混凝土连续梁施工技术

1. 支（模）架法

（1）支架法现浇预应力混凝土连续梁

①支架的地基承载力应符合要求，必要时，应采取加强处理或其他措施。

②应有简便可行的落架拆模措施。

③各种支架和模板安装后，宜采取预压方法消除拼装间隙和地基沉降等非弹性变形。

④安装支架时，应根据梁体和支架的弹性、非弹性变形，设置预拱度。

⑤支架底部应有良好的排水措施，不得被水浸泡。

⑥浇筑混凝土时应采取防止支架不均匀下沉的措施。

（2）移动模架上浇筑预应力混凝土连续梁

①支架长度必须满足施工要求。

②支架应利用专用设备组装，在施工时能确保质量和安全。

③浇筑分段工作缝，必须设在弯矩零点附近。

④箱梁内、外模板在滑动就位时，模板平面尺寸、高程、预拱度的误差必须控制在容许范围内。

⑤混凝土内预应力筋管道、钢筋、预埋件设置应符合规范规定和设计要求。

2. 悬臂浇筑法

悬臂浇筑的主要设备是一对能行走的挂篮。挂篮在已经张拉锚固并与墩身连成整体的梁段上移动。绑扎钢筋、立模、浇筑混凝土、施加预应力都在其上进行。完成本段施工后，挂篮对称向前各移动一节段，进行下一梁段施工，循序前进，直至悬臂梁段浇筑完成。

（1）挂篮设计与组装

①挂篮结构主要设计参数应符合下列规定：

a. 挂篮质量与梁段混凝土的质量比值控制在 0.3～0.5，特殊情况下不得超过 0.7。

b. 允许最大变形（包括吊带变形的总和）为 20mm。

c. 施工、行走时的抗倾覆安全系数不得小于 2。

d. 自锚固系统的安全系数不得小于 2。

e. 斜拉水平限位系统和上水平限位安全系数不得小于 2。

②挂篮组装后，应全面检查安装质量，并应按设计荷载做载重试验，以消除非弹性变形。

（2）浇筑段落

悬浇梁体一般应分四大部分浇筑：

①墩顶梁段（0 号块）；

②墩顶梁段（0 号块）两侧对称悬浇梁段；

③边孔支架现浇梁段；

④主梁跨中合龙段。

（3）悬浇顺序及要求

① 在墩顶托架或膺架上浇筑 0 号段并实施墩梁临时固结。

②在 0 号块段上安装悬臂挂篮，向两侧依次对称分段浇筑主梁至合龙前段。

③在支架上浇筑边跨主梁合龙段。

④最后浇筑中跨合龙段形成连续梁体系。

托架、膺架应经过设计，计算其弹性及非弹性变形。

在梁段混凝土浇筑前，应对挂篮（托架或膺架）、模板、预应力筋管道、钢筋、预埋件，混凝土材料、配合比、机械设备、混凝土接缝处理等情况进行全面检查，经有关方签认后方准浇筑。

悬臂浇筑混凝土时，宜从悬臂前端开始，最后与前段混凝土连接。

桥墩两侧梁段悬臂施工应对称、平衡，平衡偏差不得大于设计要求。

（4）张拉及合龙

①预应力混凝土连续梁悬臂浇筑施工中，顶板、腹板纵向预应力筋的张拉顺序一般为上下、左右对称张拉，设计有要求时按设计要求施做。

②预应力混凝土连续梁合龙顺序一般是先边跨、后次跨、再中跨。

③连续梁（T 构）的合龙、体系转换和支座反力调整应符合下列规定：

a. 合龙段的长度宜为 2m。

b. 合龙前应观测气温变化与梁端高程及悬臂端间距的关系。

c. 合龙前应按设计规定，将两悬臂端合龙口予以临时连接，并将合龙跨一侧墩的临时锚固放松或改成活动支座。

d. 合龙前，在两端悬臂预加压重，并于浇筑混凝土过程中逐步撤除，以使悬臂端挠度保持稳定。

e. 合龙宜在一天中气温最低时进行。

f. 合龙段的混凝土强度宜提高一级，以尽早施加预应力。

g. 连续梁的梁跨体系转换，应在合龙段及全部纵向连续预应力筋张拉、压浆完成，并解除各墩临时固结后进行。

h. 梁跨体系转换时，支座反力的调整应以高程控制为主，反力作为校核。

（5）高程控制

预应力混凝土连续梁，悬臂浇筑段前端底板和桥面标高的确定是连续梁施工的关键问题之一，确定悬臂浇筑段前段标高时应考虑：

①挂篮前端的垂直变形值；

②预拱度设置；

③施工中已浇段的实际标高；

④温度影响。

因此，施工过程中的监测项目为前三项；必要时结构物的变形值、应力也应进行监测，保证结构的强度和稳定。

【案例 2-3】

背景资料：

某市新建道路跨线桥，主桥长 520m，桥宽 22.15m，桥梁中间三孔为钢筋混凝土预应力连续梁，跨径组合为 30m＋35m＋30m，需现场浇筑，做预应力张拉，其余部分为 T 形22m 简支梁。部分基础采用沉入桩，平面尺寸 5m×26m，布置 128 根桩的群桩形式，中间三孔模板支架有详细专项方案设计，并经项目经理批准将基础桩施工分包给专业公司，并签订了分包合同。施工日志有以下记录。

（1）施工组织设计经项目经理批准签字后，上报监理工程师审批。

（2）为增加桩与土体的摩擦力，沉桩顺序定为从四周向中心打。为了防止桩顶或桩身出现裂缝、破碎，决定以贯入度为主进行控制。

（3）专项方案提供了支架的强度验算，符合规定要求。

（4）由于拆迁影响了工期，项目总工程师对施工组织设计作了变更，并及时请示项目经理，经批准后付诸实施。

（5）为加快桥梁应力张拉的施工进度，从其他工地借来几台千斤顶与项目部现有的油泵配套使用。

问题：

（1）施工组织设计的审批和变更程序的做法是否正确，应如何办理？

（2）沉桩方法是否符合规定？如不符合，请指出正确做法。

（3）专项方案提供支架的强度验算是否满足要求？如不满足要求，请予补充。

（4）在支架上现浇混凝土连续梁时，支架应满足哪些要求，有哪些注意事项？

（5）从其他工地借用千斤顶与现有设备配套使用违反了哪些规定？

参考答案：

（1）答：

不正确。工程施工组织设计应经项目经理签批后，必须经企业（施工单位）负责人审批，并加盖公章后方可实施；有变更时，应有变更审批程序。

（2）答：

不符合。依据相关规范的正确做法：沉桩时的施工顺序应是从中心向四周进行；且沉桩时应以控制桩尖设计高程为主。

（3）答：

不满足专项方案的要求。还应提供支架刚度和稳定性方面的验算。并且专项方案应由施工单位专业工程技术人员编制，施工企业技术部门的专业技术人员和监理工程师进行审核，审核合格后，由施工企业技术负责人、监理单位总监理工程师签认后实施。

（4）答：

支架应满足：

①支架的强度、刚度、稳定性验算倾覆稳定系数不应小于 1.3，受载后挠曲的杆件弹性挠度不大于 $L/400$（$L$ 为计算跨度）。

②支架的弹性、非弹性变形及基础的允许下沉量，应满足施工后梁体设计标高的要求。

③注意事项有：整体浇筑时应采取措施防止不均匀下沉，若地基下沉可能造成梁体混凝土产生裂缝时，应分段浇筑。

（5）答：

违反了有关规范的下列规定：张拉机具设备应与锚具配套使用，并应在进场时进行检验和校验。千斤顶与压力表应配套校验，以确定张拉力与压力表之间的关系曲线。

# 2.3 管涵和箱涵施工

## 2.3.1 管涵施工技术要点

涵洞是城镇道路路基工程重要组成部分，涵洞有管涵、拱形涵、盖板涵、箱涵。小型断面涵洞通常用作排水，一般采用管涵形式，统称为管涵。大断面涵洞分为拱形涵、盖板涵、箱涵用作人行通道或车行道。

1. 管涵施工技术要点

（1）管涵通称采用工厂预制钢筋混凝土管的成品管节，管节断面形式分为圆形、椭圆形、卵形、矩形等。

（2）当管涵设计为混凝土或砌体基础肘，基础上面应设混凝土管座，其顶部弧形面应与管身紧贴合，使管节均匀受力。

（3）当管涵为无混凝土（或砌体）基础、管体直接设置在天然地基上时，应按照设计要求将管底土层夯压密实，并做成与管身弧度密贴的弧形管座，安装管节时应注意保持完整。管底土层承载力不符合设计要求时，应按规范要求进行处理、加固。

（4）管涵的沉降缝应设在管节接缝处。

（5）管涵进出水口的沟床应整理直顺，与上下游导流排水系统连接顺畅、稳固。

（6）采用预制管埋设的管涵施工，应符合现行国家标准《给水排水管道工程施工及验收规范》GB 50268 有关规定。

（7）管涵出入端墙、翼墙应符合现行国家标准《给水排水构筑物工程施工及验收规范》GB 50141 第 5.5 节规定。

2. 拱形涵、盖板涵施工技术要点

（1）与路基（土方）同步施工的拱形涵、盖板涵可分为预制拼装钢筋混凝土结构、现场浇注钢筋混凝土结构和砌筑墙体、预制或现浇钢筋混凝土混合结构等结构形式。

（2）依据道路施工流程可采取整幅施工或分幅施工。分幅施工时，临时道路宽度应满足现况交通的要求，且边坡稳定。需支护时，应在施工前对支护结构进行施工设计。

（3）挖方区的涵洞基槽开挖应符合设计要求，且边坡稳定；填方区的涵洞应在填土至涵洞基地标高后，及时进行结构施工。

（4）遇有地下水时，应先将地下水降至基底以下500mm方可施工，且降水应连续进行直至工程完成到地下水位500mm以上且具有抗浮及防渗漏能力方可停止降水。

（5）涵洞地基承载力必须符合设计要求，并应经检验确认合格。

（6）拱圈和拱上端墙应由两侧向中间同时、对称施工。

（7）涵洞两侧的回填土，应在主结构防水层的保护层完成，且保护层砌筑砂浆强度达到3MPa后方可进行。回填时，两侧应对称进行，高差不宜超过300mm。

（8）伸缩缝、沉降缝止水带安装应位置准确、牢固，缝宽及填缝材料应符合要求。

（9）为涵洞服务的地下管线，应与主体结构同步配合进行。

## 2.3.2 箱涵顶进施工技术要点

当新建道路下穿铁路、公路、城市道路路基施工时，通常采用箱涵顶进施工技术。

1. 箱涵顶进准备工作

（1）作业条件：

①现场具备"三通一平"，满足施工方案设计要求。

②完成线路加固工作和既有线路监测的测点布置。

③完成工作坑作业范围内的地上构筑物、地下管线调查，并进行改移或采取保护措施。

④工程降水（如需要）达到设计要求。

（2）机械设备、材料按计划进场，并完成验收。

（3）技术准备：

①施工组织设计已获批准，施工方法、施工顺序已经确定。

②全体施工人员进行培训、技术安全交底。

③完成施工测量放线。

2. 工艺流程与施工技术要点

（1）工艺流程

现场调查→工程降水→工作坑开挖→后背制作→滑板制作→铺设润滑隔离层→箱涵制作→顶进设备安装→既有线加固→箱涵试顶进→吃土顶进→监控量测→箱体就位→拆除加固设施→拆除后背及顶进设备→工作坑恢复。

（2）箱涵顶进前检查工作

①箱涵主体结构混凝土强度必须达到设计强度，防水层级保护层按设计完成。

②顶进作业面包括路基下地下水位已降至基地下500mm以下，并宜避开雨期施工，若在雨期施工，必须做好防洪及防雨排水工作。

③后背施工、线路加固达到施工方案要求；顶进设备及施工机械符合要求。

④顶进设备液压系统安装及预顶试验结果符合要求。

⑤工作坑内与顶进无关人员、材料、物品及设施撤出现场。

⑥所穿越的线路管理部门的配合人员、抢修设备、通信器材准备完毕。

（3）箱涵顶进启动

①启动时，现场必须有主管施工技术人员专人统一指挥。

②液压泵站应空转一段时间，检查系统、电源、仪表无异常情况后试顶。

③液压千斤顶顶紧后（顶力在 0.1 倍结构自重），应暂停加压，检查顶进设备、后背和各部位，无异常时可分级加压试顶。

④每当油压升高 5～10MPa 时，需停泵观察，应严密监控顶镐、顶柱、后背、滑板、箱涵结构等部位的变形情况，如发现异常情况，立即停止顶进；找出原因采取措施解决后方可重新加压顶进。

⑤当顶力达到 0.8 倍结构自重时箱涵未启动，应立即停止顶进；找出原因采取措施解决后方可重新加压顶进。

⑥箱涵启动后，应立即检查后背、工作坑周围土体稳定情况，无异常情况，方可继续顶进。

（4）顶进挖土

①根据箱涵的净空尺寸、土质概况，可采取人工挖土或机械挖土。一般宜选用小型反铲按设计坡度开挖，每次开挖进尺 0.4～0.8m。配装载机或直接用挖掘机装汽车出土。顶板切土，侧墙刃脚切土及底板前清土须由人工配合。挖土顶进应三班连续作业，不得间断。

②两侧应欠挖 50mm，钢刃脚切土顶进。当为斜交涵时，前端锐角一侧清土困难应优先开挖。如没有中刃脚时应紧切土前进，使上下两层隔开，不得挖通漏天，平台上不得积存土壤。

③列车通过时严禁继续挖土，人员应撤离开挖面。当挖土或顶进过程中发生塌方，影响行车安全时，应迅速组织抢修加固，做出有效防护。

④挖土工作应与观测人员密切配合，随时根据桥涵顶进轴线和高程偏差，采取纠偏措施。

（5）顶进作业

①每次顶进应检查液压系统、顶柱（铁）安装和后背变化情况等。

②挖运土方与顶进作业循环交替进行。每前进一顶程，即应切换油路，并将顶进千斤顶活塞后回复原位；按顶进长度补放小顶铁，更换长顶铁，安装横梁。

③箱涵身每前进一顶程，应观测轴线和高程，发现偏差及时纠正。

④箱涵吃土顶进前，应及时调整好箱涵的轴线和高程。在铁路路基下吃土顶进，不宜对箱涵作较大的轴线、高程调整动作。

（6）监控与检查

①桥涵顶进前，应对箱涵原始（预制）位置的里程、轴线及高程测定原始数据并记录。顶进过程中，每一顶程要观测并记录各观测点左、右偏差值；高程偏差值和顶程及总进尺。观测结果要及时报告现场指挥人员，用于控制和校正。

②箱涵自启动起，对顶进全过程的每一个顶程都应详细记录千斤顶开动数量、位置，油泵压力表读数、总顶力及着力点。如出现异常应立即停止顶进，检查分析原因，采取措施处理后方可继续顶进。

③箱涵顶进过程中，每天应定时观测箱涵底板上设置观测标钉的高程，计算相对高差，展图，分析结构竖向变形。对中边墙应测定竖向弯曲，当底板侧墙出现较大变位及转

角时应及时分析研究采取措施。

④顶进过程中要定期观测箱涵裂缝及开展情况，重点监测底板、顶板、中边墙，中继间牛腿或剪力铰和顶板前、后悬臂板，发现问题应及时研究采取措施。

3. 季节性施工技术措施

（1）箱涵顶进应尽可能避开雨期。需在雨期施工时，应在汛期之前对拟穿越的路基、工作坑边坡等采取切实有效的防护措施。

（2）雨期施工时应做好地面排水，工作坑周边应采取挡水围堰、排水截水沟等防止地面水流入工作坑的技术措施。

（3）雨期施工开挖工作坑（槽）时，应注意保持边坡稳定。必要时可适当放缓边坡坡度或设置支撑；并经常对边坡、支撑进行检查，发现问题要及时处理。

（4）冬雨期现浇箱涵场地上空宜搭设固定或活动的作业棚，以免受天气影响。

（5）冬雨期施工应确保混凝土入模温度满足规范规定或设计要求。

# 第3章　城市给水排水工程

## 3.1　给水排水厂站工程结构与特点

### 3.1.1　给水排水厂站工程结构与施工方法

1. 给水排水厂站工程结构特点

（1）厂站构筑物组成

①水处理（含调蓄）构筑物，指按水处理工艺设计的构筑物。

给水处理构筑物包括配水井、药剂间、混凝沉淀池、澄清池、过滤池、反应池、吸滤池、清水池、二级泵站等。

污水处理构筑物包括进水闸井、进水泵房、格筛间、沉砂池、初沉淀池、二次沉淀池、曝气池、氧化沟、生物塘、消化池、沼气储罐等。

②工艺辅助构筑物，指主体构筑物的走道平台、梯道、设备基础、导流墙（槽）、支架、盖板、栏杆等的细部结构工程，各类工艺井（如吸水井、泄空井、浮渣井）、管廊桥架、闸槽、水槽（廊）、堰口、穿孔、孔口等。

③辅助建筑物，分为生产辅助性建筑物和生活辅助性建筑物。生产辅助性建筑物指各项机械设备的建筑厂房如鼓风机房、污泥脱水机房、发电机房、变配电设备房及化验室、控制室、仓库、砂料场等。生活辅助性建筑物包括综合办公楼、食堂、浴室、职工宿舍等。

④配套工程，指为水处理厂生产及管理服务的配套工程，包括厂内道路、厂区给水排水、照明、绿化等工程。

⑤工艺管线，指水处理构筑物之间、水处理构筑物与机房之间的各种连接管线；包括进水管、出水管、污水管、给水管、回用水管、污泥管、出水压力管、空气管、热力管、沼气管、投药管线等。

（2）构筑物结构形式与特点

①水处理（调蓄）构筑物和泵房多数采用地下或半地下钢筋混凝土结构，特点是构件断面较薄，属于薄板或薄壳型结构，配筋率较高，具有较高抗渗性和良好的整体性要求。少数构筑物采用土膜结构如氧化塘或生物塘等，面积大且有一定深度，抗渗性要求较高。

②工艺辅助构筑物多数采用钢筋混凝土结构，特点是构件断面较薄，结构尺寸要求精确；少数采用钢结构预制，现场安装，如出水堰等。

③辅助性建筑物视具体需要采用钢筋混凝土结构或砖砌结构，符合房建工程结构要求。

④配套的市政公用工程结构符合相关专业结构与性能要求。

⑤工艺管线中给水排水管道越来越多采用水流性能好、抗腐蚀性高、抗地层变位性好

的 PE 管、球墨铸铁管等新型管材。

2. 构筑物与施工方法

(1) 全现浇混凝土施工

①水处理（调蓄）构筑物的钢筋混凝土池体大多采用现浇混凝土施工。浇筑混凝土时应依据结构形式分段、分层连续进行，浇筑层高度应根据结构特点、钢筋疏密决定，一般为振捣器作用部分长度的 1.25 倍，最大不超过 500mm。现浇混凝土的配合比、强度和抗渗、抗冻性能必须符合设计要求，构筑物不得有露筋、蜂窝、麻面等质量缺陷；且整个构筑物混凝土应做到颜色一致、棱角分明、规则，体现外光内实的结构特点。

②水处理构筑物中圆柱形混凝土池体结构，当池壁高度大（12～18m）时宜采用整体现浇施工，支模方法有：满堂支模法及滑升模板法。前者模板与支架用量大，后者宜在池壁高度≥15m 时采用。

③污水处理构筑物中卵形消化池，通常采用无粘结预应力筋、曲面异型大模板施工。消化池钢筋混凝土主体外表面，需要做保温和外饰面的保护，但必须在主体结构施工质量验收合格后施工；保温层、饰面层和骨架施工应符合设计要求。

(2) 单元组合现浇混凝土施工

①沉砂池、生物反应池、清水池大型池体的断面形式可分为圆形水池和矩形水池，宜采用单元组合式现浇混凝土结构，池体由相类似底板及池壁板块单元组合而成。

②以圆形储水池为例，池体通常由 38 块厚扇形底板单元和 16 块倒 T 形壁板单元组成，一般不设顶板。单元一次性浇注而成，底板单元间用聚氯乙烯胶泥嵌缝，壁板单元间用橡胶止水带接缝，如图 3-1 所示。这种单元组合结构可有效防止池体出现裂缝渗漏。

③大型矩形水池为避免裂缝渗漏，设计通常采用单元组合结构将水池分块（单元）浇筑。各块（单元）间留设后浇缝带，池体钢筋按设计要求一次绑扎好，缝带处不切断，待块（单元）养护 28d 后，再采用比块（单元）强度高一个等级的混凝土或掺加 UEA 的补偿收缩混凝土灌筑后浇缝带使其连成整体。如图 3-2 所示。

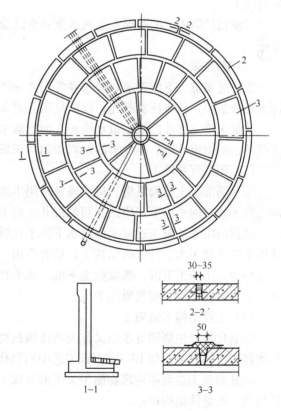

图 3-1　圆形水池单元组合结构

(3) 预制拼装施工

①水处理构筑物中沉砂池、沉淀池、调节池等混凝土圆形水池宜采用装配式预应力钢筋混凝土结构，以便获得较好的抗裂性和不透水性。

②预制拼装施工的圆形水池可采用绕丝法、电热张拉法或径向张拉法进行壁板环向预

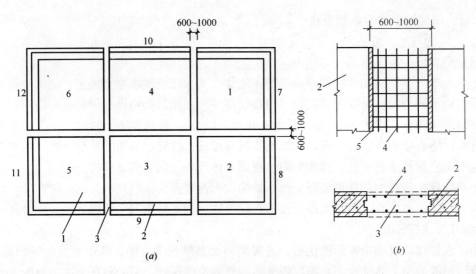

图 3-2　矩形水池单元组合结构

应力施工。

③预制拼装施工的圆形水池在水池满水试验合格后，应及时进行钢丝保护层喷射混凝土施工。

（4）砌筑施工

①行进渠道、下游渠道和静水井等工艺辅助构筑物，可采用砖石砌筑结构，砌体外需抹水泥砂浆层，且应压实赶光，以满足工艺要求。

②量水槽（标准巴歇尔量水槽和大型巴歇尔量水槽）、出水堰等工艺辅助构筑物宜用耐腐蚀、耐水流冲刷、不变形的材料预制，现场安装而成。

（5）预制沉井施工

①钢筋混凝土结构泵房、机房通常采用半地下式或完全地下式结构，在有地下水、流沙、软土地层的条件下，应选择预制沉井法施工。

②预制沉井法施工通常采取排水下沉干式沉井方法和不排水下沉湿式沉井方法。前者适用于渗水量不大、稳定的黏性土；后者适用于比较深的沉井或有严重流沙的情况。排水下沉分为人工挖土下沉、机械挖土下沉、水力机械下沉。不排水下沉分为水下抓土下沉、水下水力吸泥下沉、空气吸泥下沉。

（6）土膜结构水池施工

①氧化塘、生物塘等水池又称为塘体构筑物，因其施工简便、造价低，近些年来在工程实践中应用较多，如 BIOLAKE 工艺中的氧化塘。

②基槽施工是塘体构筑物施工关键的分项工程，必须做好基础处理和边坡修整，以保证构筑物的整体结构稳定。

③衬里施工是塘体的衬里，类型有多种（如 PE、PVC、沥青、水泥混凝土、CPE 等），设计根据处理污水的水质类别和现场条件进行选择，施工应按设计要求施工和相关材料标准检验。

④塘体结构水工构筑物防渗施工是塘体结构施工的关键环节，应按设计要求控制防渗材料类型、规格、性能、质量，严格控制连接、焊接部位的施工质量，以保证防渗性能

要求。

## 3.1.2 给水与污水处理工艺流程

1. 给水处理

（1）处理方法与工艺

①处理对象通常为天然淡水水源，主要有来自江河、湖泊与水库的地表水和地下水（井水）两大类。水中含有的杂质，分为无机物、有机物和微生物三种，也可按杂质的颗粒大小以及存在形态分为悬浮物质、胶体和溶解物质三种。

②处理目的是去除或降低原水中悬浮物质、胶体、有害细菌生物以及水中含有的其他有害杂质，使处理后的水质满足用户需求。基本原则是利用现有的各种技术、方法和手段，采用尽可能低的工程造价，将水中所含的杂质分离出去，使水质得到净化。

③常用的给水处理方法（表3-1）

常用的给水处理方法 表3-1

| 自然沉淀 | 用以去除水中粗大颗粒杂质 |
|---|---|
| 混凝沉淀 | 使用混凝药剂沉淀或澄清去除水中胶体和悬浮杂质等 |
| 过滤 | 使水通过细孔性滤料层，截流去除经沉淀或澄清后剩余的细微杂质；或不经过沉淀，原水直接加药、混凝、过滤去除水中胶体和悬浮杂质 |
| 消毒 | 去除水中病毒和细菌，保证饮水卫生和生产用水安全 |
| 软化 | 降低水中钙、镁离子含量，使硬水软化 |
| 除铁除锰 | 去除地下水中所含过量的铁和锰，使水质符合饮用水要求 |

（2）工艺流程与适用条件（表3-2）

常用处理工艺流程及适用条件 表3-2

| 工艺流程 | 适用条件 |
|---|---|
| 原水—简单处理（如筛网隔滤或消毒） | 水质较好 |
| 原水—接触过滤—消毒 | 一般用于处理浊度和色度较低的湖泊水和水库水，进水悬浮物一般小于100mg/L，水质稳定、变化小且无藻类繁殖 |
| 原水—混凝、沉淀或澄清—过滤—消毒 | 一般地表水处理厂广泛采用的常规处理流程，适用于浊度小于3mg/L河流水。河流小溪水浊度经常控低，洪水时含砂量大，可采用此流程对低浊度、无污染的水不加凝聚剂或跨越沉淀直接过滤 |
| 原水—调蓄预沉—自然预沉淀或混凝沉淀—混凝沉淀或澄清—过滤—消毒 | 高浊度水二级沉淀，适用于含砂量大，砂峰持续时间长。预沉后原水含砂量应降低到1000mg/L以下，黄河中上游的中小型水厂和长江上游高浊废水处理多采用二级沉淀（澄清）工艺，适用于中小型水厂，有时在滤池后建造清水调蓄池 |

（3）预处理和深度处理

为了进一步发挥给水处理工艺的整体作用，提高对污染物的去除效果，改善和提高饮用水水质，除了常规处理工艺之外，还有预处理和深度处理工艺。

①按照对污染物的去除途径不同，预处理方法可分为氧化法和吸附法，其中氧化法又

可分为化学氧化法和生物氧化法。化学氧化法预处理技术主要有氯气预氧化及高锰酸钾氧化、紫外光氧化、臭氧氧化等预处理；生物氧化预处理技术主要采用生物膜法，其形式主要是淹没式生物滤池，如进行 TOC 生物降解、氮去除、铁锰去除等。吸附预处理技术，如用粉末活性炭吸附、黏土吸附等。

②深度处理是指在常规处理工艺之后，再通过适当的处理方法，将常规处理工艺不能有效去除的污染物或消毒副产物的前身物加以去除，从而提高和保证饮用水质。目前，应用较广泛的深度处理技术主要有活性炭吸附法、臭氧氧化法、臭氧活性炭法、生物活性炭法、光催化氧化法、吹脱法等。

2. 污水处理

(1) 处理方法与工艺

①处理目的是将输送来的污水通过必要的处理方法，使之达到国家规定的水质控制标准后回用或排放。从污水处理的角度，污染物可分为悬浮固体污染物、有机污染物、有毒物质、污染生物和污染营养物质。污水中有机物浓度一般用生物化学需氧量（BOD5）、化学需氧量（COD）、总需氧量（TOD）和总有机碳（TOC）来表示。

②处理方法可根据水质类型分为物理处理法、生物处理法、污水处理产生的污泥处置及化学处理法，还可根据处理程度分为一级处理、二级处理及三级处理等工艺流程。

a. 物理处理方法是利用物理作用分离和去除污水中污染物质的方法。常用方法有筛滤截留、重力分离、离心分离等，相应处理设备主要有格栅、沉砂池、沉淀池及离心机等。其中沉淀池同城镇给水处理中的沉淀池。

b. 生物处理法是利用微生物的代谢作用，去除污水中有机物质的方法。常用的有活性污泥法、生物膜法等，还有氧化塘及污水土地处理法。

c. 化学处理法，用于城市污水处理混凝法类同于城市给水处理。

③污泥需处理才能防止二次污染，其处置方法常有浓缩、厌氧消化、脱水及热处理等。

(2) 工艺流程

①一级处理工艺流程如图 3-3 所示。主要针对水中悬浮物质，常采用物理的方法，经过一级处理后，污水悬浮物去除可达 40% 左右，附着于悬浮物的有机物也可去除 30% 左右。

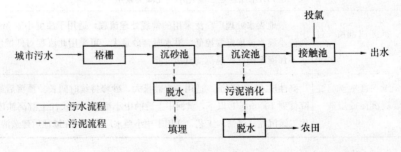

图 3-3　一级处理工艺流程

② 二级处理以氧化沟为例。其工艺流程如图 3-4 所示。主要去除污水中呈胶体和溶解状态的有机污染物质。通常采用的方法是微生物处理法，具体方式有活性污泥法和生物

膜法。经过二级处理后，BOD5 去除率可达 90％以上，二沉池出水能达标排放。

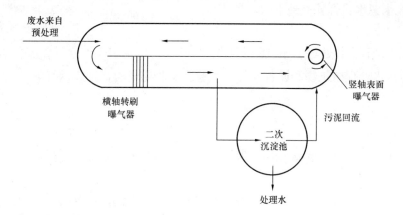

图 3-4　氧化沟系统平面示意图

　　a. 活性污泥处理系统，在当前污水处理领域，是应用最为广泛的处理技术之一，曝气池是其反应器。污水与污泥在曝气池中混合，污泥中的微生物将污水中复杂的有机物降解，并用释放出的能量来实现微生物本身的繁殖和运动等。

　　b. 氧化沟是传统活性污泥法的一种改型，污水和活性污泥混合液在其中循环流动，动力来自于转刷与水下推进器。一般不需要设置初沉池，并且经常采用延时曝气。

　　氧化沟工艺构造形式多样，一般呈环状沟渠形，其平面可为圆形或椭圆形，或与长方形的组合状。主要构成有氧化沟沟体、曝气装置、进出水装置、导流装置。传统的氧化沟具有延时曝气活性污泥法的特点，通过调节曝气的强度和水流方式，可以使氧化沟内交替出现厌氧、缺氧和好氧状态或出现厌氧区、缺氧区和好氧区，从而脱氮除磷。根据形式的不同，氧化沟可以分为卡罗赛尔氧化沟、奥贝尔氧化沟、交替式氧化沟、一体式氧化沟及其他类型的氧化沟。

　　③三级处理是在一级处理、二级处理之后，进一步处理难降解的有机物既可导致水体富营养化的氮、磷等可溶性无机物等。三级处理常用于二级处理以后，以进一步改善水质和达到国家有关排放标准为目的。三级处理使用的方法有生物脱氮除磷、混凝沉淀（澄清、气浮）、过滤、活性炭吸附等。

　　3. 再生水回用

　　（1）再生水，又称为中水，是指污水经适当处理后，达到一定的水质指标、满足某种使用要求供使用的水。

　　（2）再生回用处理系统是将经过二级处理后的污水再进行深度处理，以去除二级处理剩余的污染物，如难以生物降解的有机物、氨、磷、致病微生物、细小的固体颗粒以及无机盐等，使净化后的污水达到各种回用目的的水质要求。回用处理技术的选择主要取决于再生水水源的水质和回用水水质的要求。

　　（3）污水再生回用分为以下五类：

　　①农、林、渔业用水：含农田灌溉、造林育苗、畜牧养殖、水产养殖。

　　② 城市杂用水：含城市绿化、冲厕、道路清扫、车辆冲洗、建筑施工、消防。

　　③ 工业用水：含冷却、洗涤、锅炉、工艺、产品用水。

④ 环境用水：含娱乐性景观环境用水、观赏性景观环境用水。

⑤ 补充水源水：含补充地下水和地表水。

### 3.1.3 给水与污水处理厂试运行

给水与污水处理构筑物和设备安装、试验、验收完成后，正式运行前必须进行全厂试运行。

1. 试运行目的与内容

（1）试运行目的

①对土建工程和设备安装进行全面、系统的质量检查和鉴定，以作为工程质量验收的依据。

②通过试运行发现土建工程和设备安装存在的缺陷，以便及早处理，避免事故发生。

③通过试运行考核主辅机械协联动作的正确性，掌握设备的技术性能，制定运行必要的技术数据和操作规程。

④结合运行进行一些现场测试，以便进行技术经济分析，满足设备运行安全、低耗、高效的要求。

⑤通过试运行确认水厂土建和安装工程质量符合规程、规范要求，以便进行全面的验收和移交工作。

（2）主要内容与程序

①主要内容

a. 检验、试验和监视运行，设备首次启动，以试验为主，通过试验掌握运行性能。

b. 按规定全面详细记录试验情况，整理成技术资料。

c. 试运行资料，交工程鉴定、验收、交接等方面进行正确评估并建立档案。

②基本程序

a. 单机试车。

b. 设备机组充水试验。

c. 设备机组空载试运行。

d. 设备机组负荷试运行。

e. 设备机组自动开停机试运行。

2. 试运行要求

（1）准备工作

①所有单项工程验收合格，并进行现场清理。

②机械部分、电动部分检查。

③辅助设备检查与单机试车。

④编写试运行方案并获准。

⑤成立试运行组织，责任清晰明确。

⑥参加试运行人员培训考试合格。

（2）单机试车要求

①单机试车，一般空车试运行不少于 2h。

②各执行机构运作调试完毕，动作反应正确。

③自动控制系统的信号元件及元件动作正常。

④监测并记录单机运行数据。

（3）联机运行要求

①按工艺流程各构筑物逐个通水联机试运行正常。

②全厂联机试运行、协联运行正常。

③先采用手工操作，处理构筑物和设备全部运转正常后，方可转入自动控制运行。

④全厂联机运行应不少于24h。

⑤监测并记录各构筑物运行情况和运行数据。

（4）设备及泵站空载运行

①处理设备及泵房机组首次启动。

②处理设备及泵房机组运行4～6h后，停机试验。

③机组自动开、停机试验。

④泵房试运行同时，各水池可进行做闭水试验或闭气试验。

（5）设备及泵站负荷运行

① 用手动或自动启动负荷运行。

②检查、监视各构筑物负荷运行状况。

③ 不通水情况下，运行6～8h，一切正常后停机。

④停机前应抄表一次。

⑤检查各台设备是否出现过热、过流、噪声等异常现象。

（6）连续试运行

①处理设备及泵房单机组累计运行达72h。

②连续试运行期间，开机、停机不少于3次。

③处理设备及泵房机组联合试运行时间，一般不少于6h。

④水处理和泥处理工艺系统试运行满足工艺要求。

⑤填写设备负荷联动（系统）试运行记录表。

⑥整理分析试运行技术经济资料。

# 3.2 给水排水厂站工程施工

## 3.2.1 现浇（预应力）混凝土水池施工技术

1. 施工方案与流程

（1）施工方案

施工方案应包括结构形式、材料与配比、施工工艺及流程、模板及其支架设计和验算、钢筋加工安装、混凝土施工、预应力施工等主要内容。

（2）整体式现浇钢筋混凝土池体结构施工流程

测量定位→土方开挖及地基处理→垫层施工→防水层施工→底板浇筑→池壁及柱浇筑→顶板浇筑→功能性试验

（3）单元组合式现浇钢筋混凝土水池工艺流程

土方开挖及地基处理→中心支柱浇筑→池底防渗层施工→浇筑池底混凝土垫层→池内防水层施工→池壁分块浇筑→底板分块浇筑→底板嵌缝→池壁防水层施工→功能性试验

2. 施工技术要点

(1) 模板、支架施工

①模板及其支架应满足浇筑混凝土时的承载能力、刚度和稳定性要求，且应安装牢固。

②各部位的模板安装位置正确、拼缝紧密不漏浆；对拉螺栓、垫块等安装稳固；模板上的预埋件、预留孔洞不得遗漏，且安装牢固；在安装池壁的最下一层模板时，应在适当位置预留清扫杂物用的窗口。在浇筑混凝土前，应将模板内部清扫干净，经检验合格后，再将窗口封闭。

③采用穿墙螺栓来平衡混凝土浇筑对模板侧压力时，应选用两端能拆卸的螺栓或在拆模板时可拔出的螺栓。对跨度不小于 4m 的现浇钢筋混凝土梁、板，其模板应按设计要求起拱；设计无具体要求时，起拱高度宜为跨度的 1/1000～3/1000。

④池壁模板施工时，应设置确保墙体顺直和防止浇筑混凝土时模板倾覆的装置。

⑤固定在模板上的预埋管、预埋件的安装必须牢固，位置准确。安装前应清除铁锈和油污，安装后应作标志。

⑥池壁与顶板连续施工时，池壁内模立柱不得同时作为顶板模板立柱。顶板支架的斜杆或横向连杆不得与池壁模板的杆件相连接。池壁模板可先安装一侧，绑完钢筋后，分层安装另一侧模板，或采用一次安装到顶而分层预留操作窗口的施工方法。

(2) 止水带安装

①塑料或橡胶止水带的形状、尺寸及其材质的物理性能，应符合设计要求，且无裂纹，无气泡。

②塑料或橡胶止水带接头应采用热接，不得采用叠接；接缝应平整牢固，不得有裂口、脱胶现象；T字接头、十字接头和 Y 字接头，应在工厂加工成型。

③金属止水带应平整、尺寸准确，其表面的铁锈、油污应清除干净，不得有砂眼、钉孔。

④金属止水带接头应按其厚度分别采用折叠咬接或搭接；搭接长度不得小于 20mm，咬接或搭接必须采用双面焊接。

⑤金属止水带在伸缩缝中的部分应涂防锈和防腐涂料。

⑥止水带安装应牢固，位置准确，其中心线应与变形缝中心线对正，带面不得有裂纹、孔洞等。不得在止水带上穿孔或用铁钉固定就位。

(3) 钢筋施工

①加工前对进场原材料进行复试，合格后方可使用。

②根据设计保护层厚度、钢筋级别、直径和弯钩要求确定下料长度并编制钢筋下料表。

③钢筋连接的方式：根据钢筋直径、钢材、现场条件确定钢筋连接的方式。主要采取绑扎、焊接、机械连接方式。

④加工及安装应满足《给水排水构筑物施工及验收规范》GB 50141 等现行规定和设计要求。

⑤钢筋安装质量检验应在混凝土浇筑之前对安装完毕的钢筋进行隐蔽验收。

（4）无粘结预应力施工

①无粘结预应力筋技术要求

a. 预应力筋外包层材料，应采用聚乙烯或聚丙烯，严禁使用聚氯乙烯；外包层材料性能应满足《无粘结预应力混凝土结构技术规程》JGJ 92 的要求。

b. 预应力筋涂料层应采用专用防腐油脂，其性能应满足《无粘结预应力混凝土结构技术规程》JGJ 92 的要求。

c. 必须采用 I 类锚具，锚具规格应根据无粘结预应力筋的品种、张拉吨位以及工程使用情况选用。

②无粘结预应力筋布置安装

a. 锚固肋数量和布置，应符合设计要求；设计无要求时，应保证张拉段无粘结预应力筋长不超过 50m，且锚固肋数量为双数。

b. 安装时，上下相邻两无粘结预应力筋锚固位置应错开一个锚固肋；以锚固肋数量的一半为无粘结预应力筋分段（张拉段）数量；每段无粘结预应力筋的计算长度应考虑加入一个锚固肋宽度及两端张拉工作长度和锚具长度。

c. 应在浇筑混凝土前安装、放置；浇筑混凝土时，严禁踏压撞碰无粘结预应力筋、支撑架以及端部预埋件。

d. 无粘结预应力筋不应有死弯，有死弯时必须切断。

e. 无粘结预应力筋中严禁有接头。

③无粘结预应力张拉

a. 张拉段无粘结预应力筋长度小于 25m 时，宜采用一端张拉；张拉段无粘结预应力筋长度大于 25m 而小于 50m 时，宜采用两端张拉；张拉段无粘结预应力筋长度大于 50m 时，宜采用分段张拉和锚固。

b. 安装张拉设备时，对直线的无粘结预应力筋，应使张拉力的作用线与预应力筋中心重合；对曲线的无粘结预应力筋，应使张拉力的作用线与预应力筋中心线末端重合。

④封锚要求

a. 凸出式锚固端锚具的保护层厚度不应小于 50mm。

b. 外露预应力筋的保护层厚度不应小于 50mm。

c. 封锚混凝土强度等级不得低于相应结构混凝土强度等级，且不得低于 C40。

（5）混凝土施工

①钢筋（预应力）混凝土水池（构筑物）是给水排水厂站工程施工控制的重点。对于结构混凝土外观质量、内在质量有较高的要求，设计上有抗冻、抗渗、抗裂要求。对此，混凝土施工必须从原材料、配合比、混凝土供应、浇筑、养护各环节加以控制，以确保实现设计的使用功能。

②混凝土施工、验收和试验严格按《给水排水构筑物施工及验收规范》GB 50141 等规范规定和设计要求执行。

③混凝土浇筑后应加遮盖洒水养护，保持湿润并不应少于 14d。洒水养护至达到规范规定的强度。

（6）模板及支架拆除

①应按模板支架设计方案、程序进行拆除。

②采用整体模板时，侧模板应在混凝土强度能保证其表面及棱角不因拆除模板而受损坏时，方可拆除；底模板应在与结构同条件养护的混凝土试块达到表3-3规定强度，方可拆除。

整体现浇混凝土底模板拆模时所需混凝土强度      表3-3

| 序号 | 构件类型 | 构件跨度 $L$（m） | 达到设计的混凝土立方体抗压强度标准值的百分率（%） |
|---|---|---|---|
| 1 | 板 | ≤2 | ≥50 |
| | | 2<$L$≤8 | ≥75 |
| | | >8 | ≥100 |
| 2 | 梁、拱、壳 | ≤8 | ≥75 |
| | | >8 | ≥100 |
| 3 | 悬臂构件 | ≤2 | ≥75 |
| | | >2 | ≥100 |

③模板及支架拆除时，应划定安全范围，设专人指挥和值守。

## 3.2.2 装配式预应力混凝土水池施工技术

1. 预制构件吊运安装

（1）构件吊装方案

预制构件吊装前必须编制吊装方案。吊装方案应包括以下内容：

①工程概况，包括施工环境、工程特点、规模、构件种类数量、最大构件自重、吊距以及设计要求、质量标准。

②主要技术措施，包括吊装前环境、材料、机具与人员组织等准备工作、吊装程序和方法、构件稳固措施，不同气候施工措施等。

③吊装进度计划。

④质量安全保证措施，包括管理人员职责，检测监控手段，发现不合格的处理措施以及吊装作业记录表格等安全措施。

⑤环保、文明施工等保证措施。

（2）预制构件安装

①安装前应经复验合格；有裂缝的构件，应进行鉴定。预制柱、梁及壁板等构件应标注中心线，并在杯槽、杯口上标出中心线。预制壁板安装前应将不同类别的壁板按预定位置顺序编号。壁板两侧面宜凿毛，应将浮渣、松动的混凝土等冲洗干净，并应将杯口内杂物清理干净，界面处理满足安装要求。

②预制构件应按设计位置起吊，曲梁宜采用三点吊装。吊绳与预制构件平面的交角不应小于45°；当小于45°时，应进行强度验算。预制构件安装就位后，应采取临时固定措施。曲梁应在梁的跨中临时支撑，待上部二期混凝土达到设计强度的70%及以上时，方可拆除支撑。安装的构件，必须在轴线位置及高程进行校正后焊接或浇筑接头混凝土。

③预制混凝土壁板（构件）安装位置应准确、牢固，不应出现扭曲、损坏、明显错台等现象。池壁板安装应垂直、稳固，相邻板湿接缝及杯口填充部位混凝土应密实。池壁顶

面高程和平整度应满足设备安装及运行的精度要求。

2. 现浇壁板缝混凝土

预制安装水池满水试验能否合格，除底板混凝土施工质量和预制混凝土壁板质量满足抗渗标准外，现浇壁板缝混凝土也是防渗漏的关键，必须控制其施工质量，具体操作要点如下：

（1）壁板接缝的内模宜一次安装到顶；外模应分段随浇随支。分段支模高度不宜超过 1.5m。

（2）浇筑前，接缝的壁板表面应洒水保持湿润，模内应洁净；接缝的混凝土强度应符合设计规定，设计无要求时，应比壁板混凝土强度提高一级。

（3）浇筑时间应根据气温和混凝土温度选在壁板间缝宽较大时进行；混凝土如有离析现象，应进行二次拌合；混凝土分层浇筑厚度不宜超过 250mm，并应采用机械振捣，配合人工捣固。

（4）用于接头或拼缝的混凝土或砂浆，宜采取微膨胀和快速水泥，在浇筑过程中应振捣密实并采取必要的养护措施。

3. 绕丝预应力施工

（1）环向缠绕预应力钢丝：

①准备工作

a. 预应力钢丝材料、锚具和张拉设备符合设计要求。

b. 缠丝施加预应力前，应先清除池壁外表面的混凝土浮粒、污物，壁板外侧接缝处宜采用水泥砂浆抹平压光，洒水养护。

c. 施加预应力前，应在池壁上标记预应力钢丝、钢筋的位置和次序号。

②缠绕钢丝施工

a. 预应力钢丝接头应密排绑扎牢固，其搭接长度不应小于 250mm。

b. 缠绕预应力钢丝，应由池壁顶向下进行，第一圈距池顶的距离应按设计要求或按缠丝机性能确定，并不宜大于 500mm。

c. 池壁两端不能用绕丝机缠绕的部位，应在顶端和底端附近局部加密或改用电热张拉。

d. 池壁缠丝前，在池壁周围，必须设置防护栏杆；已缠绕的钢丝，不得用尖硬或重物撞击。

e. 施加预应力时，每缠一盘钢丝应测定一次钢丝应力，并应按规范《给水排水构筑物工程施工及验收规范》GB 50141 附录表 C.0.2 的规定作记录。

（2）电热张拉施工：

①准备工作

a. 张拉前，应根据电工、热工等参数计算伸长值，并应取一环作试张拉，进行验证。

b. 预应力筋的弹性模量应由试验确定。

c. 张拉可采用螺丝端杆，墩粗头插 U 形垫板，帮条锚具 U 形垫板或其他锚具。

②张拉作业

a. 张拉顺序，设计无要求时，可由池壁顶端开始，逐环向下。

b. 与锚固肋相交处的钢筋应有良好的绝缘处理。

c. 端杆螺栓接电源处应除锈，并保持接触紧密。

d. 通电前，钢筋应测定初应力，张拉端应刻划伸长标记。

e. 通电后，应进行机、具、设备、线路绝缘检查，测定电流、电压及通电时间。

f. 电热温度不应超过 350℃。

g. 在张拉过程中、应采用木槌连续敲打各段钢筋。

h. 伸长值控制允许偏差不得超过±6％；经电热达到规定的伸长值后，应立即进行锚固，锚固必须牢固可靠。

i. 每一环预应力筋应对称张拉，并不得间断。

j. 张拉应一次完成；必须重复张拉时，同一根钢筋的重复次数不得超过 3 次；发生裂纹时，应更换预应力筋。

k. 张拉过程中，发现钢筋伸长时间超过预计时间过多时，应立即停电检查。

l. 应在每环钢筋中选一根钢筋，在其两端和中间附近各设一处测点进行应力值测定；初读数应在钢筋初应力建立后通电前测量，末读数应在断电并冷却后测量。

（3）预应力钢丝用绕丝机连续缠绕于池壁的外表面，预应力钢丝的端头用楔形锚具锚固在沿池壁四周特别的锚固槽内。

4. 喷射水泥砂浆保护层施工

（1）准备工作

①喷射水泥砂浆保护层，应在水池满水试验后施工（以便于直观检查壁板及板缝有无渗漏，也方便处理），而且必须在水池满水状况下施工。

②喷浆前必须对池外壁油、污进行清理、检验。

③水泥砂浆配合比应符合设计要求，所用砂子最大粒径不得大于 5mm，细度模量 2.3～3.7 为宜。

④正式喷浆前应先作试喷，对水压及砂浆用水量调试，以喷射的砂浆不出现干斑和流淌为宜。

（2）喷射作业

①喷射机罐内压力宜为 0.5（0.4）MPa，输送干拌料管径不宜小于 25mm，管长适度（不宜小于 10m）。输水管压力要稳定，喷射时谨慎控制供水量。

②喷射距离以砂子回弹量少为宜，斜面喷射角度不宜大于 15°。喷射应从水池上端往下进行，用连环式喷射，不能停滞一点上喷射，并随时控制喷射均匀平整，厚度满足设计要求。

③喷浆宜在气温高于 15℃时施工，当有六级（含）以上大风、降雨、冰冻时不得进行喷浆施工。

④一般条件下，喷射水泥砂浆保护层厚 50mm。

⑤在进行下一工序前，应对水泥砂浆保护层外观和粘结情况进行检查，当有空鼓现象时应作处理。

⑥在喷射水泥砂浆保护层凝结后，应加遮盖、保持湿润不应小于 14d。

【案例 3-1】

背景：

某市自来水厂进行扩建，新建沉淀池一座，设计为无盖圆形，直径 30m，池壁应用预制板吊装外缠预应力钢丝结构。A市政公司中标承建项目，并针对工程成立了项目部。项目部组织编写了池壁预制板吊装施工方案，包含工程概况、主要技术措施、安全措施三个方面。工程开工前，项目部技术质量部长组织了图纸会审；并与项目技术负责人根据质量和价格，确定了钢丝供应厂商。在池壁预制板拼装完毕后，板缝采用与池壁预制板强度等级一致的普通混凝土灌注。

问题：

（1）池壁预制板吊装施工方案还要补充哪些主要内容？

（2）项目部技术质量部长做法是否符合要求？给出正确做法。

（3）指出池壁预制板板缝混凝土灌注不妥之处。

参考答案：

（1）答：

尚需补充：吊装进度网络计划，质量保证措施，安全保证措施和文明施工措施等主要内容。

（2）答：

不符合要求。正确做法：应由项目技术负责人主持对图纸的审核，并应形成会审记录，应由项目负责人（经理）按施工组织设计中质量计划关于物资采购的规定，经过招标程序选择预应力钢丝供应厂家。

（3）答：

有两点不正确：一是灌注板缝混凝土要采用微膨胀混凝土；二是混凝土强度应大于预制板混凝土强度一个等级。

### 3.2.3 构筑物满水试验的规定

1. 试验必备条件与准备工作

（1）满水试验前必备条件

①池体的混凝土或砖、石砌体的砂浆已达到设计强度要求；池内清理洁净，池内外缺陷修补完毕。

②现浇钢筋混凝土池体的防水层、防腐层施工之前；装配式预应力混凝土池体施加预应力且锚固端封锚以后，保护层喷涂之前；砖砌池体防水层施工以后，石砌池体勾缝以后。

③设计预留孔洞、预埋管口及进出水口等已做临时封堵，且经验算能安全承受试验压力。

④池体抗浮稳定性满足设计要求。

⑤试验用的充水、充气和排水系统已准备就绪，经检查充水、充气及排水闸门不得渗漏。

⑥各项保证试验安全的措施已满足要求；满足设计的其他特殊要求。

（2）满水试验准备工作

①选定好洁净、充足的水源；注水和放水系统设施及安全措施准备完毕。

②有盖池体顶部的通气孔、人孔盖已安装完毕，必要的防护设施和照明等标志已配备齐全。

③安装水位观测标尺、标定水位测针。

④准备现场测定蒸发量的设备。一般采用严密不渗，直径 500mm、高 300mm 的敞口钢板水箱，并设水位测针，注水深 200mm。将水箱固定在水池中。

⑤对池体有观测沉降要求时，应选定观测点，并测量记录池体各观测点初始高程。

2. 水池满水试验与流程

（1）试验流程

试验准备→水池注水→水池内水位观测→蒸发量测定→整理试验结论。

（2）试验要求

①池内注水

a. 向池内注水宜分 3 次进行，每次注水为设计水深的 1/3。对大、中型池体，可先注水至池壁底部施工缝以上，检查底板抗渗质量，当无明显渗漏时，再继续注水至第一次注水深度。

b. 注水时水位上升速度不宜超过 2m/d。相邻两次注水的间隔时间不应小于 24h。

c. 每次注水宜测读 24h 的水位下降值，计算渗水量。在注水过程中和注水以后，应对池体作外观检查。当发现渗水量过大时，应停止注水。待作出妥善处理后方可继续注水。

d. 当设计有特殊要求时，应按设计要求执行。

②水位观测

a. 利用水位标尺测针观测、记录注水时的水位值。

b. 注水至设计水深进行水量测定时，应采用水位测针测定水位。水位测针的读数精确度应达 1/10mm。

c. 注水至设计水深 24h 后，开始测读水位测针的初读数。

d. 测读水位的初读数与末读数之间的间隔时间应不少于 24h。

e. 测定时间必须连续。测定的渗水量符合标准时，须连续测定两次以上；测定的渗水量超过允许标准，而以后的渗水量逐渐减少时，可继续延长观测。延长观测的时间应在渗水量符合标准时止。

③蒸发量测定

a. 池体有盖时可不测，蒸发量忽略不计。

b. 池体无盖时，须作蒸发量测定。

c. 每次测定水池中水位时，同时测定水箱中蒸发量水位。

3. 满水试验标准

（1）水池渗水量计算，按池壁（不含内隔墙）和池底的浸湿面积计算。

（2）渗水量合格标准。钢筋混凝土结构水池不得超过 2L/（m² · d）；砌体结构水池不得超过 3L/（m² · d）。

### 3.2.4 沉井施工技术

预制、沉井施工技术是市政公用工程常用的施工方法，适用于含水、软土地层条件下半地下或地下泵房等构筑物施工。

1. 沉井准备工作

（1）基坑准备

①按施工方案要求，进行施工平面布置，设定沉井中心桩，轴线控制桩，基坑开挖深度及边坡。

②沉井施工影响附近建（构）筑物、管线或河岸设施时，应采取控制措施，并应进行沉降和位移监测，测点应设在不受施工干扰和方便测量的地方。

③地下水位应控制在沉井基坑以下 0.5m，基坑内的水应及时排除；采用沉井筑岛法制作时，岛面标高应比施工期最高水位高出 0.5m 以上。

④基坑开挖应分层有序进行，保持平整和疏干状态。

（2）地基与垫层施工

①制作沉井的地基应具有足够的承载力，地基承载力不能满足沉井制作阶段的荷载时，应按设计进行地基加固。

②刃脚的垫层采用砂垫层上铺垫木或素混凝土，且应满足下列要求：

a. 垫层的结构厚度和宽度应根据土体地基承载力、沉井下沉结构高度和结构形式，经计算确定；素混凝土垫层的厚度还应便于沉井下沉前凿除。

b. 砂垫层分布在刃脚中心线的两侧范围，应考虑方便抽除垫木；砂垫层宜采用中粗砂，并应分层铺设、分层夯实。

c. 垫木铺设应使刃脚底面在同一水平面上，并符合设计起沉标高的要求；平面布置要均匀对称，每根垫木的长度中心应与刃脚底面中心线重合，定位垫木的布置应使沉井有对称的着力点。

d. 采用素混凝土垫层时，其强度等级应符合设计要求，表面平整。

③沉井刃脚采用砖模时，其底模和斜面部分可采用砂浆、砖砌筑；每隔适当距离砌成垂直缝。砖模表面可采用水泥砂浆抹面，并应涂一层隔离剂。

2. 沉井预制

（1）结构的钢筋、模板、混凝土工程施工应符合 3.2.1 有关规定和设计要求；混凝土应对称、均匀、水平连续分层浇筑，并应防止沉井偏斜。

（2）分节制作沉井：

①每节制作高度应符合施工方案要求，且第一节制作高度必须高于刃脚部分；井内设有底梁或支撑梁时应与刃脚部分整体浇捣。

②设计无要求时，混凝土强度应达到设计强度等级 75％后，方可拆除模板或浇筑后节混凝土。

③混凝土施工缝处理应采用凹凸缝或设置钢板止水带，施工缝应凿毛并清理干净；内外模板采用对拉螺栓固定时，其对拉螺栓的中间应设置防渗止水片；钢筋密集部位和预留孔底部应辅以人工振捣，保证结构密实。

④沉井每次接高时各部位的轴线位置应一致、重合，及时做好沉降和位移监测；必要时应对刃脚地基承载力进行验算，并采取相应措施确保地基及结构的稳定。

⑤分节制作、分次下沉的沉井，前次下沉后进行后续接高施工。

a. 应验算接高后稳定系数等，并应及时检查沉井的沉降变化情况，严禁在接高施工过程中沉井发生倾斜和突然下沉。

b. 后续各节的模板不应支撑于地面上，模板底部应距地面不小于 1m。

3. 下沉施工

（1）排水下沉

①应采取措施，确保下沉和降低地下水过程中不危及周围建（构）筑物、道路或地下管线，并保证下沉过程和终沉时的坑底稳定。

②下沉过程中应进行连续排水，保证沉井范围内地层水疏干。

③挖土应分层、均匀、对称进行；对于有底梁或支撑梁沉井，其相邻格仓高差不宜超过 0.5m；开挖顺序应根据地质条件、下沉阶段、下沉情况综合运用和灵活掌握，严禁超挖。

④用抓斗取土时，井内严禁站人，严禁在底梁以下任意穿越。

（2）不排水下沉

①沉井内水位应符合施工设计控制水位；下沉有困难时，应根据内外水位、井底开挖几何形状、下沉量及速率、地表沉降等监测资料综合分析调整井内外的水位差。

②机械设备的配备应满足沉井下沉以及水中开挖、出土等要求，运行正常；废弃土方、泥浆应专门处置，不得随意排放。

③水中开挖、出土方式应根据井内水深、周围环境控制要求等因素选择。

（3）沉井下沉控制

①下沉应平稳、均衡、缓慢，发生偏斜应通过调整开挖顺序和方式"随挖随纠、动中纠偏"。

②应按施工方案规定的顺序和方式开挖。

③沉井下沉影响范围内的地面四周不得堆放任何东西，车辆来往要减少震动。

④沉井下沉监控测量：

a. 下沉时标高、轴线位移每班至少测量一次，每次下沉稳定后应进行高差和中心位移量的计算。

b. 终沉时，每小时测一次，严格控制超沉，沉井封底前自沉速率应小于 10mm/8h。

c. 如发生异常情况应加密量测。

d. 大型沉井应进行结构变形和裂缝观测。

（4）辅助法下沉

①沉井外壁采用阶梯形以减少下沉摩擦阻力时，在井外壁与土体之间应有专人随时用黄砂均匀灌入，四周灌入黄砂的高差不应超过 500mm。

②采用触变泥浆套助沉时，应采用自流渗入、管路强制压注补给等方法；触变泥浆的性能应满足施工要求，泥浆补给应及时，以保证泥浆液面高度；施工中应采取措施防止泥浆套损坏失效，下沉到位后应进行泥浆置换。

③采用空气幕助沉时，管路和喷气孔、压气设备及系统装置的设置应满足施工要求；开气应自上而下，停气应缓慢减压，压气与挖土应交替作业；确保施工安全。

④沉井采用爆破方法开挖下沉时，应符合国家有关爆破安全的规定。

4. 沉井封底

（1）干封底

①在井点降水条件下施工的沉井应继续降水，并稳定保持地下水位距坑底不小于 0.5m；在沉井封底前应用大石块将刃脚下垫实。

②封底前应整理好坑底和清除浮泥，对超挖部分应回填砂石至规定标高。

③采用全断面封底时，混凝土垫层应一次性连续浇筑；有底梁或支撑梁分格封底时，应对称逐格浇筑。

④钢筋混凝土底板施工前，井内应无渗漏水，且新、老混凝土接触部位凿毛处理，并清理干净。

⑤封底前应设置泄水井，底板混凝土强度达到设计强度等级且满足抗浮要求时，方可封填泄水井、停止降水。

（2）水下封底

①基底的浮泥、沉积物和风化岩块等应清除干净；软土地基应铺设碎石或卵石垫层。

②混凝土凿毛部位应洗刷干净。

③浇筑混凝土的导管加工、设置应满足施工要求。

④浇筑前，每根导管应有足够的混凝土量，浇筑时能一次将导管底埋住。

⑤水下混凝土封底的浇筑顺序，应从低处开始，逐渐向周围扩大；井内有隔墙、底梁或混凝土供应量受到限制时，应分格对称浇筑。

⑥每根导管的混凝土应连续浇筑，且导管埋入混凝土的深度不宜小于 1.0m；各导管间混凝土浇筑面的平均上升速度不应小于 0.25m/h；相邻导管间混凝土上升速度宜相近，最终浇筑成的混凝土面应略高于设计高程。

⑦水下封底混凝土强度达到设计强度等级，沉井能满足抗浮要求时，方可将井内水抽除，并凿除表面松散混凝土进行钢筋混凝土底板施工。

## 3.2.5　水池施工中的抗浮措施

当地下水位较高或雨汛期施工时，水池等给水排水构筑物施工过程中需要采取措施防止水池浮动。

1. 当构筑物设有抗浮设计时，水池施工应采取的抗浮措施

（1）当地下水位高于基坑底面时，水池基坑施工前必须采取人工降水措施，把水位降至基坑底下不少于 500mm，以防止施工过程中构筑物浮动，保证工程施工顺利进行。

（2）在水池底板混凝土浇筑完成并达到规定强度时，应及时施做抗浮结构。

2. 当构筑物无抗浮设计时，水池施工应采取的抗浮措施

（1）下列水池（构筑物）工程施工应采取降排水措施

①受地表水、地下动水压力作用影响的地下结构工程。

②采用排水法下沉和封底的沉井工程。

③基坑底部存在承压含水层，且经验算基底开挖面至承压含水层顶板之间的土体重力不足以平衡承压水水头压力，需要减压降水的工程。

（2）施工过程降排水要求

①选择可靠的降低地下水位方法，严格进行降水施工，对降水所用机具随时做好保养维护，并有备用机具。

②基坑受承压水影响时，应进行承压水降压计算，对承压水降压的影响进行评估。

③降排水应输送至抽水影响半径范围以外的河道或排水管道，并防止环境水源进入施工基坑。

④在施工过程中不得间断降排水，并应对降排水系统进行检查和维护；构筑物未具备抗浮条件时，严禁停止降排水。

3. 当构筑物无抗浮设计时，雨汛期施工过程必须采取抗浮措施

①雨期施工时，基坑内地下水位急剧上升，或外表水大量涌入基坑，使构筑物的自重小于浮力时，会导致构筑物浮起。施工中常采用的抗浮措施如下：

a. 基坑四周设防汛墙，防止外来水进入基坑；建立防汛组织，强化防汛工作。

b. 构筑物下及基坑内四周埋设排水盲管（盲沟）和抽水设备，一旦发生基坑内积水随即排除。

c. 备有应急供电和排水设施并保证其可靠性。

②当构筑物的自重小于其承受的浮力时，会导致构筑物浮起；应考虑因地制宜措施：引入地下水和地表水等外来水进入构筑物，使构筑物内、外无水位差，以减小其浮力，使构筑物结构免于破坏。

# 第4章 城市管道工程

## 4.1 城市给水排水管道工程施工

### 4.1.1 掌握开槽管道施工技术

开槽铺设预制成品管是目前国内外地下管道工程施工的主要方法，现简要介绍开槽施工沟埋式管道的技术要点。

1. 沟槽施工方案

（1）主要内容

①沟槽施工平面布置图及开挖断面图。

②沟槽形式、开挖方法及堆土要求。

③无支护沟槽的边坡要求；有支护沟槽的支撑形式、结构、支拆方法及安全措施。

④施工设备机具的型号、数量及作业要求。

⑤不良土质地段沟槽开挖时采取的护坡和防止沟槽坍塌的安全技术措施。

⑥施工安全、文明施工、沿线管线及构（建）筑物保护要求等。

（2）确定沟槽底部开挖宽度

①沟槽底部的开挖宽度应符合设计要求。

②当设计无要求时，可按经验公式计算确定：

$$B = D_0 + 2 \times (b_1 + b_2 + b_3)$$

式中　$B$——管道沟槽底部的开挖宽度（mm）；

$D_0$——管外径（mm）；

$b_1$——管道一侧的工作面宽度（mm），可按表4-1选取；

$b_2$——有支撑要求时，管道一侧的支撑厚度，可取 150～200mm；

$b_3$——现场浇筑混凝土或钢筋混凝土管渠一侧模板厚度（mm）。

**管道一侧的工作面宽度**　　　　　　　　　　　　表 4-1

| 管道的外径 $D_0$ （mm） | 管道一侧的工作面宽度 $b_1$ （mm） | | |
|---|---|---|---|
| | 混凝土类管道 | | 金属类管道、化学建材管道 |
| $D_0 \leqslant 500$ | 刚性接口 | 400 | 300 |
| | 柔性接口 | 300 | |
| $500 < D_0 \leqslant 1000$ | 刚性接口 | 500 | 400 |
| | 柔性接口 | 400 | |
| $1000 < D_0 \leqslant 1500$ | 刚性接口 | 600 | 500 |
| | 柔性接口 | 500 | |

| 管道的外径 $D_0$ (mm) | 管道一侧的工作面宽度 $b_1$（mm） | | |
|---|---|---|---|
| | | 混凝土类管道 | 金属类管道、化学建材管道 |
| 1500＜$D_0$≤3000 | 刚性接口 | 800～1000 | 700 |
| | 柔性接口 | 600 | |

注：1. 槽底需设排水沟时，$b_1$ 应当增加；

2. 管道有现场施工的外防水层时，$b_1$ 宜取 800mm；

3. 采用机械回填管道侧面时，$b_1$ 需满足机械作业的宽度要求。

（3）确定沟槽边坡

①当地质条件良好、土质均匀、地下水位低于沟槽底面高程，且开挖深度在 5m 以内、沟槽不设支撑时，沟槽边坡最陡坡度应符合表 4-2 的规定。

深度在 5m 以内的沟槽边坡的最陡坡度　　　　　　　　　　表 4-2

| 土的类别 | 边坡坡度（高：宽） | | |
|---|---|---|---|
| | 坡顶无荷载 | 坡顶有静载 | 坡顶有动载 |
| 中密的砂土 | 1：1.00 | 1：1.25 | 1：1.50 |
| 中密的碎石类土（充填物为砂土） | 1：0.75 | 1：1.00 | 1：1.25 |
| 硬塑的粉土 | 1：0.67 | 1：0.75 | 1：1.00 |
| 中密的碎石类土（充填物为黏性土） | 1：0.50 | 1：0.67 | 1：0.75 |
| 硬塑的粉质黏土、黏土 | 1：0.33 | 1：0.50 | 1：0.67 |
| 老黄土 | 1：0.10 | 1：0.25 | 1：0.33 |
| 软土（经井点降水后） | 1：1.25 | — | — |

②当沟槽无法自然放坡时，边坡应有支护设计，并应计算每侧临时堆土或施加其他荷载，进行边坡稳定性验算。

2. 沟槽开挖与支护

（1）分层开挖及深度

①人工开挖沟槽的槽深超过 3m 时应分层开挖，每层的深度不超过 2m。

②人工开挖多层沟槽的层间留台宽度：放坡开槽时不应小于 0.8m，直槽时不应小于 0.5m，安装井点设备时不应小于 1.5m。

③采用机械挖槽时，沟槽分层的深度按机械性能确定。

（2）沟槽开挖规定

①槽底原状地基土不得扰动，机械开挖时槽底预留 200～300mm 土层，由人工开挖至设计高程，整平。

②槽底不得受水浸泡或受冻，槽底局部扰动或受水浸泡时，宜采用天然级配砂砾石或石灰土回填；槽底扰动土层为湿陷性黄土时，应按设计要求进行地基处理。

③槽底土层为杂填土、腐蚀性土时，应全部挖除并按设计要求进行地基处理。

④槽壁平顺，边坡坡度符合施工方案的规定。

⑤在沟槽边坡稳固后设置供施工人员上下沟槽的安全梯。

（3）支撑与支护

①采用木撑板支撑和钢板桩，应经计算确定撑板构件的规格尺寸。

②撑板支撑应随挖土及时安装。

③在软土或其他不稳定土层中采用横排撑板支撑时，开始支撑的沟槽开挖深度不得超过1.0m；开挖与支撑交替进行，每次交替的深度宜为0.4～0.8m。

④支撑应经常检查，当发现支撑构件有弯曲、松动、移位或劈裂等迹象时，应及时处理；雨期及春季解冻时期应加强检查。

⑤拆除支撑前，应对沟槽两侧的建筑物、构筑物和槽壁进行安全检查，并应制定拆除支撑的作业要求和安全措施。

⑥施工人员应由安全梯上下沟槽，不得攀登支撑。

⑦拆除撑板应制定安全措施，配合回填交替进行。

3. 地基处理与安管

（1）地基处理

①管道地基应符合设计要求，管道天然地基的强度不能满足设计要求时应按设计要求加固。

②槽底局部超挖或发生扰动时，超挖深度不超过150mm时，可用挖槽原土回填夯实，其压实度不应低于原地基土的密实度；槽底地基土壤含水量较大，不适于压实时，应采取换填等有效措施。

③排水不良造成地基土扰动时，扰动深度在100mm以内，宜填天然级配砂石或砂砾处理；扰动深度在300mm以内，但下部坚硬时，宜填卵石或块石，并用砾石填充空隙并找平表面。

④设计要求换填时，应按要求清槽，并经检查合格；回填材料应符合设计要求或有关规定。

⑤柔性管道地基处理宜采用砂桩、搅拌桩等复合地基。

（2）安管

①管节、管件下沟前，必须对管节外观质量进行检查，排除缺陷，以保证接口安装的密封性。

②采用法兰和胶圈接口时，安装应按照施工方案严格控制上、下游管道接装长度、中心位移偏差及管节接缝宽度和深度。

③采用焊接接口时，两端管的环向焊缝处齐平，错口的允许偏差应为0.2倍壁厚，内壁错边量不宜超过管壁厚度的10%，且不得大于2mm。

④采用电熔连接、热熔连接接口时，应选择在当日温度较低或接近最低时进行；电熔连接、热熔连接时电热设备的温度控制、时间控制，挤出焊接时对焊接设备的操作等，必须严格按接头的技术指标和设备的操作程序进行；接头处应有沿管节圆周平滑对称的内、外翻边；接头检验合格后，内翻边宜铲平。

⑤金属管道应按设计要求进行内外防腐施工和施做阴极保护工程。

## 4.1.2  不开槽管道施工方法选择要点

不开槽管道施工方法是相对于开槽管道施工方法而言，不开槽管道施工方法通常也称为暗挖施工方法。本节仅简要介绍市政公用工程常用顶管法、盾构法、浅埋暗挖法、地表式水平定向钻法、夯管法等施工方法选择与设备选型。

1. 方法选择与设备选型依据

（1）工程设计文件和项目合同。施工单位应按中标合同文件和设计文件进行具体方法和设备的选择。

（2）工程详勘资料：

①由于城市地下情况的复杂性和给水排水管道工程的特殊性，工程勘察报告虽反映沿线地质的总体情况，但却没有反映一些特殊情况。开工前施工单位应仔细核对建设单位提供的工程勘察报告，进行现场沿线的调查；特别是已有地下管线和构筑物应进行人工挖探孔（通称坑探）确定其准确位置，以免施工造成损坏。

②在掌握工程地质、水文地质及周围环境情况和资料的基础上，正确选择施工方法和设备选型。

（3）可供借鉴的施工经验和可靠的技术数据

2. 施工方法与适用条件

（1）施工方法与设备分类见图 4-1。

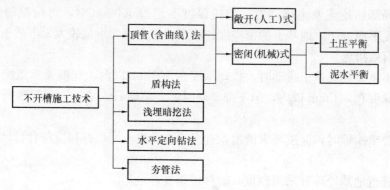

图 4-1　施工方法与设备分类

（2）不开槽施工法与适用条件见表 4-3。

不开槽法施工方法与适用条件　　　　　　　　表 4-3

| 施工工法 | 密闭式顶管 | 盾构 | 浅埋暗挖 | 定向钻 | 夯管 |
|---|---|---|---|---|---|
| 工法优点 | 施工精度高 | 施工速度快 | 适用性强 | 施工速度快 | 施工速度快、成本较低 |
| 工法缺点 | 施工成本高 | 施工成本高 | 施工速度慢施工成本高 | 控制精度低 | 控制精度低，适用于钢管 |
| 适用范围 | 给水排水管道综合管道 | 给水排水管道综合管道 | 给水排水管道综合管道 | 给水管道 | 给水排水管道 |
| 适用管径（mm） | $\phi300\sim\phi4000$ | $\phi3000$ 以上 | $\phi1000$ 以上 | $\phi300\sim\phi1000$ | $\phi200\sim\phi1800$ |
| 施工精度 | 小于±50mm | 不可控 | 小于±1000mm | 小于±1000mm | 不可控 |
| 施工距离 | 较长 | 长 | 较长 | 较短 | 短 |
| 适用地质条件 | 各种土层 | 各种土层 | 各种土层 | 砂卵石及含水地层不适用 | 含水地层不适用，砂卵石地层困难 |

3. 施工方法与设备选择的有关规定

（1）顶管顶进方法的选择，应根据工程设计要求、工程水文地质条件、周围环境和现场条件，经技术经济比较后确定，并应符合下列规定：

①采用敞口式（手掘式）顶管机时，应将地下水位降至管底以下不小于 0.5m 处，并应采取措施，防止其他水源进入顶管的管道。

②当周围环境要求控制地层变形或无降水条件时，宜采用封闭式的土压平衡或泥水平衡顶管机施工；目前城市改扩建给水排水管道工程多数采用顶管法施工，机械顶管技术获得了飞跃性发展。

③穿越建（构）筑物、铁路、公路、重要管线和防汛墙等时，应制定相应的保护措施；根据工程设计、施工方法、工程和水文地质条件，对邻近建（构）筑物、管线，应采用土体加固或其他有效的保护措施。

④小口径的金属管道，当无地层变形控制要求且顶力满足施工要求时，可采用一次顶进的挤密土层顶管法。

（2）盾构机选型，应根据工程设计要求（管道的外径、埋深和长度），工程水文地质条件，施工现场及周围环境安全等要求，经技术经济比较确定；盾构法施工用于穿越地面障碍的给水排水主干管道工程，直径一般 3000mm 以上。

（3）浅埋暗挖施工方案的选择，应根据工程设计（隧道断面和结构形式、埋深、长度），工程水文地质条件，施工现场和周围环境安全等要求，经过技术经济比较后确定；在城区地下障碍物较复杂地段，采用浅埋暗挖施工管（隧）道会是较好的选择。

（4）定向钻机的回转扭矩和回拖力确定，应根据终孔孔径、轴向曲率半径、管道长度，结合工程水文地质和现场周围环境条件，经过技术经济比较综合考虑后确定，并应有一定的安全储备；导向探测仪的配置应根据定向钻机类型、穿越障碍物类型、探测深度和现场探测条件选用。定向钻机在以较大埋深穿越道路桥涵的长距离地下管道的施工中会表现出优越之处。

（5）夯管锤的锤击力应根据管径、钢管力学性能、管道长度，结合工程地质、水文地质和周围环境条件，经过技术经济比较后确定，并应有一定的安全储备。夯管法在特定场所是有其优越性，适用于城镇区域下穿较窄道路的地下管道施工。

4. 设备施工安全有关规定

（1）施工设备，装置应满足施工要求，并符合下列规定：

①施工设备、主要配套设备和辅助系统安装完成后，应经试运行及安全性检验，合格后方可掘进作业。

②操作人员应经过培训，掌握设备操作要领，熟悉施工方法、各项技术参数，考试合格方可上岗。

③管（隧）道内涉及的水平运输设备、注浆系统、喷浆系统以及其他辅助系统应满足施工技术要求和安全、文明施工要求。

④施工供电应设置双路电源，并能自动切换；动力，照明应分路供电，作业面移动照明应采用低压供电。

⑤采用顶管、盾构、浅埋暗挖法施工的管道工程，应根据管（隧）道长度、施工方法和设备条件等确定管（隧）道内通风系统模式；设备供排风能力、管（隧）道内人员作业

环境等还应满足国家有关标准规定。

⑥采用起重设备或垂直运输系统时：

a. 起重设备必须经过起重荷载计算。

b. 使用前应按有关规定进行检查验收，合格后方可使用。

c. 起重作业前应试吊，吊离地面100mm左右时，应检查重物捆扎情况和制动性能，确认安全后方可起吊。起吊时工作井内严禁站人，当吊运重物下井距作业面底部小于500mm时，操作人员方可近前工作。

d. 严禁超负荷使用。

e. 工作井上、下作业时必须有联络信号。

⑦所有设备、装置在使用中应按规定定期检查、维修和保养。

（2）监控测量

施工中应根据设计要求、工程特点及有关规定，对管（隧）道沿线影响范围地表或地下管线等建（构）筑物设置观测点，进行监控测量。监控测量的信息应及时反馈，以指导施工，发现问题及时处理。

### 4.1.3　管道功能性试验的规定

给水排水管道功能性试验分为压力管道的水压试验和无压管道的严密性试验。

1. 基本规定

（1）水压试验

①压力管道分为预试验和主试验阶段；试验合格的判定依据分为允许压力降值和允许渗水量值，按设计要求确定。设计无要求时，应根据工程实际情况，选用其中一项值或同时采用两项值作为试验合格的最终判定依据；水压试验合格的管道方可通水投入运行。

②压力管道水压试验进行实际渗水量测定时，宜采用注水法进行。

③管道采用两种（或两种以上）管材时，宜按不同管材分别进行试验；不具备分别试验的条件必须组合试验，且设计无具体要求时，应采用不同管材的管段中试验控制最严的标准进行试验。

（2）严密性试验

①污水、雨污水合流管道及湿陷土、膨胀土、流砂地区的雨水管道，必须经严密性试验合格后方可投入运行。

②管道的严密性试验分为闭水试验和闭气试验，应按设计要求确定；设计无要求时，应根据实际情况选择闭水试验或闭气试验。

③全断面整体现浇的钢筋混凝土无压管渠处于地下水位以下时，除设计要求外，管渠的混凝土强度等级、抗渗等级检验合格，可采用内渗法测渗水量；渗漏水量测方法按《给水排水管道工程施工及验收规范》GB 50268附录F的规定检查，符合设计要求时，可不必进行闭水试验。

④不开槽施工的内径大于或等于1500mm钢筋混凝土结构管道，设计无要求且地下水位高于管道顶部时，可采用内渗法测渗水量；渗漏水量测方法按《给水排水管道工程施工及验收规范》GB 50268附录F的规定进行，符合规定时，则管道抗渗能力满足要求，不必再进行闭水试验。

（3）大口径球墨铸铁管、玻璃钢管、预应力钢筒混凝土管或预应力混凝土管等管道单口水压试验合格，且设计无要求时：

①压力管道可免去预试验阶段，而直接进行主试验阶段；

②无压管道应认同严密性试验合格，无需进行闭水或闭气试验。

（4）管道的试验长度：

①除设计有要求外，压力管道水压试验的管段长度不宜大于 1.0km；对于无法分段试验的管道，应由工程有关方面根据工程具体情况确定。

②无压力管道的闭水试验，试验管段应按井距分隔，抽样选取，带井试验；若条件允许可一次试验不超过 5 个连续井段。

③当管道内径大于 700mm 时，可按管道井段数量抽样选取 1/3 进行试验；试验不合格时，抽样井段数量应在原抽样基础上加倍进行试验。

2. 管道试验方案与准备工作

（1）试验方案

试验方案主要内容包括：后背及堵板的设计；进水管路、排气孔及排水孔的设计；加压设备、压力计的选择及安装的设计；排水疏导措施；升压分级的划分及观测制度的规定；试验管段的稳定措施和安全措施。

（2）压力管道试验准备工作

①试验管段所有敞口应封闭，不得有渗漏水现象。

②试验管段不得用闸阀做堵板，不得含有消火栓、水锤消除器、安全阀等附件。

③水压试验前应清除管道内的杂物。

④应做好水源引接、排水等疏导方案。

（3）无压管道闭水试验准备工作

①管道及检查井外观质量已验收合格；

②管道未回填土且沟槽内无积水；

③全部预留孔应封堵，不得渗水；

④管道两端堵板承载力经核算应大于水压力的合力；除预留进出水管外，应封堵坚固，不得渗水；

⑤顶管施工，其注浆孔封堵且管口按设计要求处理完毕，地下水位于管底以下；

⑥应做好水源引接、排水疏导等方案。

（4）闭气试验适用条件

①混凝土类的无压管道在回填土前进行的严密性试验。

②地下水位应低于管外底 150mm，环境温度为 $-15 \sim 50℃$。

③下雨时不得进行闭气试验。

（5）管道内注水与浸泡

①应从下游缓慢注入，注入时在试验管段上游的管顶及管段中的高点应设置排气阀，将管道内的气体排除。

②试验管段注满水后，宜在不大于工作压力条件下充分浸泡后再进行水压试验，浸泡时间规定：

a. 球墨铸铁管（有水泥砂浆衬里）、钢管（有水泥砂浆衬里）、化学建材管不少

于 24h;

b. 内径大于 1000mm 的现浇钢筋混凝土管渠、预（自）应力混凝土管、预应力钢筒混凝土管不少于 72h;

c. 内径小于 1000mm 的现浇钢筋混凝土管渠、预（自）应力混凝土管、预应力钢筒混凝土管不少于 48h。

3. 试验过程与合格判定

（1）水压试验

①预试验阶段

将管道内水压缓缓地升至规定的试验压力并稳压 30min，期间如有压力下降可注水补压，补压不得高于试验压力；检查管道接口、配件等处有无漏水、损坏现象；有漏水、损坏现象时应及时停止试压，查明原因并采取相应措施后重新试压。

②主试验阶段

停止注水补压，稳定 15min；15min 后压力下降不超过所允许压力下降数值时，将试验压力降至工作压力并保持恒压 30min，进行外观检查若无漏水现象，则水压试验合格。

（2）闭水试验

①试验水头

试验段上游设计水头不超过管顶内壁时，试验水头应以试验段上游管顶内壁加 2m 计。试验段上游设计水头超过管顶内壁时，试验水头应以试验段上游设计水头加 2m 计；计算出的试验水头小于 10m，但已超过上游检查井井口时，试验水头应以上游检查井井口高度为准。

②从试验水头达规定水头开始计时，观测管道的渗水量，直至观测结束，应不断地向试验管段内补水，保持试验水头恒定。渗水量的观测时间不得小于 30min，渗水量不超过允许值试验合格。

（3）闭气检验

①将进行闭气检验的排水管道两端用管堵密封，然后向管道内填充空气至一定的压力，在规定闭气时间测定管道内气体的压降值。

②管道内气体压力达到 2000Pa 时开始计时，满足该管径的标准闭气时间规定时，计时结束，记录此时管内实测气体压力 $P$，如 $P \geqslant 1500Pa$ 则管道闭气试验合格，反之为不合格。

## 4.1.4 砌筑沟道施工要点

给水排水工程中砌筑结构的构筑物，主要是沟道（管渠）、工艺井、闸井和检查井等，本节以砌筑管渠为主，简要介绍市政公用工程砌筑施工要点。

1. 基本要求

（1）材料

①用于砌筑结构的机制烧结砖应边角整齐、表面平整、尺寸准确；强度等级符合设计要求，一般不低于 MU10；其外观质量应符合《烧结普通砖》GB/T 5101 一等品的要求。

②用于砌筑结构的石材强度等级应符合设计要求，设计无要求时不得小于 30MPa。石料应质地坚实均匀，无风化剥层和裂纹。

③用于砌筑结构的混凝土砌块应符合设计要求和相关标准规定。

④砌筑砂浆应采用水泥砂浆，其强度等级应符合设计要求，且不应低于 M10；水泥应采用砌筑水泥，并符合《砌筑水泥》GB/T 3183 标准。

（2）一般规定

①砌筑前应检查地基或基础，确认其中线高程、基坑（槽）符合规定，地基承载力符合设计要求，并签验。

②砌筑前砌块（砖、石）应充分湿润；砌筑砂浆配合比符合设计要求，现场拌制应拌合均匀、随用随拌；砌筑应立皮数杆、样板挂线控制水平与高程。砌筑应采用满铺满挤法。砌体应上下错缝、内外搭砌、丁顺规则有序。

③砌筑砂浆应饱满，砌缝应均匀不得有通缝或瞎缝，且表面平整。

④砌体的沉降缝、变形缝、止水缝应位置准确、砌体平整、砌体垂直贯通，缝板、止水带安装正确，沉降缝、变形缝应与基础的沉降缝、变形缝贯通。

⑤砌筑结构管渠宜按变形缝分段施工，砌筑施工需间断时，应预留阶梯形斜茬；接砌时，应将斜茬冲净并铺满砂浆，墙转角和交接处应与墙体同时砌筑。

⑥采用混凝土砌块砌筑拱形管渠或管渠的弯道时，宜采用楔形或扇形砌块；当砌体垂直灰缝宽度大于 30mm 时，应采用细石混凝土灌实，混凝土强度等级不应小于 C20。

⑦砌筑后的砌体应及时进行养护，并不得遭受冲刷、振动或撞击。

2. 砌筑施工要点

（1）变形缝施工

①变形缝内应清除干净，两侧应涂刷冷底子油一道。

②缝内填料应填塞密实。

③灌注沥青等填料应待灌注底板缝的沥青冷却后，再灌注墙缝，并应连续灌满灌实。

④缝外墙面铺贴沥青卷材时，应将底层抹平，铺贴平整，不得有壅包现象。

（2）砖砌拱圈

①拱胎的模板尺寸应符合施工设计要求，并留出模板伸胀缝，板缝应严实平整。

②拱胎的安装应稳固，高程准确，拆装简易。

③砌筑前，拱胎应充分湿润，冲洗干净，并均匀涂刷隔离剂。

④砌筑应自两侧向拱中心对称进行，灰缝匀称，拱中心位置正确；灰缝砂浆饱满严密。

⑤应采用退茬法砌筑，每块砌块退半块留茬，拱圈应在 24h 内封顶，两侧拱圈之间应满铺砂浆，拱顶上不得堆置器材。

（3）反拱砌筑

①砌筑前，应按设计要求的弧度制作反拱的样板，沿设计轴线每隔 10m 设一块。

②根据样板挂线，先砌中心的一列砖、石，并找准高程后接砌两侧，灰缝不得凸出砖面，反拱砌筑完成后，应待砂浆强度达到设计抗压强度的 25％时，方可踩压。

③反拱表面应光滑平顺，高程允许偏差应为 ±10mm。

④拱形管渠侧墙砌筑完毕，并经养护后，在安装拱胎前，两侧墙外回填土时，墙内应采取措施，保持墙体稳定。

⑤当砂浆强度达到设计抗压强度标准值的 25％时，方可在无振动条件下拆除拱胎。

（4）圆井砌筑

①排水管道检查井内的流槽，宜与井壁同时进行砌筑。

②砌块应垂直砌筑；收口砌筑时，应按设计要求的位置设置钢筋混凝土梁；圆井采用砌块逐层砌筑收口时，四面收口的每层收进不应大于30mm，偏心收口的每层收进不应大于50mm。

③砌块砌筑时，铺浆应饱满，灰浆与砌块四周粘结紧密、不得漏浆，上下砌块应错缝砌筑。

④砌筑时应同时安装踏步，踏步安装后在砌筑砂浆未达到规定抗压强度等级前不得踩踏。

⑤内外井壁应采用水泥砂浆勾缝；有抹面要求时，抹面应分层压实。

（5）砂浆抹面

①墙壁表面粘结的杂物应清理干净，并洒水湿润。

②水泥砂浆抹面宜分两道，第一道抹面应刮平使表面造成粗糙纹，第二道抹平后，应分两次压实抹光。

③抹面应压实抹平，施工缝留成阶梯形；接茬时，应先将留茬均匀涂刷水泥浆一道，并依次抹压，使接茬严密；阴阳角应抹成圆角。

④抹面砂浆终凝后，应及时保持湿润养护，养护时间不宜少于14d。

（6）石砌体勾缝

①勾缝前，应清扫干净砌体表面上粘结的灰浆、泥污等，并洒水湿润。

②勾缝灰浆宜采用细砂拌制的1∶1.5水泥砂浆；砂浆嵌入深度不应小于20mm。

③勾缝宽窄均匀、深浅一致，不得有假缝、通缝、丢缝、断裂和粘结不牢等现象。

④勾缝完毕应清扫砌体表面粘附的灰浆。

⑤勾缝砂浆凝结后，应及时养护。

## 4.1.5 给水排水管网维护与修复技术

本节简要介绍采用非开挖方式维护与修复城市管网的施工技术。

1. 城市管道维护

（1）城市管道巡视检查

①管道巡视检查内容包括管道漏点监测、地下管线定位监测、管道变形检查、管道腐蚀与结垢检查、管道附属设施检查、管网的介质的质量检查等。

②管道检查主要方法包括人工检查法、自动监测法、分区检测法、区域泄漏普查系统法等。检测手段包括探测雷达、声纳、红外线检查、闭路监视系统（CCTV）等方法及仪器设备。

（2）城市管道抢修

①不同种类、不同材质、不同结构管道抢修方法不尽相同。如钢管多为焊缝开裂或腐蚀穿孔，一般可用补焊或盖压补焊的方法修复；预应力钢筋混凝土管采用补麻、补灰后再用卡盘压紧固定；若管身出现裂缝，可视裂缝大小采用两合揣袖或更换铸铁管或钢管，两端与原管采用转换接口连接。

②各种水泵、闸阀等管道附属设施也要根据其使用情况定期进行巡查，发现问题及时

进行维修与更换。对管网系统的调度系统中的所有设备和监测仪表也应遵照规定的工况和运行规律正确地操作和保养。

③对管道检查、清通、更新、修复等维护中产生的大量数据要进行细致系统的处理，做好存档管理，以便为管网系统正常工作提供基础信息和保障。有条件时可在管网维护中应用地理信息系统。

（3）管道维护安全防护

①养护人员必须接受安全技术培训，考核合格后方可上岗。

②作业人员必要时可戴上防毒面具、防水表、防护靴、防护手套、安全帽等，穿上系有绳子的防护腰带，配备无线通信工具和安全灯等。

③针对管网维护可能产生的气体危害和病菌感染等危险源，在评估基础上，采取有效的安全防护措施和预防措施，作业区和地面设专人值守，确保人身安全。

2. 管道修复与更新

（1）局部修补

①局部修补是在基本完好的管道上纠正缺陷和降低管道的渗漏量等。当管道的结构完好，仅有局部性缺陷（裂隙或接头损坏）时，可考虑使用局部修补。

②局部修补可以解决的问题包括：

a. 提供附加的结构性能，以有助于受损坏管能承受结构荷载；

b. 提供防渗的功能；

c. 能代替遗失的管段等。

局部修补主要用于管道内部的结构性破坏以及裂纹等的修复。目前，进行局部修补的方法很多，主要有密封法、补丁法、铰接管法、局部软衬法、灌浆法、机器人法等。

（2）全断面修复

①内衬法

传统的内衬法也称为插管法，是采用比原管道直径小或等径的化学建材管插入原管道内，在新旧管之间的环形间隙内灌浆，予以固结，形成一种管中管的结构，从而使化学建材管的防腐性能和原管材的机械性能合二为一，改善工作性能。该法适用于管径 60～2500mm、管线长度 600m 以内的各类管道的修复。化学建材管材主要有醋酸丁酸纤维素（CAB）、聚氯乙烯（PVC）、PE 管等。此法施工简单，速度快，可适应大曲率半径的弯管，但存在管道的断面损失较大、环形间隙要求灌浆，一般只用于圆形断面管道等缺陷。

为了减少修复后管道过流断面的损失，可以采用改进的内衬法。施工前首先将新管（主要是聚乙烯管）通过机械变形，使其断面产生变形（直径变小或改变形状），随后将其送入旧管内，最后通过加热、加压或靠自然作用使其恢复到原来的形状和尺寸，从而与旧管形成紧密的配合。改进的内衬法适用于管径为 75～1200mm，长度在 1000m 以内的各类管道的修复。

②缠绕法

缠绕法是借助螺旋缠绕机，将 PVC 或 PE 等塑料制成的、带连锁边的加筋条带缠绕在旧管内壁上形成一条连续的管状内衬层。通常，衬管与旧管直径的环形间隙需灌浆。此法适用于管径为 50～2500mm，管线长度为 300m 以内的各种圆形断面管道的结构性或非结构性的修复，尤其是污水管道。其优点是可以长距离施工，施工速度快，可适应大曲率半径的弯管和管径的变化，可利用现有检查井，但管道的过流断面会有损失，对施工人员的技术要求较高。

③喷涂法

喷涂法主要用于管道的防腐处理，也可用于在旧管内形成结构性内衬。施工时，高速回转的喷头在绞车的牵引下，一边后退一边将水泥浆或环氧树脂均匀地喷涂在旧管道内壁上，喷头的后退速度决定喷涂层的厚度。此法适用于管径为 75～4500mm、管线长度在 150m 以内的各种管道的修复。其优点是不存在支管的连接问题，过流断面损失小，可适应管径、断面形状、弯曲度的变化，但树脂固化需要一定的时间，管道严重变形时施工难以进行，对施工人员的技术要求较高。

（3）管道更新

随着城市化快速发展，原有的管道直径有时就会显得太小，不能再满足需要；另外，旧管道也会破损不能再使用，而新管道往往没有新的位置可铺设，这两种情况都需要管道更新。常用的管道更新是指以待更新的旧管道为导向，在将其破碎的同时，将新管拉入或顶入的管道更新技术。这种方法可用相同或稍大直径的新管更换旧管。根据破碎旧管的方式不同，常见的有破管外挤和破管顶进两种方法。

①破管外挤

破管外挤也称爆管法或胀管法，是使用爆管工具将旧管破碎，并将其碎片挤到周围的土层，同时将新管或套管拉入，完成管道更换的方法。爆管法的优点是破除旧管和完成新管一次完成，施工速度快，对地表的干扰少；可以利用原有检查井。其缺点是不适合弯管的更换；在旧管线埋深较浅或在不可压密的地层中会引起地面隆起；可能引起相邻管线的损坏；分支管的连接需开挖进行。按照爆管工具的不同，又可将爆管分为气动爆管、液动爆管、切割爆管等三种。

气动或液动爆管法一般适用于管径小于 1200mm、由脆性材料制成的管如陶土管、混凝土管、铸铁管等，新管可以是聚乙烯（PE）管、聚丙烯（PP）管、陶土管和玻璃钢管等。新管的直径可以与旧管的直径相同或更大，视地层条件的不同，最大可比旧管大 50%。

与上述两种爆管法不同的是，切割爆管法主要用于更新钢管。这种爆管工具由爆管头和扩张器组成，爆管头上有若干盘片，由它在旧管内划痕，随后扩张器上的刀片将旧管切开，同时将切开后的旧管撑开，以便将新管拉入。切割爆管法适用于管径 50～150mm、长度在 150m 以内的钢管，新管多用 PE 管。

②破管顶进

如果管道处于较坚硬的土层，旧管破碎后外挤存在困难，此时可以考虑使用破管顶进法。该法是使用经改进的微型隧道施工设备或其他的水平钻机，以旧管为导向，将旧管连同周围的土层一起切削破碎，形成直径相同或更大直径的孔，同时将新管顶入，完成管线的更新，破碎后的旧管碎片和土由螺旋钻杆排出。

破管顶进法主要用于直径 100～900mm、长度在 200m 以内、埋深较大（一般大于 4m）的陶土管、混凝土管或钢筋混凝土管，新管为球墨铸铁管、玻璃钢管、混凝土管或陶土管。该法的优点是对地表和土层无干扰；可在复杂的土层中施工，尤其是含水层；能够更换管线的走向和坡度已偏离的管道；基本不受地质条件限制。其缺点是需开挖两个工作井，地表需有足够大的工作空间。

泥水钻进机前面安装一台清管器，随着顶过将旧管道内的残留物和污水推着前移，不使其污染管道四周的土体。进入锥形碎石机的旧管道被破碎，连同泥土一起被运载泥浆通过管路排放到地面。就这样边破碎、边顶进，直至将旧管道全部粉碎排出地层，用新管道代替。这种施工方法的工作井可以较小。旧井如能满足，就不需要建新工作井，这样可以减少投资，同时还可以缩短工期。这是一种旧管更新的理想施工法。

## 【案例 4-1】

背景资料：

某公司承担了排水管道维护及其管道修复工程。在维护巡视中发现新建北路下的某段管道是盲端，经公司研究决定于 2010 年 7 月 15 日准备将新建北路的排水管道与已建成的管道井堵口打开连通。公司派新进场的几名临时工人进行该项目作业。第 1 名作业人员打开第一个井立即下井作业，由于管道内涌出大量硫化氢气体，致使该作业人员当场晕倒，地面的 5 名作业人员见状后先后下井救人，也相继晕倒，待消防队员赶来时，已造成 3 人死亡，3 人重伤。

调查中发现：已建成管道为钢筋混凝土管，直径 1500mm，由于年久疏于维护管理，已存在多处局部损坏，其中三个井段由于地面超载等原因造成管道裂缝，经鉴定结构尚可满足承载要求，拟采用全断面修复法实施修复。

问题：

（1）第 1 名作业人员的作业程序和随后施救人员的做法是否正确？

（2）造成本次事故的原因有哪些？

（3）三个井段可以采用哪些修复方法？

参考答案：

（1）答：

不正确。应在进行检查之前，将进出检查井盖及其上、下游检查井盖打开一段时间，再使用气体监测装置检查有无有毒有害气体。作业人员未经培训，不懂对井下中毒人员的救助方法和注意事项盲目下井，作业现场又未准备救援器材，致使事故扩大。

（2）答：

造成本次事故的原因包括：原有管道已投入使用，管道井下作业前没有按规定先监测井下有毒气体含量及氧气含量；打通旧管道堵口没有采取安全防范措施，导致作业人员中毒；施救人员不懂对井下中毒人员的救助方法和注意事项盲目下井，作业现场又未准备救援器材，致使事故扩大；派临时工人不经培训就上岗作业，施工现场无专人监管，整个管理处于失控状态。在维护作业之前，必须采取有效的安全防护措施，确保人身安全。

（3）答：

三个井段的修复为全断面修复，可以采用内衬法、缠绕法、喷涂法等方法。

## 4.2 城市供热管道工程施工

### 4.2.1 供热管道施工与安装要求

1. 施工前的准备工作

（1）技术准备

①组织有关技术人员熟悉施工图纸，搞好各专业施工图纸的会审，了解工程的特点、重点、难点所在。认真听取设计人员的技术交底，领会设计意图，了解相关专业工种之间的配合要求。组织编制施工组织设计（施工方案），按要求履行审批手续。对危险性较大的分部、分项工程，按住房和城乡建设部要求组织专家进行论证，依据论证要求补充、修改施工方案。

②做好施工中所用的有关施工及验收规范、标准等技术资料的准备工作。

③开工前详细了解工程项目所在地区的气象自然条件情况，建设场地和水文地质情况，以便有针对性地做好施工平面布置，确保施工顺利进行。需要降水时，应执行当地水务和建设主管部门的规定，必要时应将降水方案报批或组织进行专家论证，以确保地下水的保护。应按降水工程设计实施，完成降水方案的降水井和排水设施的全过程，经过降水试验合格。在降水施工的同时，应做好降水监测、环境影响监测和防治，以及水土资源的保护工作。

④组织技术及测量人员对现场进行详细勘测交桩，了解掌握线路走向、地形地貌等自然条件，对建设单位提供的地下管线等设施情况组织进行探查，对管道开槽范围内已知的各种障碍物进行现场核查，逐项查清障碍物构造情况，以及与工程的相对位置关系。与建设单位办理地下管线及建（构）筑物资料移交手续，确保在施工过程中地下设施和施工人员的安全。

⑤对管线及障碍物保护、加固、交通导改的技术措施进行讨论、分析，并确定最优方案。

⑥穿越既有设施或建（构）筑物的施工方法、工作坑的位置及工程进行步骤，应取得穿越部位相关产权或管理单位的同意与配合，并保证地下管线和构筑物能正常使用，地上建筑物和设施不发生沉降、倾斜、塌陷。

（2）物资准备

①全面了解和熟悉标书、承包合同等有关文件，按照计划落实好主要材料的货源，做好订货采购、催交和验货工作，并根据施工进度所需，组织好材料进场及施工机具的进场工作。对管材和附件进行入场检验，钢管的材质、规格和壁厚偏差应符合国家现行钢管制造技术标准和设计文件规定，必须具有制造厂的合格证书或质量证明书及材料质量复验报告，资料中所缺项目应做补充检验。对受监察的承压元件（管子、弯头、三通等），其质量证明文件和制造资质还应符合特种设备安全监察机构的有关规定。实物标识应与质量证明文件相符。钢外护管真空复合保温管和管件应逐件进行外观检验和电火花检测。

②供热管网中所用的阀门等附件，必须有制造厂的产品合格证。一级管网主干线所用阀门及与一级管网主干线直接相连通的阀门，支干线首端和供热站入口处起关闭、保护作用的阀门及其他重要阀门，应由工程所在地有资质的检测部门进行强度和严密性试验，检

验合格后，定位使用。

2. 施工技术及要求

（1）土方开挖至槽底标高后，应由施工和监理（无监理的工程由建设单位项目负责人）等单位共同验收地基，必要时还应有勘察、设计人员参加。对松软地基及坑洞应由设计（勘察）人提出处理意见。

（2）管道安装前，应完成支、吊架的安装及防腐处理。支架的制作质量应符合设计和使用要求，支、吊架的位置应准确、平整、牢固，标高和坡度符合设计规定。管件制作和可预组装的部分宜在管道安装前完成，并经检验合格。

（3）供热管道的连接方式主要有：螺纹连接（丝接）、法兰连接和焊接连接。螺纹连接仅适用于小管径、低压力和较低温度的情况。供热网管道的连接一般应采用焊接连接方式。

（4）对接管口时，应检查管道平直度，在距接口中心 200mm 处测量，允许偏差 1mm，在所对接管子的全长范围内，最大偏差值应不超过 10mm。

（5）采用偏心异径管（大小头）时，蒸汽管道的变径以管底相平（俗称底平）安装在水平管路上，以便于排除管内冷凝水；热水管道变径以管顶相平（俗称顶平）安装在水平管路上，以利于排除管内空气。

（6）施工间断时，管口应用堵板封闭，雨期施工时应有防止管道漂浮、泥浆进入管腔，以及防止直埋蒸汽管道工作管和保温层进水的措施。

（7）直埋保温管安装过程中，出现折角或管道折角大于设计值时，必须经过设计确认。距补偿器 12m 范围内管段不应有变坡和转角。两个固定支座之间的直埋蒸汽管道，不宜有折角。已安装完毕的直埋保温管道末端必须按设计要求进行密封处理。

（8）直埋蒸汽管道的工作管，必须采用有补偿的敷设方式，钢质外护管宜采用无补偿方式敷设；钢质外护管必须进行外防腐，必须设置排潮管。外护管防腐层应进行全面在线电火花检漏及施工安装后的电火花检漏，耐击穿电压应符合国家现行标准的要求，对检漏中发现的损伤处须进行修补，并进行电火花检测，合格后方可进行回填。

（9）管道穿过基础、墙壁、楼板处，应安装套管或预留孔洞，且焊口不得置于套管中、孔洞内以及隐蔽的地方，穿墙套管每侧应出墙 20~25mm；穿过楼板的套管应高出板面 50mm；套管与管道之间的空隙可用柔性材料填塞；套管直径应比保温管道外径大 50mm；套管中心的允许偏差为 10mm，预留孔洞中心的允许偏差为 25mm。

（10）沟槽、检查室的主体结构经隐蔽工程验收合格及竣工测量后，应及时进行回填。

3. 管道附件安装要求

（1）补偿器安装

有补偿器装置的管段，在补偿器安装前，管道和固定支架之间不得进行固定。

L 形、Z 形、Π 形补偿器一般在施工现场制作，制作应采用优质碳素钢无缝钢管。通常 Π 形补偿器应水平安装，平行臂应与管线坡度及坡向相同，垂直臂应呈水平。垂直安装时，不得在弯臂上开孔安装放风管和排水管。

在直管段中设置补偿器的最大距离和补偿器弯头的弯曲半径应符合设计要求。在靠近补偿器的两端，至少应各设有一个导向支架，保证运行时自由伸缩，不偏离中心。

当安装时的环境温度低于补偿零点（设计的最高温度与最低温度差值的 1/2）时，应对补偿器进行预拉伸，拉伸的具体数值应符合设计文件的规定。经过预拉伸的补偿器，在安装及保温过程中应采取措施保证预拉伸不被释放。

在安装波形补偿器或填料式补偿器时，补偿器应与管道保持同轴，不得偏斜，有流向标记（箭头）的补偿器，安装时应使流向标记与管道介质流向一致。

填料式补偿器芯管的外露长度或其端部与套管内挡圈之间的距离应大于设计规定的变形量。

球形补偿器安装时，与球形补偿器相连接的两垂直臂的倾斜角度应符合设计要求，外伸部分应与管道坡度保持一致。

采用直埋补偿器时，在回填后其固定端应可靠锚固，活动端应能自由变形。

补偿器的临时固定装置在管道安装、试压、保温完毕后，应将紧固件松开，保证在使用中可以自由伸缩。

（2）管道支架（托架、吊架、支墩、固定墩等）安装

除埋地管道外，管道支架制作与安装是管道安装中的第一道工序。固定支架必须严格安装在设计规定的位置，并与土建结构牢固结合，当固定支架的混凝土强度没有达到设计要求时，固定支架不得与管道固定，并应防止外力破坏。

支架在预制的混凝土墩上安装时，混凝土的抗压强度必须达到设计要求；滑动支架的滑板面露出混凝土表面的允许偏差为-2mm，预埋件的纵向中心线与管道中心线的偏差不应大于5mm。

支架的位置应正确，埋设平整、牢固，坡度符合设计规定，支架处不得有环焊缝。支架顶面高程允许偏差为-5～0mm，活动支座支承管道滑托的钢板面的高程允许偏差为-10～0mm。管道支架的支承表面的标高可以采用在其上都加设金属垫板的方式进行调整，但金属垫板不得超过两层，垫板应与预埋铁件或钢结构进行焊接。

具有不同位移量或位移方向不同的管道，当设计无特殊要求时，不得共用同一吊杆或滑托。

支架上承接滑托的滑动支承板、滑托的滑动平面和导向支架的导向板滑动平面应平整、光滑、接触良好，不得有歪斜和卡涩现象。

固定支架处的固定角板，只允许与管道焊接，切忌与固定支架结构焊接，以防形成"死点"，限制了管道的伸缩，极易发生事故。

管沟敷设时，在距沟口0.5m处应设支（吊）架。无热位移管道滑托、吊架的吊杆应垂直于管道轴线安装；有热位移管道滑托、吊架的吊杆中心应处于与管道位移方向相反的一侧，其位移量应按设计要求进行安装，设计无要求时应为计算位移量的1/2。

弹簧支、吊架的安装高度应按设计要求进行调整。弹簧的临时固定件，应待管道安装、试压、保温完毕后拆除。

直埋供热管道和在外力作用下不允许有变形的管道的折点处应按设计的位置和要求设置固定墩，以保证管道系统的稳定性。当设计未要求时，固定墩的质量应符合如下要求：混凝土固定墩的强度等级不低于C20；钢筋直径不应小于8mm，其间距不应大于250mm；钢筋应双层布置，保护层不应小于30mm；管道穿过固定墩处，孔边应设置加强筋。直埋供热管道与其他设施的最小净距见表4-4，钢外护管真空复合保温管的布置要求同此表。这里需要注意的是，不同的标准对净距的要求有所差异，在实际施工过程中，尚应符合相

关专业设施、管道的标准要求，同时应尊重其产权单位的意见，当保证净距确有困难时，可以采取必要的措施，经设计单位同意后，按设计文件的要求执行。

**直埋供热管道与其他设施的最小净距（m）** 表 4-4

| 设施、管道 | | 蒸汽管道（CJJ 104—2005） | | 热水管道（CJJ/T 81—1998） | |
|---|---|---|---|---|---|
| | | 最小水平净距 | 最小垂直净距 | 最小水平净距 | 最小垂直净距 |
| 给水、排水管道 | | 1.5 | 0.15 | 1.5 | 0.15 |
| 燃气管道（钢） | $P \leqslant 0.4$MPa | 1.0 | 0.15 | 1.0 | 0.15 |
| | $P \leqslant 0.8$MPa | 1.5 | 0.15 | 1.5 | 0.15 |
| | $P > 0.8$MPa | 2.0 | 0.15 | 2.0 | 0.15 |
| 压缩空气、二氧化碳管道 | | 1.0 | 0.15 | 1.0 | 0.15 |
| 乙炔、氧气管道 | | 1.5 | 0.25 | 1.5 | 0.25 |
| 易燃、可燃液体管道 | | 1.5 | 0.30 | | |
| 架空管道管架基础边缘 | | 1.5 | | | |
| 排水盲沟沟边 | | 1.5 | 0.50 | 1.5 | 0.50 |
| 地铁 | | 5.0 | 0.80 | 5.0 | 0.80 |
| 电气铁路接触电杆基础 | | 3.0 | | 3.0 | |
| 道路、铁路路基边坡底脚 | | 1.0 | 0.70（路面） | 1.0 | |
| 道路路面 | | | | | 0.70 |
| 铁路 | | 3.0（钢轨） | 1.20（轨底） | | |
| 灌溉渠沟边缘 | | 2.0 | | | |
| 桥梁支鹰基础（高架桥、栈桥） | | 2.0 | | | |
| 照明、通信电杆中心 | | 1.0 | | | |
| 建筑物基础边缘 | $DN \leqslant 250$mm | 3.0 | | 2.5 | |
| | $DN \geqslant 300$mm | | | 3.0 | |
| 围墙基础边缘 | | 1.0 | | | |
| 乔木或灌木中心 | | 3.0 | | | |
| 电缆 | 通信电缆管块 | 1.0 | 0.30 | 1.0 | 0.30 |
| | 电力电缆≤35kV | 2.0 | 0.50 | 2.0 | 0.50 |
| | 电力电缆≤110kV | 2.0 | 1.00 | 2.0 | 1.00 |
| 架空输电线 电杆基础 | ≤1kV | 1.0 | | | |
| | 35～220kV | 3.0 | | | |
| | 330～500kV | 5.0 | | | |

注：表格内为空白时为相应标准未作规定。

（3）阀门安装

安装前应仔细核对阀门的型号、规格是否与设计相符。查看阀门是否有损坏，阀杆是否歪斜、灵活，指示是否正确等。阀门搬运时严禁随手抛掷，应分门别类进行摆放。阀门吊装搬运时，钢丝绳应拴在法兰处，不得拴在手轮或阀杆上。阀门应清理干净，并严格按指示标记及介质流向确定其安装方向，采用自然连接，严禁强力对口。

阀门的开关手轮应放在便于操作的位置，水平安装的闸阀、截止阀的阀杆应处于上半周范围内。

当阀门与管道以法兰或螺纹方式连接时，阀门应在关闭状态下安装，以防止异物进入阀门密封座。当阀门与管道以焊接方式连接时，宜采用氩弧焊打底，这是因为氩弧焊所引起的变形小，飞溅少，背面透度均匀，表面光洁、整齐，很少产生缺陷；另外，焊接时阀门不得关闭，以防止受热变形和因焊接而造成密封面损伤，焊机地线应搭在同侧焊口的钢管上，严禁搭在阀体上。对于承插式阀门还应在承插端头留有 1.5mm 的间隙，以防止不在焊接时和在以后的操作过程中附加不合理的受力。

集群安装的阀门应按整齐、美观、便于操作的原则进行排列。

（4）已预制防腐层和保温层的管道及附件的保护措施

对已预制了防腐层和保温层的管道及附件，在吊装、运输和安装前必须制定严格的防止防腐层和保温层损坏以及防水的技术措施，并认真实施。

4. 管道回填

按照设计要求进行回填作业。在回填时，回填土应分层夯实，回填土中不得含有碎砖、石块、大于 100mm 的冻土块及其他杂物。管顶或结构顶以上 500mm 范围内，应采用轻夯夯实，严禁采用动力夯实机或压路机压实。各部位的夯实密实度应符合标准要求。回填压实时，应确保管道或结构的安全。当管道回填土夯实至距管顶不小于 0.3m 后，将黄色印有文字的聚乙烯警示带连续平敷在管道正上方的位置，每段搭接处不少于 0.2m，带中间不得撕裂或扭曲。管道的竣工图上除标注坐标外还应标栓桩位置。

【案例 4-2】

背景资料：

某供热管线工程，长 729m，DN250，采用 Q235B 管材，直埋敷设，全线共设 4 座检查室。在 2 号检查室内热机安装施工时，施工单位预先在管道上截下一段短节，留出安装波纹管补偿器的位置，后因补偿器迟迟未到货，只好将管端头临时用彩条布封堵。

问题：

（1）施工单位的此种做法是否妥当？如不妥当，请写出正确的程序。

（2）波纹管补偿器安装时，对其安装方向是否有要求？

（3）对波纹管补偿器与管道连接处的焊缝是否需要进行无损探伤检验？检验比例是多少？

参考答案：

（1）答：

不妥当。波纹管补偿器应与管道保持同轴，但按背景中介绍的情况，不一定能保证。正确的做法应是在补偿器运至安装现场时，再在已固定好的钢管上切口吊装焊接。

（2）答：

安装波纹管补偿器时，有流向标记（箭头）的补偿器，安装时应使流向标记与管道介质流向一致。

（3）答：

按规范要求，波纹管补偿器与管道连接处的焊缝应进行 100% 无损探伤检验。

## 4.2.2 供热管道功能性试验

供热管道压力试验分为强度和严密性试验。强度试验是超过设计参数的压力试验，是用以检查由于设计或安装原因可能存在的质量隐患而使结构承载能力不足的缺陷。由于是超压试验，对系统本身是不利的，因此不应反复、多次进行。严密性试验是略超设计参数的压力试验，是在系统设备全部安装齐全且防腐保温完成的情况下，用以检查可能存在的微渗漏缺陷。

试验中所用压力表的精度等级不得低于 1.5 级，量程应为试验压力的 1.5～2 倍，数量不得少于 2 块，表盘直径不应小于 100mm，应在检定有效期内。压力表应安装在试验泵出口和试验系统末端。

1. 强度试验

管线施工完成后，经检查除现场组装的连接部位（如：焊接连接、法兰连接等）外，其余均符合设计文件和相关标准的规定后，方可以进行强度试验。

强度试验应在试验段内的管道接口防腐、保温施工及设备安装前进行，试验介质为洁净水，环境温度在 5℃ 以上，试验压力为设计压力的 1.5 倍，充水时应排净系统内的气体，在试验压力下稳压 10min，检查无渗漏、无压力降后降至设计压力，在设计压力下稳压 30min，检查无渗漏、无异常声响、无压力降为合格。

当管道系统存在较大高差时，试验压力以最高点压力为准，同时最低点的压力不得超过管道及设备的承受压力。

当试验过程中发现渗漏时，严禁带压处理。消除缺陷后，应重新进行试验。

试验结束后，应及时拆除试验用临时加固装置，排净管内积水。排水时应防止形成负压，严禁随地排放。

2. 严密性试验

严密性试验应在试验范围内的管道全部安装完成后进行，且各种支架已安装调整完毕，固定支架的混凝土已达到设计强度，回填土及填充物已满足设计要求，管道自由端的临时加固装置已安装完成，并安全可靠。严密性试验压力为设计压力的 1.25 倍，且不小于 0.6MPa。一级管网稳压 1h 内压力降不大于 0.05MPa；二级管网稳压 30min 内压力降不大于 0.05MPa，且管道、焊缝、管路附件及设备无渗漏，固定支架无明显变形的为合格。

钢外护管焊缝的严密性试验应在工作管压力试验合格后进行。试验介质为空气，试验压力为 0.2MPa。试验时，压力应逐级缓慢上升，至试验压力后，稳压 10min，然后在焊缝上涂刷中性发泡剂并巡回检查所有焊缝，无渗漏为合格。

3. 试运行

工程已经过有关各方预验收合格且热源已具备供热条件后，对热力系统应按建设单位、设计单位认可的参数进行试运行，试运行的时间应为连续运行 72h。

试运行过程中应缓慢提高工作介质的升温速度，应控制在不大于 10℃/h。在试运行过程中对紧固件的热拧紧，应在 0.3MPa 压力以下进行。

试运行中应对管道及设备进行全面检查，特别要重点检查支架的工作状况。

对于已停运两年或两年以上的直埋蒸汽管道，运行前应按新建管道要求进行吹洗和严密性试验。新建或停运时间超过半年的直埋蒸汽管道，冷态启动时必须进行暖管。

### 4.2.3　供热管网附件及供热站设施安装要点

本节简要介绍了供热管网附件及供热站相关设施安装的有关规定和技术要点。

1. 供热管网附件

(1) 补偿器

①任何材料随温度变化，其几何尺寸将发生变化，变化量的大小取决于某一方向的线膨胀系数和该物体的总长度。线膨胀系数是指物体单位长度温度每升高 1℃ 后物体的相对伸长。当该物体两端被相对固定，则会因尺寸变化产生内应力。

供热管网的介质温度较高，供热管道本身长度又长，故管道产生的温度变形量就大，其热膨胀的应力也会很大。为了释放温度变形，消除温度应力，以确保管网运行安全，必须根据供热管道的热伸长量及应力计算，设置适应管道温度变形的补偿器。

②供热管道的热伸长及应力计算实例

已知一条供热管道的某段长 200m，材料为碳素钢，安装时环境温度为 0℃，运行时介质温度为 125℃，设定此段管道两端刚性固定，中间不设补偿器，求运行时的最大热伸长量 $\Delta L$ 及最大热膨胀应力 $\sigma$。

解：$\Delta L = \alpha L \Delta t = 12 \times 10^{6} \times 200 \times (125 - 0) = 0.3\text{m}$

$\sigma = E \alpha \Delta t = 20.14 \times 10^{4} \times 12 \times 10^{6} \times (125 - 0) = 302.1\text{MPa}$

式中　$\alpha$——管材线膨胀系数，碳素钢 $\alpha = 12 \times 10^{6}\text{m}/(\text{m} \cdot ℃)$；

$L$——管段长度(m)；

$E$——管材弹性模量(MPa)，碳素钢 $E = 20.14 \times 10^{4}\text{MPa}$；

$\Delta t$——管道在运行时温度与安装时的环境温度差(℃)。

由上可知，供热管道在运行中其产生的热胀应力极大，远远超过钢材的许用应力（$[\sigma] \approx 140\text{MPa}$），故在工程中只有选用合适的补偿器，才能消除热胀应力，从而确保供热管道的安全运行。

③补偿器类型

补偿器分为自然补偿器和人工补偿器两种。目前常用的补偿器主要有：L 形补偿器、Z 形补偿器、Ⅱ 形（或 Ω 形）补偿器、波形（波纹）补偿器、球形补偿器和填料式（套筒式）补偿器等几种形式。

a. 自然补偿是利用管路几何形状所具有的弹性来吸收热变形。最常见的管道自然补偿法是将管道两端以任意角度相接，多为两管道垂直相交。自然补偿的缺点是管道变形时会产生横向的位移，而且补偿的管段不能很大。

自然补偿器分为 L 形（管段中 90°～150° 弯管）和 Z 形（管段中两个相反方向 90° 弯管）两种，安装时应正确确定弯管两端固定支架的位置。

b. 人工补偿是利用管道补偿器来吸收热变形的补偿方法，常用的有方形补偿器、波形补偿器、球形补偿器和填料式补偿器等。

方形补偿器：方形补偿器由管子弯制或由弯头组焊而成，利用刚性较小的回折管挠性变形来消除热应力及补偿两端直管部分的热伸长量。其优点是制造方便，补偿量大，轴向推力小，维修方便，运行可靠；缺点是占地面积较大。

填料式补偿器：填料式补偿器又称套筒式补偿器，主要由三部分组成：带底脚的套筒、插管和填料函。在内外管间隙之间用填料密封，内插管可以随温度变化自由活动，从而起到补偿作用。其材质有铸铁和钢质两种，铸铁的适用于压力在1.3MPa以下的管道，钢质的适用于压力不超过1.6MPa的热力管道，其形式有单向和双向两种。

填料式补偿器：安装方便，占地面积小，流体阻力较小，抗失稳性好，补偿能力较大，可以在不停热的情况下进行检修；缺点是轴向推力较大，易漏水漏气，需经常检修和更换填料，如管道变形有横向位移时，易造成填料圈卡住。这种补偿器一般只用于安装方形补偿器有困难的地方。

球形补偿器：球形补偿器是由外壳、球体、密封圈压紧法兰组成，它是利用球体管接头随机转弯运动来补偿管道的热伸长而消除热应力的，适用于三向位置的热力管道。其优点是占用空间小，节省材料，不产生推力；缺点是易漏水漏汽，要加强维修。

波形补偿器：波形补偿器是靠波形管壁的弹性变形来吸收热胀或冷缩量，按波数的不同分为一波、二波、三波和四波，按内部结构的不同分为带套筒和不带套筒两种。它的优点是结构紧凑，只发生轴向变形，与方形补偿器相比占据空间位置小；缺点是制造比较困难，耐压低，补偿能力小，轴向推力大。它的补偿能力与波形管的外形尺寸、壁厚、管径大小有关。

上述补偿器中，自然补偿器、方形补偿器和波形补偿器是利用补偿材料的变形来吸收热伸长的，而填料式补偿器和球形补偿器则是利用管道的位移来吸收热伸长的。

近年来，又发展起来一种新型补偿器，即旋转补偿器，作为一种专利技术已在部分地区被采用。它主要由旋转管、密封压盖、密封座、锥体连接管等组成，主要用于蒸汽和热水管道，设计介质温度为－60～485℃，设计压力为0～5MPa。其补偿原理是通过成双旋转筒和L力臂形成力偶，使大小相等、方向相反的一对力，由力臂回绕着Z轴中心旋转，就像杠杆转动一样，支点分别在两侧的旋转补偿器上，以达到力偶两边管道产生的热伸长量的吸收。这种补偿器安装在热力管道上需要2个或3个成组布置，形成相对旋转结构吸收管道热位移，从而减少管道应力。突出特点是其在管道运行过程中处于无应力状态。其他特点：补偿距离长，一般200～500m设计安装一组即可（但也要考虑具体地形）；无内压推力；密封性能好，由于密封形式为径向密封，不产生轴向位移，尤其耐高压。采用该型补偿器后，固定支架间距增大，为避免管段挠曲要适当增加导向支架，为减少管段运行的摩擦阻力，在滑动支架上应安装滚动支座。

（2）管道支架

管道的支承结构称为支架，其作用是支承管道，并限制管道的变形和位移，承受从管道传来的内压力、外载荷及温度变形的弹性力，通过它将这些力传递到支承结构上或地上。根据支架对管道的约束作用不同，可分为活动支架和固定支架；按结构形式可分为托架、吊架和管卡三种。

①固定支架

固定支架主要用于固定管道，均匀分配补偿器之间管道的伸缩量，保证补偿器正常工作，多设置在补偿器和附件旁。固定支架承受作用力较为复杂，不仅承受管道、附件、管内介质及保温结构的重量，同时还承受管道因温度、压力的影响而产生的轴向伸缩推力和变形应力，并将这些力传到支承结构上去，所以固定支架必须有足够的强度。其主要分为卡环式（用于不需要保温的管道上）和挡板式（用于保温管道上）。

在直埋敷设或不通行管沟中，固定支座也有做成钢筋混凝土固定墩的形式。

②活动支架

活动支架的作用是直接承受管道及保温结构的重量，并允许管道在温度作用下，沿管轴线自由伸缩。活动支架可分为：滑动支架、导向支架、滚动支架和悬吊支架等四种形式。

a. 滑动支架：滑动支架是能使管子与支架结构间自由滑动的支架，其主要承受管道及保温结构的重量和因管道热位移摩擦而产生的水平推力，可分为低位支架和高位支架，前者适用于室外不保温管道，后者适用于室外保温管道。滑动支架形式简单，加工方便，使用广泛。

b. 导向支架：导向支架的作用是使管道在支架上滑动时不致偏离管轴线。一般设置在补偿器、铸铁阀门两侧或其他只允许管道有轴向移动的地方。

c. 滚动支架：滚动支架是以滚动摩擦代替滑动摩擦，以减少管道热伸缩时的摩擦力。可分为滚柱支架及滚珠支架两种。

滚柱支架用于直径较大而无横向位移的管道；滚珠支架用于介质温度较高、管径较大而无横向位移的管道。

d. 悬吊支架：可分为普通刚性吊架和弹簧吊架。普通刚性吊架主要用于伸缩性较小的管道，加工、安装方便，能承受管道荷载的水平位移；弹簧吊架适用于伸缩性和振动性较大的管道，形式复杂，使用在重要场合。普通吊架由卡箍、吊杆、支承结构组成。

（3）阀门

阀门是用以启闭管路，调节被输送介质的流向、压力、流量，以达到控制介质流动、满足使用要求的重要管道部件。供热管道工程中常用的阀门有：闸阀、截止阀、止回阀、柱塞阀、蝶阀、球阀、减压阀、安全阀、疏水阀及平衡阀等。

①闸阀

闸阀是用来以一般汽、水管路作全启或全闭操作的阀门。按阀杆所处的状况可分为明杆式和暗杆式；按闸板结构特点可分为平行式和楔式。

闸阀的特点是安装长度小，无方向性；全开启时介质流动阻力小；密封性能好；加工较为复杂，密封面磨损后不易修理。当管径 $DN > 50$mm 时宜选用闸阀。

②截止阀

截止阀主要用来切断介质通路，也可调节流量和压力。截止阀可分直通式、直角式、直流式。直通式适用于直线管路，便于操作，但阀门流阻较大；直角式用于管路转弯处；直流式流阻很小，与闸阀接近，但因阀杆倾斜，不便操作。

截止阀的特点是制造简单、价格较低、调节性能好；安装长度大，流阻较大；密封性较闸阀差，密封面易磨损，但维修容易；安装时应注意方向性，即低进高出，不得装反。当管径 $DN \leqslant 50$mm 时宜选用截止阀。

③柱塞阀

柱塞阀主要用于密封要求较高的地方，使用在水、蒸汽等介质上。

柱塞阀的特点是密封性好，结构紧凑，启门灵活，寿命长，维修方便；但价格相对较高。

④止回阀

止回阀是利用本身结构和阀前阀后介质的压力差来自动启闭的阀门，它的作用是使介质只做一个定方向的流动，而阻止其逆向流动。按结构可分为升降式和旋启式，前者适用于小口径水平管道，后者适用于大口径水平或垂直管道。止回阀常设在水泵的出口、疏水器的出口管道以及其他不允许流体反向流动的地方。

⑤蝶阀

蝶阀主要用于低压介质管路或设备上进行全开全闭操作。按传动方式可分为手动、涡轮传动、气动和电动。手动蝶阀可以安装在管道任何位置，带传动机构的蝶阀，必须垂直安装，保证传动机构处于铅垂位置。蝶阀的特点是体积小，结构简单，启闭方便、迅速且较省力，密封可靠，调节性能好。

⑥球阀

球阀主要用于管路的快速切断。主要特点是流体阻力小，启闭迅速，结构简单，密封性能好。

球阀适用于低温（≤150℃）、高压及黏度较大的介质以及要求开关迅速的管道部位。

⑦安全阀

安全阀是一种安全保护性的阀门，主要用于管道和各种承压设备上，当介质工作压力超过允许压力数值时，安全阀自动打开向外排放介质，随着介质压力的降低，安全阀将重新关闭，从而防止管道和设备的超压危险。安全阀分为杠杆式、弹簧式、脉冲式。安全阀适用于锅炉房管道以及不同压力级别管道系统中的低压侧。

⑧减压阀

减压阀主要用于蒸汽管路，是靠开启阀孔的大小对介质进行节流而达到减压目的的，它能以自力作用将阀后的压力维持在一定范围内。减压阀可分为活塞式、杠杆式、弹簧薄膜式、气动薄膜式。减压阀的特点是体积小，重量轻，耐温性能好，便于调节，制作难度大，灵敏度低。

⑨疏水阀

疏水阀安装在蒸汽管道的末端或低处，主要用于自动排放蒸汽管路中的凝结水，阻止蒸汽逸漏和排除空气等非凝性气体，对保证系统正常工作，防止凝结水对设备的腐蚀以及汽水混合物对系统的水击等均有重要作用。常用的疏水阀有浮桶式、热动力式及波纹管式等几种，其中热动力疏水阀因其体积小、排水量大，在实际工程中应用较多。

⑩平衡阀

平衡阀对供热水力系统管网的阻力和压差等参数加以调节和控制，以满足管网系统按预定要求正常和高效运行。分静态和动态两类，动态又分自力式流量控制阀和自力式压差控制阀。

2. 供热站

供热站是供热管网的重要附属设施，是供热网路与热用户的连接场所。它的作用是根据热网工况和不同的条件，采用不同的连接方式，将热网输送的热媒加以调节、转换，向热用户系统分配热量以满足用户需要；并根据需要，进行集中计量、检测供热热媒的参数和数量。

（1）供热站房设备间的门应向外开。当热水热力站站房长度大于12m时应设两个出口，热力网设计水温小于100℃时可只设一个出口。蒸汽热力站不论站房尺寸如何，都应设置两个出口。安装孔或门的大小应保证站内需检修更换的最大设备出入。多层站房应考虑用于设备垂直搬运的安装孔。

（2）管道及设备安装前，土建施工单位、工艺安装单位及监理单位应对预埋吊点的数量及位置，设备基础位置、表面质量、几何尺寸、标高及混凝土质量，预留孔洞的位置、尺寸及标高等共同复核检查，并办理书面交验手续。

（3）管道支吊架位置及数量应满足设计及安装要求。

（4）安装前，应按施工图和相关建（构）筑物的轴线、边缘线、标高线，划定安装的基准线。

（5）应仔细核对一次水系统供回水管道方向与外网的对应关系，切忌接反。

（6）站内管道焊缝的无损探伤检验应按设计要求进行，在设计无要求时，应按《城镇供热管网工程施工及验收规范》CJJ 28 中有关焊接质量检验的规定执行。

（7）设备基础地脚螺栓底部锚固环钩的外缘与预留孔壁和孔底的距离不得小于15mm，拧紧螺母后，螺栓外露长度应为 2～5 倍螺距。灌筑地脚螺栓用的细石混凝土（或水泥砂浆）应比基础混凝土的强度等级提高一级；拧紧地脚螺栓时，灌筑的混凝土应达到设计强度 75％以上。

（8）蒸汽管道和设备上的安全阀应有通向室外的排汽管，热水管道和设备上的安全阀应有接到安全地点的排水管，并应有足够的截面积和防冻措施确保排放通畅。在排汽管和排水管上不得装设阀门。排放管应固定牢固。

（9）泵的吸入管道和输出管道应有各自独立、牢固的支架，泵不得直接承受系统管道、阀门等的重量和附加力矩。

（10）管道与泵连接后，不应在其上进行焊接和气割；当需焊接和气割时，应拆下管道或采取必要的措施，并应防止焊渣进入泵内。

（11）泵的试运转应在其各附属系统单独试运转正常后进行，且应在有介质情况下进行试运转，试运转的介质或代用介质均应符合设计的要求。泵在额定工况下连续试运转时间不应少于 2h。

（12）供热站内所有系统应进行严密性试验。试验前，管道各种支吊架已安装调整完毕，安全阀、爆破片及仪表组件等已拆除或加盲板隔离，加盲板处有明显的标记并做记录，安全阀全开，填料密实，试验管道与无关系统应采用盲板或采取其他措施隔开，不得影响其他系统的安全。试验压力为 1.25 倍设计压力，且不得低于 0.6MPa，稳压在 1h内，详细检查管道、焊缝、管路附件及设备等无渗漏，压力降不大于 0.05MPa 为合格；开式设备只做满水试验，以无渗漏为合格。

（13）供热站在试运行前，站内所有系统和设备须经有关各方预验收合格，供热管网与热用户系统已具备试运行条件。试运行应在建设单位、设计单位认可的参数下进行，试运行的时间应为连续运行 72h。

## 4.2.4 供热管道的分类

1. 按热媒种类分类

可分为蒸汽热网和热水热网。蒸汽热网又可细分为高压、中压、低压蒸汽热网；热水热网又可细分为高温热水热网（水温超过 100℃）和低温热水热网。

《城镇供热管网工程施工及验收规范》CJJ 28 适用于：

（1）工作压力小于或等于 1.6MPa，介质温度小于或等于 350℃的蒸汽管网。

（2）工作压力小于或等于 2.5MPa，介质温度小于或等于 200℃的热水管网。

2. 接所处位置分类

可分为：

一级管网——由热源至热力站的供热管道；

二级管网——由热力站至热用户的供热管道。

3. 按敷设方式分类

可分为管沟敷设、架空敷设和直埋敷设。

管沟敷设可分为：通行、半通行、不通行管沟（隧道）；架空敷设可分为：高支架、中支架、低支架；直埋敷设是指管道直接埋设在地下，无管沟。

4. 按系统形式分类

可分为：

闭式系统：一次热网与二次热网采用换热器连接，热网的循环水仅作为热媒，供给热用户热量而不从热网中取出使用，但中间设备多，实际使用较广泛。

开式系统：热网的循环水部分地或全部地从热网中取出，直接用于生产或热水供应热用户中。中间设备极少，但一次补充量大。

5. 按供回分类

可分为：

供水管（汽网时：蒸气管）——向热力站或热用户供给热水的管道；

回水管（汽网时：凝水管）——从热用户或热力站回送热水的管道。

# 4.3　城市燃气管道工程施工

## 4.3.1　燃气管道施工与安装要求

本节主要介绍燃气管道工程施工的有关规定，工程施工准备工作和安装施工的技术要求可参考 4.2.1 的相关内容。

1. 工程基本规定

（1）燃气管道对接安装引起的误差不得大于 3°，否则应设置弯管，次高压燃气管道的弯管应考虑盲板力。管道回填同 4.2.1 的要求。

（2）管道与建筑物、构筑物、基础或相邻管道之间的水平和垂直净距：

①燃气管道与建筑物、构筑物、基础或相邻管道之间的水平和垂直净距，不应小于表 4-5、表 4-6 的规定。当要求不一致时，应满足要求严格的。

②无法满足上述安全距离时，应将管道设于管道沟或刚性套管的保护设施中，套管两端应用柔性密封材料封堵。

③保护设施两端应伸出障碍物且与被跨越的障碍物间的距离不应小于 0.5m。对有伸缩要求的管道，保护套管或地沟不得妨碍管道伸缩且不得损坏绝热层外部的保护壳。

（3）管道埋设的最小覆土厚度：

地下燃气管道埋设的最小覆土厚度（路面至管顶）应符合下列要求：埋设在车行道下时，不得小于 0.9m；埋设在非车行道下时，不得小于 0.6m；埋设在庭院时，不得小于

0.3m；埋设在水田下时，不得小于0.8m（当采取行之有效的防护措施后，上述规定均可适当降低）。

（4）地下燃气管道不宜与其他管道或电缆同沟敷设。当需要同沟敷设时，必须采取防护措施。

地下燃气管道与建（构）筑物之间的最小水平净距（m）　　表4-5

| 序号 | 项目 | | 地下燃气金属管道 | | | | | | | 地下燃气塑料管道 | |
| | | | 低压 | 中压 | | 次高压 | | 高压 | | 低压 | 中压 |
| | | | | B | A | B | A | B | A | | |
| 1 | 建筑物 | 基础外墙面（出地面处） | 0.7 — | 1.0 — | 1.5 — | — 5.0 | — 13.5 | 见《城镇燃气设计规范》GB 50028—2006表6.4.11、表6.4.12 | | 1.2 | 1.5 |
| 2 | 给水管 | | 0.5 | 0.5 | 0.5 | 1.0 | 1.5 | | | 0.5 | |
| 3 | 污水、雨水排水管 | | 1.0 | 1.2 | 1.2 | 1.5 | 2.0 | | | 1.2 | |
| 4 | 电力电缆（含电车电缆） | 直埋 | 0.5 | 0.5 | 0.5 | 1.0 | 1.5 | | | 1.0 | |
| | | 在导管内 | 1.0 | 1.0 | 1.0 | 1.0 | 1.5 | | | | |
| 5 | 通信电缆 | 直埋 | 0.5 | 0.5 | 0.5 | 1.0 | 1.5 | | | 0.5 | |
| | | 在导管内 | 1.0 | 1.0 | 1.0 | 1.0 | 1.5 | | | 1.0 | |
| 6 | 其他燃气管道 | $DN \leqslant 300mm$ | 0.4 | 0.4 | 0.4 | 0.4 | 0.4 | | | 0.4 | |
| | | $DN > 300mm$ | 0.5 | 0.5 | 0.5 | 0.5 | 0.5 | | | 0.5 | |
| 7 | 供热管 | <150℃直埋 供水 | 1.0 | 1.0 | 1.0 | 1.5 | 2.0 | | | 3.0 | |
| | | 回水 | | | | | | | | 2.0 | |
| | | <150℃管沟（至外壁）热水 | 1.0 | 1.5 | 1.5 | 2.0 | 4.0 | | | 1.5 | |
| | | 蒸水 | | | | | | | | 3.0 | |
| 8 | 电杆（塔）的基础 | ≤35kV | 1.0 | 1.0 | 1.0 | 1.0 | 1.0 | | | 1.0 | |
| | | >35kV | 2.0 | 2.0 | 2.0 | 5.0 | 5.0 | | | 5.0 | |
| 9 | 通信、照明电杆（至电杆中心） | | 1.0 | 1.0 | 1.0 | 1.0 | 1.0 | | | 1.0 | |
| 10 | 铁路路堤坡角 | | 5.0 | 5.0 | 5.0 | 5.0 | 5.0 | | | 5.0 | |
| 11 | 有轨电车钢轨 | | 2.0 | 2.0 | 2.0 | 2.0 | 2.0 | | | 2.0 | |
| 12 | 街树（至树中心） | | 0.75 | 0.75 | 0.75 | 1.2 | 1.2 | | | 1.2 | |
| 13 | 人防通道外墙 | | — | — | — | — | — | | | 2.0 | |

地下燃气管道与建（构）筑物之间的最小垂直净距（m）　　表4-6

| 序号 | 项目 | 地下燃气管道 | | |
| | | 钢管道 | 塑料管道 | |
| | | | 在该设施上方 | 在该设施下方 |
| 1 | 给水管、燃气管道 | 0.15 | 0.15 | 0.15 |
| 2 | 排水管 | 0.15 | 0.15 | 0.20（加套管） |

98

| 序号 | 项目 | | 地下燃气管道 | | |
|------|------|------|------|------|------|
| | | | 钢管道 | 塑料管道 | |
| | | | | 在该设施上方 | 在该设施下方 |
| 3 | 供热管 | <150℃直埋供热管 | 0.15 | 0.50（加套管） | 1.30（加套管） |
| | | <150℃热水供热管沟，蒸汽供热管沟 | 0.15 | 0.40 或 0.20（加套管） | 0.30（加套管） |
| | | <280℃蒸汽供热管沟 | 0.15 | 1.00（加套管）套管有降温措施可缩小 | 不允许 |
| 4 | 电缆 | 直埋 | 0.50 | 0.50 | 0.50 |
| | | 在导管内 | 0.15 | 0.20 | 0.20 |
| 5 | 铁路（轨底） | | 1.20 | | 1.20（加套管） |
| 6 | 有轨电车（轨底） | | 1.00 | | |

2. 燃气管道穿越构建筑物

（1）不得穿越的规定：

①地下燃气管道不得从建筑物和大型构筑物的下面穿越。

②地下燃气管道不得在堆积易燃、易爆材料和具有腐蚀性液体的场地下面穿越。

（2）地下燃气管道穿过排水管、热力管沟、联合地沟、隧道及其他各种用途沟槽时，应将燃气管道敷设于套管内。套管伸出构筑物外壁不应小于表4-5中燃气管道与构筑物的水平距离。套管两端的密封材料应采用柔性的防腐、防水材料密封。

（3）燃气管道穿越铁路、高速公路、电车轨道和城镇主要干道时应符合下列要求：

①穿越铁路和高速公路的燃气管道，其外应加套管，并提高绝缘、防腐等措施。

②穿越铁路的燃气管道的套管，应符合下列要求：

a. 套管埋设的深度：铁路轨道至套管顶不应小于1.20m，并应符合铁路管理部门的要求。

b. 套管宜采用钢管或钢筋混凝土管。

c. 套管内径应比燃气管道外径大100mm以上。

d. 套管两端与燃气管的间隙应采用柔性的防腐、防水材料密封，其一端应装设检漏管。

e. 套管端部距路堤坡脚外距离不应小于2.0m。

③燃气管道穿越电车轨道和城镇主要干道时宜敷设在套管或地沟内；穿越高速公路的燃气管道的套管、穿越电车轨道和城镇主要干道的燃气管道的套管或地沟，应符合下列要求：

a. 套管内径应比燃气管道外径大100mm以上，套管或地沟两端应密封，在重要地段的套管或地沟端部宜安装检漏管。

b. 套管端部距电车边轨不应小于2.0m；距道路边缘不应小于1.0m。

c. 燃气管道宜垂直穿越铁路、高速公路、电车轨道和城镇主要干道。

3. 燃气管道通过河流

燃气管道通过河流时，可采用穿越河底或采用管桥跨越的形式。

(1) 当条件允许时，可利用道路、桥梁跨越河流，并应符合下列要求：

①利用道路、桥梁跨越河流的燃气管道，其管道的输送压力不应大于 0.4MPa。

②当燃气管道随桥梁敷设或采用管桥跨越河流时，必须采取安全防护措施。

③燃气管道随桥梁敷设，宜采取如下安全防护措施：

a. 敷设于桥梁上的燃气管道应采用加厚的无缝钢管或焊接钢管，尽量减少焊缝，对焊缝进行 100％无损探伤。

b. 跨越通航河流的燃气管道管底标高，应符合通航净空的要求，管架外侧应设置护桩。

c. 在确定管道位置时，应与随桥敷设的其他可燃的管道保持一定间距。

d. 管道应设置必要的补偿和减震措施。

e. 过河架空的燃气管道向下弯曲时，向下弯曲部分与水平管夹角宜采用 45°形式。

f. 对管道应做较高等级的防腐保护。对于采用阴极保护的埋地钢管与随桥管道之间应设置绝缘装置。

(2) 燃气管道穿越河底时，应符合下列要求：

①燃气管道宜采用钢管。

②燃气管道至规划河底的覆土厚度，应根据水流冲刷条件确定，对不通航河流不应小于 0.5m；对通航的河流不应小于 1.0m，还应考虑疏浚和投锚深度。

③稳管措施应根据计算确定。

④在埋设燃气管道位置的河流两岸上、下游应设立标志。

**【案例 4-3】**

背景资料：

某公司中标承建中压燃气管线工程，管径 DN300mm，长 26km，合同价 3600 万元。管道沟槽开挖过程中，遇地质勘察未探明的废弃砖沟，经现场监理口头同意，施工项目部组织人员、机具及时清除了砖沟，进行换填级配碎石处理，使工程增加了合同外的工程量。项目部就此向发包方提出计量支付，遭到计量工程师的拒绝。

监理在工程检查中发现：

(1) 现场正在焊接作业的两名焊工是公司临时增援人员，均已在公司总部从事管理岗位半年以上；

(2) 管道准备连接施焊的数个坡口处有油渍等杂物，检查后向项目部发出整改通知。

问题：

(1) 项目部处理废弃砖沟在程序上是否妥当？如不妥当，写出正确的程序。

(2) 简述计量工程师拒绝此项计量支付的理由。

(3) 两名新增焊工是否符合上岗条件？为什么？

(4) 管道连接施焊的坡口处应如何处理方能符合有关规范的要求？

参考答案：

(1) 答：

不妥当，有关规范规定：应由设计方及有关方面验槽，并应有设计方提出变更设计。

(2) 答：

计量支付的依据是工程合同，变更设计应履行程序，监理工程师应有书面指令。

（3）答：

不符合，因为间断焊接时间超过 6 个月，再次上岗前应重新考试；承担其他材质燃气管道安装的人员，必须经过培训，并经考试合格。

（4）答：

规范规定：连接坡口处及两侧 10mm 范围应清除油渍、锈、毛刺等杂物，清理合格后应及时施焊。

## 4.3.2 燃气管道功能性试验的规定

燃气管道在安装过程中和投入使用前应进行管道功能行试验，统称为压力试验。燃气管道压力试验根据检验目的分为强度试验和气密性试验。

1. 强度试验

（1）试验前应具备条件

①试验用的压力计及温度记录仪应在校验有效期内。

②编制的试验方案已获批准，有可靠的通信系统和安全保障措施，已进行了技术交底。

a. 压力和介质应符合《城镇燃气输配工程施工及验收规范》CJJ 33 有关规定。

b. 管道应分段进行压力试验，试验管道分段最大长度宜按《城镇燃气输配工程施工及验收规范》CJJ 33 有关规定执行。

③管道焊接检验、清扫合格。

④埋地管道回填土宜回填至管上方 0.5m 以上，并留出焊接口。

⑤管道试验用仪表安装完毕，且符合规范要求。

a. 试验用压力计的量程应为试验压力的 1.5～2 倍，其精度不得低于 1.5 级。

b. 压力计及温度记录仪表均不应少于两块，并应分别安装在试验管道的两端。

（2）气压试验

①试验介质为空气，利用空气压缩机向燃气管道内充入压缩空气，借助空气压力来检验管道接口和材质的致密性的试验。

②一般情况下试验压力为设计输气压力的 1.5 倍，但钢管不得低于 0.3MPa，化工管不得低于 0.1MPa。当压力达到规定值后，应稳压 1h，然后用肥皂水对管道接口进行检查，全部接口均无漏气现象认为合格。若有漏气处，可放气后进行修理，修理后再次试验，直至合格。

（3）水压试验

①水压试验时，试验管段任何位置的管道环向应力不得大于管材标准屈服强度的 90%。架空管道采用水压试验前，应核算管道及其支撑结构的强度，必要时应临时加固。试压宜在环境温度 5℃以上进行，否则应采取防冻措施。

②水压试验应符合现行国家标准《液体石油管道压力试验》GB/T 16805 的有关规定。

③试验压力应逐步缓升，首先升至试验压力的 50%，应进行初检，如无泄漏、异常，继续升压至试验压力，然后宜稳压 1h 后，观察压力计不应少于 30min，无压力降为合格。

④水压试验合格后，应及时将管道中的水放（抽）净，并按《城镇燃气输配工程施工及验收规范》CJJ 33 有关规定进行吹扫。

⑤经分段试压合格的管段相互连接的焊缝，经射线照相检验合格后，可不再进行强度试验。

2. 严密性试验

（1）试验前应具备条件

①严密性试验应在强度试验合格且燃气管道全部安装完成后进行。若是埋地敷设，必须回填土至管顶 0.5m 以上后才可进行。

②编制的试验方案已获批准，有可靠的通信系统和安全保障措施，已进行了技术交底。

a. 压力和介质应符合《城镇燃气输配工程施工及验收规范》CJJ 33 有关规定，宜采用气密性试验。

b. 气密性试验是用空气（试验介质）压力来检验在近似于输气条件下燃气管道的管材和接口的致密性。

③试验压力应满足下列要求

a. 设计压力小于 5kPa 时，试验压力应为 20kPa。

b. 设计压力大于或等于 5kPa 时，试验压力应为设计压力的 1.15 倍，且不得小于 0.1MPa。

④试验用的压力计应在校验有效期内，其量程应为试验压力的 1.5～2 倍，其精度等级、最小分格值及表盘直径应满足《城镇燃气输配工程施工及验收规范》CJJ 33 表12.4.2 的要求。

（2）试验

①试验设备向所试验管道充气逐渐达到试验压力，升压速度不宜过快。

②设计压力大于 0.8MPa 的管道试压，压力缓慢上升至 30% 和 60% 试验压力时，应分别停止升压，稳压 30min，并检查系统有无异常情况，如无异常情况继续升压。管内压力升至严密性试验压力后，待温度、压力稳定后开始记录。

③稳压的持续时间应为 24h，每小时记录不应少于 1 次，修正压力降不超过 133Pa 为合格。

④所有未参加严密性试验的设备、仪表、管件，应在严密性试验合格后进行复位，然后按设计压力对系统升压，应采用发泡剂检查设备、仪表、管件及其与管道的连接处，不漏为合格。

3. 管道通球扫线

管道及其附件组装完成并试压合格后，应进行通球扫线，并不少于 2 次。每次吹扫管道长度不宜超过 3km，通球应按介质流动方向进行，以避免补偿器内套筒被破坏，扫线结果可用贴有纸或白布的板置于吹扫口检查，当球后的气体无铁锈脏物则认为合格。通球扫线后，将集存在阀室放散管内的脏物排出，清扫干净。

【案例 4-4】

背景资料

某新建经济技术开发区综合市政配套工程，一期主干道长 2.5km，其下敷设有

$DN1200mm$ 雨水、$DN1000mm$ 污水、$DN500mm$ 给水（钢管）、$DN400mm$ 燃气（钢管）、$DN300mm$ 供热（钢管）等管道工程。计划工期为 2004 年 3 月 1 日至 2004 年 6 月 10 日。由于拆迁拖期、专业管线施工发生质量返工，致使工期延误，6 月 15 日各专业管线才告竣工，使沥青混凝土道路工程处于雨期施工。

问题：

（1）在专业分包选择施工单位时，供热管道施焊单位应具备什么条件？

（2）污水、给水、供热、燃气管道的功能性试验包括什么项目？详述燃气管道工程功能性试验要求。

（3）叙述道路工程雨期施工特点及质量控制要求。

参考答案：

（1）答：

根据《城镇供热管网工程施工及验收规范》CJJ 28 第 5.1.1 条的规定，施焊的单位应符合下列要求：

①有负责焊接工程的焊接技术人员、检查人员和检验人员；

②有符合焊接工艺要求的焊接设备且性能稳定可靠；

③有精度等级符合要求、灵敏度可靠的焊接检验设备；

④保证焊接工程质量达到设计和规范规定的标准。

（2）答：

污水管道：采用闭水检验方法进行管道密闭性检验。

给水管道和供热管道：应进行水压试验。燃气管道：需进行压力试验，分强度试验和气密性试验。

燃气管道工程功能性试验的要求分为：

①强度试验：一般情况下试验压力为设计输气压力的 1.5 倍，但钢管不得低于 0.3MPa，化学管不得低于 0.1MPa。当压力达到规定值后，应稳压 1h，然后用肥皂水对管道接口进行检查，全部接口均无漏气现象认为合格。若有漏气处，可放气后进行修理，修理后再次试验，直至合格。

②气密性试验：气密性试验是用空气压力来检验在近似于输气条件下燃气管道的管材和接口的致密性。气密性试验需在燃气管道全部安装完成后进行，若是埋地敷设，必须回填土至管顶 0.5m 以上后才可进行。气密性试验压力根据管道设计输气压力而定，当设计输气压力 5kPa 时，试验压力为 20kPa；当 $P > 20kPa$ 时，试验压力应为设计压力的 1.15 倍，但不得低于 0.1MPa。气密性试验前应向管道内充气至试验压力。燃气管道的气密性试验持续时间一般不少于 24h，实际压力降不超过允许值为合格。

（3）答：

道路雨期施工特点及质量要求：

①雨期施工准备：

以预防为主，掌握天气预报和施工主动权。

工期安排紧凑，集中力量打歼灭战。

做好排水系统，防、排相结合。

准备好防雨物资，如篷布、罩棚等。

加强巡逻检查，发现积水、挡水处，及时疏通。道路工程如有损坏，应及时修复。

②施工特点及质量控制要求：

土路基：有计划地集中力量，组织快速施工，分段开挖，切忌全面开挖或战线过长。挖方地段要留好横坡，做好截水沟。坚持当天挖完、填完、压完，不留后患。因雨翻浆地段，坚决换料重做。路基填土施工，应按 $2\%\sim4\%$ 以上的横坡整平压实，以防积水。

基层：对稳定材料基层，应坚持拌多少、铺多少、压多少、完成多少。下雨来不及完成时，也要碾压 $1\sim2$ 遍，防止雨水渗透。

面层：沥青面层不允许下雨时或下层潮湿时施工。雨期应缩短施工长度，加强工地现场与沥青拌合厂联系，应做到及时摊铺、及时完成碾压。

### 4.3.3　燃气管道的分类

1. 燃气分类

燃气是以可燃气体为主要组分的混合气体燃料。城镇燃气是指符合国家规范要求的，供给居民生活、公共建筑和工业企业生产作燃料用的公用性质的燃气。主要有人工煤气（简称煤气）、天然气和液化石油气。

2. 燃气管道分类

（1）根据用途分类

①长距离输气管道：其干管及支管的末端连接城市或大型工业企业，作为供应区气源点。

②城市燃气管道：

a. 分配管道：在供气地区将燃气分配给工业企业用户、公共建筑用户和居民用户。分配管道包括街区和庭院的分配管道。

b. 用户引入管：将燃气从分配管道引到用户室内管道引入口处的总阀门。

c. 室内燃气管道：通过用户管道引入口的总阀门将燃气引向室内，并分配到每个燃气用具。

③工业企业燃气管道

a. 工厂引入管和厂区燃气管道：将燃气从城市燃气管道引入工厂，分送到各用气车间。

b. 车间燃气管道：从车间的管道引入口将燃气送到车间内各个用气设备（如窑炉）。

c. 车间燃气管道包括干管和支管。

d. 炉前燃气管道：从支管将燃气分送给炉上各个燃烧设备。

（2）根据敷设方式分类

①地下燃气管道：一般在城市中常采用地下敷设。

②架空燃气管道：在管道通过障碍时在工厂区为了管理维修方便，采用架空敷设。

（3）根据输气压力分类

①燃气管道设计压力不同，对其安装质量和检验要求也不尽相同，燃气管道按压力分为不同的等级，其分类见表4-7（表压力）。

| 低　压 | 中　压 | | 次高压 | | 高　压 | |
|---|---|---|---|---|---|---|
| | B | A | B | A | B | A |
| <0.01 | ≥0.01 ≤0.2 | >0.2 ≤0.4 | >0.4 ≤0.8 | >0.8 ≤1.6 | >1.6 ≤2.5 | >2.5 ≤4.0 |

②高压和中压 A 燃气管道，应采用钢管；中压 B 和低压燃气管道，宜采用钢管或机械接口铸铁管。中、低压地下燃气管道采用聚乙烯管材时，应符合有关标准的规定。

③燃气管道之所以要根据输气压力来分级，是因为燃气管道的气密性与其他管道相比，有特别严格的要求，漏气可能导致火灾、爆炸、中毒或其他事故。燃气管道中的压力越高，管道接头脱开或管道本身出现裂缝的可能性和危险性也越大。当管道内燃气的压力不同时，对管道材质、安装质量、检验标准和运行管理的要求也不同。

④中压 B 和中压 A 管道必须通过区域调压站、用户专用调压站才能给城市分配管网中的低压和中压管道供气，或给工厂企业、大型公共建筑用户以及锅炉房供气。

一般由城市高压 B 燃气管道构成大城市输配管网系统的外环网。高压 B 燃气管道也是给大城市供气的主动脉。高压燃气必须通过调压站才能送入中压管道、高压储气罐以及工艺需要高压燃气的大型工厂企业。

⑤高压 A 输气管通常是贯穿省、地区或连接城市的长输管线，它有时构成了大型城市输配管网系统的外环网。城市燃气管网系统中各级压力的干管，特别是中压以上压力较高的管道，应连成环网，初建时也可以是半环形或枝状管道，但应逐步构成环网。

⑥城市、工厂区和居民点可由长距离输气管线供气，个别距离城市燃气管道较远的大型用户，经论证确系经济合理和安全可靠时，可自设调压站与长输管线连接。除了一些允许设专用调压器的、与长输管线相连接的管道检查站用气外，单个的居民用户不得与长输管线连接。

在确有充分必要的理由和安全措施可靠的情况下，并经有关上级批准之后，城市里采用高压的燃气管道也是可以的。同时，随着科学技术的发展，有可能改进管道和燃气专用设备的质量，提高施工管理的质量和运行管理的水平，在新建的城市燃气管网系统和改建旧有的系统时，燃气管道可采用较高的压力，这样能降低管网的总造价或提高管道的输气能力。

## 4.3.4　燃气管网附属设备安装要点

为了保证管网的安全运行，并考虑到检修、接线的需要，在管道的适当地点设置必要的附属设备。这些设备包括阀门、补偿器、排水器、放散管等。

1. 阀门

（1）阀门特性

①阀门是管道主要附件之一，是用于启闭管道通路或调节管道介质流量的设备。

②阀体的机械强度高，转动部件灵活，密封部件严密耐用，对输送介质的抗腐性强。

③阀体上通常有标志，箭头所指方向即介质的流向，必须特别注意，不得装反。

④要求介质单向流通的阀门有：安全阀、减压阀、止回阀等。

⑤要求介质由下而上通过阀座的阀门：截止阀等，其作用是为了便于开启和检修。

（2）阀门安装要求

①根据阀门工作原理确定其安装位置，否则阀门就不能有效地工作或不起作用。

②从长期操作和维修方面选定安装位置，尽可能方便操作维修，同时还要考虑到组装外形美观。

③阀门手轮不得向下，避免仰脸操作；落地阀门手轮朝上，不得歪斜；在工艺允许的前提下，阀门手轮宜位于齐胸高，以便于启闭；明杆闸阀不要安装在地下，以防腐蚀。

④安装位置有特殊要求的阀门，如减压阀要求直立地安装在水平管道上，不得倾斜。

⑤安装时，与阀门连接的法兰应保持平行，其偏差不应大于法兰外径的 1.5‰，且不得大于 2mm。

⑥严禁强力组装，安装过程中应保证受力均匀，阀门下部应根据设计要求设置承重支撑。

⑦安装前应做气密性试验，不渗漏为合格，不合格者不得安装。

2. 补偿器

（1）补偿器特性

①补偿器作用是消除管段的胀缩应力。

②通常安装在架空管道和需要进行蒸汽吹扫的管道上。

（2）安装要求

①补偿器常安装在阀门的下侧（按气流方向），利用其伸缩性能，方便阀门的拆卸和检修。

②埋地燃气管道多采用钢制波形补偿器，其补偿量约 10mm 左右。

③补偿器安装时注入孔应在下方。为防止补偿器中存水锈蚀，应从套管的注入孔灌入石油沥青。

④补偿器的安装长度，应是螺杆不受力时的补偿器的实际长度，否则不但不能发挥其补偿作用，反使管道或管件受到不应有的应力。

3. 排水器与放散管

（1）排水器

①排水器作用是排除燃气管道中的冷凝水和石油伴生气管道中的轻质油。

②管道敷设时应有一定坡度，以便在低处设排水器，将汇集的水或油排出。

（2）放散管

①放散管是一种专门用来排放管道内部的空气或燃气的装置。

②在管道投入运行时，利用放散管排出管内的空气。在管道或设备检修时，可利用放散管排放管内的燃气，防止在管道内形成爆炸性的混合气体。

4. 阀门井

为保证管网的安全与操作方便，地下燃气管道上的阀门一般都设置在阀门井口。阀门井应坚固耐久，有良好的防水性能，并保证检修时有必要的空间。考虑到检修人员的安全，井筒不宜过深。井筒结构可采用砌筑、现浇混凝土、预制混凝土等结构形式。

# 第5章　生活垃圾填埋处理工程

## 5.1　生活垃圾填埋处理工程施工

### 5.1.1　泥质防水层及膨润土垫（GCL）施工技术

本节简要介绍泥质防水层及膨润土垫（GCL）施工技术要求。

1. 泥质防水层施工

有关规范规定：垃圾填埋场必须进行防渗处理，防止对地下水和地表水的污染，同时还应防止地下水进入填埋区。

泥质防水层施工技术的核心是掺加膨润土的拌合土层施工技术。理论上，土壤颗粒越细，含水量适当，密实度高，防渗性能越好。膨润土是一种以蒙脱石为主要矿物成分的黏土岩，膨润土含量越高抗渗性能越好。但膨润土是一种比较昂贵的矿物，且土壤如果过分加以筛选，会增大投资成本，因此实际做法是：选好土源，检测土壤成分，通过做不同掺量的土样，优选最佳配比；做好现场拌合工作，严格控制含水率，保证压实度；分层施工同步检验，严格执行验收标准，不符合要求的坚决返工。施工单位应根据上述内容安排施工程序和施工要点。

（1）施工程序

一般情况下，泥质防水层施工程序见图 5-1。

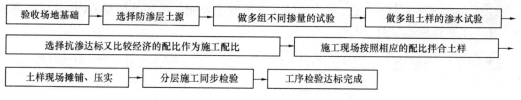

图 5-1　泥质防水层的施工程序

（2）质量技术控制要点

①施工队伍的资质与业绩

选择施工队伍时应审查施工单位的资质：营业执照、专业工程施工许可证、质量管理水平是否符合本工程的要求；从事本类工程的业绩和工作经验；合同履约情况是否良好，不合格者不能施工。通过对施工队伍资质的审核，保证有相应资质、作业能力的施工队伍进行施工。

②膨润土进货质量

应采用材料招标方法选择供货商，审核生产厂家的资质，核验产品出厂三证（产品合格证、产品说明书、产品试验报告单），进货时进行产品质量检验，组织产品质量复验或见证取样，确定合格后方可进场。进场后注意产品保护。通过严格控制，确保关键原材料合格。

③膨润土掺加量的确定

应在施工现场内选择土壤，通过对多组配合土样的对比分析，优选出最佳配合比，达到既能保证施工质量，又可节约工程造价的目的。

④拌合均匀度、含水量及碾压压实度

应在操作过程中确保掺加膨润土数量准确，拌合均匀，机拌不能少于2遍，含水量最大偏差不宜超过2%，振动压路机碾压控制在4～6遍，碾压密实。

⑤质量检验

应严格按照合同约定的检验频率和质量检验标准同步进行，检验项目包括压实度试验和渗水试验两项。

2. 土工合成材料膨润土垫（GCL）施工

（1）土工合成材料膨润土垫（GCL）

①土工合成材料膨润土垫（GCL）是两层土工合成材料之间夹封膨润土粉末（或其他低渗透性材料），通过针刺、粘接或缝合而制成的一种复合材料，主要用于密封和防渗。

②GCL施工必须在平整的土地上进行，对铺设场地条件的要求比土工膜低。GCL之间的连接以及GCL与结构物之间的连接都很简便，并且接缝处的密封性也容易得到保证。GCL不能在有水的地面及下雨时施工，在施工完后要及时铺设其上层结构如HDPE膜等材料。大面积铺设采用搭接形式，不需要缝合，搭接缝应用膨润土防水浆封闭。对GCL出现破损之处可根据破损大小采用撒膨润土或者加铺GCL方法修补。

③GCL在坡面与地面拐角处防水垫应设置附加层，先铺设500mm宽沿拐角两面各250mm后，再铺大面积防水垫。坡面顶部应设置锚固沟，固定坡面防水垫的端部。对于有排水管穿越防水垫部位，应加设GCL防水垫附加层，管周围膨润土妥善封闭。每天防水垫操作后要逐缝、逐点位进行细致检验验收，如有缺陷立即修补。

（2）GCL垫施工流程

GCL垫施工主要包括GCL垫的摊铺、搭接宽度控制、搭接处两层GCL垫间撒膨润土。施工工艺流程参见图5-2。

图5-2 GCL垫铺设工艺流程

（3）质量控制要点

①填埋区基底检验合格，进行GCL垫铺设作业，每一工作面施工前均要对基底进行修整和检验。

②对铺开的GCL垫进行调整，调整搭接宽度，控制在250±50mm范围内，拉平GCL垫，确保无褶皱、无悬空现象，与基础层贴实。

③掀开搭接处上层GCL垫，在搭接处均匀撒膨润土粉，将两垫层间密封，然后将掀开的GCL垫铺回。

④根据填埋区基底设计坡向，GCL垫的搭接，尽量采用顺坡搭接，即采用上压下的搭接方式；注意避免出现十字搭接，而尽量采用品形分布。

⑤GCL垫需当日铺设当日覆盖，遇有雨雪天气应停止施工，并将已铺设的GCL垫覆盖好。

## 5.1.2 聚乙烯（HDPE）膜防渗层施工技术

高密度聚乙烯（HDPE）防渗膜具有防渗性好、化学稳定性好、机械强度较高、气候适应性强、使用寿命长、敷设及焊接施工方便的特点，已被广泛用作垃圾填埋场的防渗膜。

1. 施工基本要求

（1）质量控制

①高密度聚乙烯（HDPE）防渗膜是整个垃圾填埋场工程施工中关键的工序，整个工程的成败取决于防渗层的施工质量。采用 HDPE 膜防渗技术的核心是 HDPE 膜的施工质量。

②HDPE 膜的施工质量的关键环节是 HDPE 膜的产品质量及专业队伍的资质和水平，包括使用机具的有效性、工序验收的严肃性和施工季节的合理性等。

（2）施工程序

详见图 5-3 所示。

2. 施工控制要点

（1）审查施工队伍资质

应审查施工企业的资质：营业执照、特殊工种专业许可证施工范围、质量管理水平是否符合本工程的要求；该企业从事本类工程的业绩和工作经验。履约情况是否良好，不合格者不能施工。

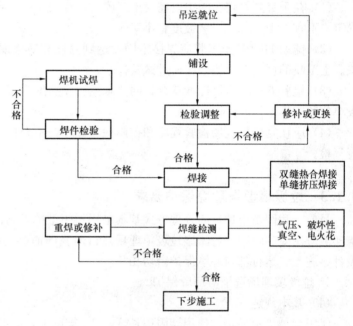

图 5-3　HDPE 膜施工程序

通过对企业的审核，保证由具备相应资质等级的企业进行施工。

（2）施工人员的上岗资格

应审核操作人员的上岗证，确认其上岗资格，相关的技术管理人员（技术人员、专业试验检验人员）能否上岗到位，工人数量是否满足工期要求。通过验证使有资格的操作人员上岗，保证工期和操作质量。

（3）HDPE 膜的进货质量

HDPE 膜的质量是工程质量的关键，应采用招标方式选择供货商，严格审核生产厂家的资质，审核产品三证（产品合格证、产品说明书、产品试验检验报告单）。特别要严格检验产品的外观质量和产品的均匀度、厚度、韧度和强度，进行产品复验和见证取样检验。确定合格后，方可进场，进场应注意产品保护。通过严格控制，确保关键原材料合格，保证工程质量。

（4）施工机具的有效性

应对进场使用的机具进行检查，包括审查须进行强制检验的机具是否在有效期内，机具种类是否齐全，数量是否满足工期需要。不合格的不能进场，种类和数量不齐的应在规定时间内补齐。

（5）施工方案和技术交底

应审核施工方案的合理性、可行性，检查技术交底单内容是否齐全，交底工作是否在施工前落实。通过检查，以保证施工方法科学、可行。操作班组在作业前明确操作方法、步骤、工艺及检验标准。

（6）施工场地及季节

应在施工前验收施工场地，达标后方可施工。HDPE 膜不得在冬期施工。

3. 施工质量控制的有关规定

（1）在垂直高差较大的边坡铺设土工膜时，应设锚固平台，平台高差应结合实际地形确定，不宜大于 10m。边坡坡度宜小于 1∶2。

（2）铺设 HDPE 土工膜应焊接牢固，达到强度和防渗漏要求，局部不应产生下沉现象。土工膜的焊（粘）接处应通过试验检验。

（3）检验方法及质量标准符合合同要求及国家、地方有关技术规程的规定，并经过建设单位和监理单位的确认。

（4）应认真执行现场检验程序和控制检验频率，不合格必须及时返工处理，并认真进行复检。

### 5.1.3 垃圾填埋与环境保护要求

目前，我国城市垃圾的处理方式基本采用封闭型填埋场；垃圾焚烧处理因空气污染影响实际应用受到限制。封闭型垃圾填埋场是目前我国通行的填埋类型。垃圾填埋场选址、设计、施工、运行都与环境保护密切相关。

1. 垃圾填埋场选址与环境保护

（1）基本规定

①因为垃圾填埋场的使用期限很长，达 10 年以上，因此应该慎重对待垃圾填埋场的选址，注意其对环境产生的影响。

②垃圾填埋场的选址，应考虑地质结构、地理水文、运距、风向等因素，位置选择得好，直接体现在投资成本和社会环境效益上。

③垃圾填埋场选址应符合当地城乡建设总体规划要求，符合当地的大气污染防治、水资源保护、自然保护等环保要求。

（2）标准要求

①垃圾填埋场必须远离饮用水源，尽量少占良田，利用荒地和当地地形。一般选择在远离居民区的位置，填埋场与居民区的最短距离为 500m。

②生活垃圾填埋场应设在当地夏季主导风向的下风向。填埋场的运行会给当地居民生活环境带来种种不良影响，如垃圾的腐臭味道、噪声、轻质垃圾随风飘散、招引大量鸟类等。

③填埋场垃圾运输、填埋作业、运营管理必须严格执行相关规范规定。

（3）生活垃圾填埋场不得建在下列地区

①国务院和国务院有关主管部门及省、自治区、直辖市人民政府划定的自然保护区、

风景名胜区、生活饮用水源地和其他需要特别保护的区域内。

②居民密集居住区。

③直接与航道相通的地区。

④地下水补给区、洪泛区、淤泥区。

⑤活动的坍塌地带、断裂带、地下蕴矿带、石灰坑及熔岩洞区。

2. 垃圾填埋场建设与环境保护

（1）有关规范规定

①封闭型垃圾填埋设计概念要求严格限制渗滤液渗入地下水层中，将垃圾填埋场对地下水的污染减小到最低限度。

②有关规范规定：填埋场必须进行防渗处理，防止对地下水和地表水的污染，同时还应防止地下水进入填埋区。填埋场内应铺设一层到两层防渗层，安装渗滤液收集系统、设置雨水和地下水的排水系统，甚至在封场时用不透水材料封闭整个填埋场。

（2）填埋场防渗与渗滤液收集

发达国家的相关技术规范对防渗做出了十分明确的规定，填埋场必须采用水平防渗，并且生活垃圾填埋场必须采用 HDPE 膜和黏土矿物相结合的复合系统进行防渗。我国现行的填埋技术规范中也有技术规定。

（3）渗滤液处理

生活垃圾填埋场的渗滤液无法达到规定的排放标准，需要进行处理后排放。但在暴雨的时候因渗滤液超出处理能力而直接排放，严重污染环境。垃圾填埋场渗滤液对环境污染日益引起人们的关注。

（4）填埋气体

发达国家禁止填埋气体直接排入大气，规定填埋气体必须进行回收利用，无回收利用价值的则需集中收集燃烧排放。我国目前填埋气体大都直接排入大气，缺乏回收利用。这种自然排放的方式对大气以及周边的环境都造成了危害。

3. 防渗系统施工质量与环境保护

（1）垃圾填埋场填埋区结构

设置在垃圾卫生填埋场填埋区中的渗滤液防渗系统和收集导排系统，在垃圾卫生填埋场的使用期间和封场后的稳定期限内，起到将垃圾堆体产生的渗滤液屏蔽在防渗系统上部，通过收集导排系统和导入处理系统实现达标排放的重要作用。

垃圾卫生填埋场填埋区工程的结构层次从上至下主要为渗沥液收集导排系统、防渗系统和基础层。系统结构形式如图 5-4 所示。

目前，垃圾卫生填埋场防渗系统主流设计采用 HDPE 膜为主防渗材料，与辅助防渗材料和保护层共同组成防渗系统。垃圾卫生填埋场的防渗系统、收集导排系统施工工艺是填埋场工程的技术关键，其施工质量是工程质量控制的主要工序。最大限度地减少因施工原因造成的防渗层渗漏，避免污染地下水水源，减少环境保护成本，是工程施工项目的目标。

（2）防渗系统施工

针对 HDPE 膜受气温变化易于发生缩胀，在后续收集导排系统施工中形成鼓包、死褶等现象，在施工过程中，如何采用合理的施工方法，既避免或减少后续施工对主防渗材

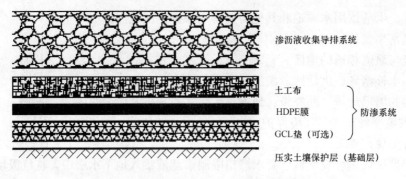

图 5-4 渗沥液防渗系统、收集导排系统断面示意图

料造成的不良影响，又能快捷优质地组织施工是一个值得研究的施工技术问题。

（3）防渗层施工质量检验

为确保防渗层完好无损和有效地检测渗漏，必须在每层施工过程中严格控制。垃圾卫生填埋场建成后需验证防渗系统效果。通常在填埋场的影响范围内设置一定数量的水质检测井。将填埋场投入使用前的地下水质水样作为本底值，与以后使用过程中检测的水样进行比较，以便验证处置效果和对环境（主要是地下水）的影响。

# 5.2 施 工 测 量

## 5.2.1 场区控制测量

本节以垃圾填埋场工程为主，简要介绍市政公用工程场（厂）站施工的控制测量要点。

1. 开工前测量工作

（1）准备工作

①开工前应结合设计文件、施工组织设计，提前做好工程施工过程中各个阶段的工程测量的各项内业计算准备工作，并依内业准备进行施工测量。

②对测量仪器、设备、工具等进行符合性检查，确认符合要求。严禁使用未经计量检定或超过检定有效期的仪器、设备、工具。

③根据填埋场建（构）筑物特点及设计要求的施工精度、施工方案，编制工程测量方案。

④办理桩点交接手续。桩点应包括：各种基准点、基准线的数据及依据、精度等级。施工单位应进行现场踏勘、复核。

⑤开工前应对基准点、基准线和高程进行内业、外业复核。复核过程中发现不符或与相邻工程矛盾时，应向建设单位提出，进行查询，并取得准确结果。

（2）施工控制网方案

①根据填埋场建（构）筑物特点及设计要求的施工精度、施工方案，编制工程测量方案。宜利用原区域内的平面与高程控制网，作为建（构）筑物定位的依据。当原区域内的控制网不能满足施工测量的技术要求时，应在利用原设计网点基础上加密或重新布设控制网点。

②应在合同规定的时间期限内，向建设单位提供施工测量复测报告，经监理工程师批准后方可根据工程测量方案建立施工测量控制网，进行工程测量。

2. 场区施工平面控制网

（1）施工平面控制网应符合下列规定

①坐标系统应与工程设计所采用的坐标系统相同。

②当利用原有的平面控制网时，应进行复测，其精度应符合需要；投影所引起的长度变形，不应超过 1/40000。

③当原有控制网不能满足需要时，应在原控制网的基础上适当加密控制点。控制网的等级和精度应符合下列规定：

a. 场地大于 1km² 或重要工业区，宜建立相当于一级导线精度的平面控制网。

b. 场地小于 1km² 或一般性建筑区，应根据需要建立相当于二、三级导线精度的平面控制网。

（2）平面控制网布设

①厂站建（构）筑物的平面控制网宜布置成建筑方格网、导线网、三边网或三角网。建筑方格网的主要技术要求，应符合表 5-1 的规定。

建筑方格网的主要技术要求 　　　　　表 5-1

| 等　级 | 边长（m） | 测角中误差（"） | 边长相对中误差 |
| --- | --- | --- | --- |
| Ⅰ级 | 100～300 | 5 | ≤1/30000 |
| Ⅱ级 | 100～300 | 8 | ≤1/20000 |

②高程控制网，应布设成闭合环线、闭合路线或结点网形。高程测量的精度，不宜低于三等水准的精度。

③水准点的间距，宜小于 1km。水准点距离建（构）筑物不宜小于 25m；距离填土边线不宜小于 15m。建（构）筑物高程控制的水准点，可单独埋设在建（构）筑物的平面控制网的标桩上，也可利用场地附近的水准点，其间距宜在 200m 左右。

④施工中使用的临时水准点与栓点，宜引测至现场既有建（构）筑物上，引测点的精度不得低于原有水准点的等级要求。

⑤矩形建（构）筑物应据其轴线平面图进行施工各阶段放线；圆形建（构）筑物应据其圆心施放轴线、外轮廓线。

3. 测量作业

①供施工测量用的控制桩，应注意保护，经常校测，保持准确。雨后、春融期或受到碰撞、遭遇损害，应及时校测。

②从事工程测量的作业人员，应经专业培训、考核合格，持证上岗。

③测量记录应按规定填写并按编号顺序保存。测量记录应字迹清楚、规整，严禁擦改，并不得转抄。

④应建立测量复核制度。

## 5.2.2　竣工图编绘与实测

本节以垃圾填埋场工程为主，简要介绍市政公用工程场（厂）站竣工图测绘与实测要点。

1. 竣工测量

（1）基本要求

①竣工测量应以工程施工中有效的测量控制网点为依据进行测量。控制点被破坏时，应在保证施测细部点的精度下进行恢复。

②对已有的资料应进行实地检测，其允许偏差应符合国家现行有关施工验收规范的规定。

（2）场区与建（构）筑物竣工测量

①场区道路工程竣工测量包括中心线位置、高程、横断面形式、附属构筑物和地下管线的实际位置（坐标）、高程。

②新建地下管线竣工测量应在覆土前进行。当不能在覆土前施测时，应在覆土前设置管线待测点并将设置的位置准确地引到地面上，作好栓点标记。新建管线应按有关规定完成地下管线探查记录表。

③场区建（构）筑物竣工测量，如渗滤液处理设施和泵房等，对矩形建（构）筑物应注明2点以上坐标，圆形建（构）筑物应注明中心坐标及接地外半径；建（构）筑物室内地坪标高；构筑物间连接管线及各线交叉点的坐标和标高。

④应将场区设计或合同规定的永久观测坐标及其初始观测成果，随竣工资料一并移交建设单位。

⑤竣工测量采集的数据应符合有关规范关于数据入库的要求。

⑥测绘结果应在竣工图中标明。

2. 竣工图

（1）基本要求

①市政公用工程竣工图应包括与施工图（及设计变更）相对应的全部图纸及根据工程竣工情况需要补充的图纸。

②各专业竣工图应符合规范标准以及合同文件规定。

③竣工总图编绘完成后，应经原设计及施工单位技术负责人审核、会签。

（2）竣工图测绘

①竣工图的比例尺，宜选用1∶500；坐标系统、标记、图例符号应与原设计图一致。

②竣工图应根据施工检测记录绘制和对竣工工程现场实测其位置、高程及结构尺寸等。

③竣工总图应根据设计和施工资料进行编绘。

④当资料不全无法编绘时，应进行实测。对实测的变更部分，应按实测资料绘制。

⑤当平面布置改变超过图上面积1/3时，不宜在原施工图上修改和补充，应重新绘制竣工图。

# 第二篇　市政公用工程项目施工管理

# 第6章　市政公用工程施工招标投标管理

## 6.1　市政公用工程施工招标投标管理要求

市政公用工程施工招标投标管理基本上与建筑工程相同，但仍有其独特之处；本节简要介绍市政公用工程施工招标投标具体的管理要求。

### 6.1.1　招标投标文件编制原则与依据

1. 编制原则

（1）应按《招标投标法》、《施工招标投标管理办法》的有关规定和地方政府有关规定和要求编制。

（2）招标文件（资格预审文件）内容应全面、条件合理、标准明确、文本规范，以最大限度地减少招投标和合同履行过程中产生的矛盾、争议和纠纷，保证招投标工作的顺利进行。

（3）依法公开招标的工程，应本着严格、准确的原则，依据《建设工程工程量清单计价规范》的规定编制清单或计价。

2. 招标依据

（1）政府关于项目批准建设文件，包括可行性研究报告的批复、项目初步设计的批复。

（2）项目业主、建设资金已落实。

（3）招标人及招标计划已批复。

（4）招标条件已具备。

3. 投标依据

（1）招标商务条款的规定、国家规范标准。

（2）招标的技术要求和技术标准规范。

（3）工程设计图纸、设计文件及相关资料。

（4）招标文件、工程量清单及其补充通知（资料）、答疑纪要。

（5）市场价格信息或工程造价管理机构发布的工程造价信息。

### 6.1.2　招标文件主要内容

商务部分或投标须知

1. 招标内容（工程项目概况）

（1）工程范围、线路、工程量（标号、数量）及主要设计（技术标准）。

（2）资金来源：政府资金、企业投资等。

（3）有关单位：设计、监理咨询等与所招标工程有关系的单位。

（4）开竣工时间及工程预计工期。

2. 招标与评标

（1）招标：公开招标（招标公告）或邀请投标；招标文件发售、发售时间、发售地点；现场踏勘，招标文件澄清（补遗或答疑）；招标日程安排、时间、地点。

（2）开标：是否组织投标预备会；投标文件递交人员要求、投递方式；开标时间、地点。

（3）评标：公开或保密评标方式，最低标价法或综合最优标价法等定标原则和办法。

3. 资格审查和初步评审

对投标人的资格审查已按下列条件采取资格先（预）审或后审的方式。当投标报名人多时，可采用资格先审方式确定投标人。

（1）具有独立法人资格，具有所招标工程经验；ISO9000 质量管理等体系认证要求。

（2）近三年工程业绩，并提供相关证明材料；履约能力（质量、服务）评价意见；最近两（几）年企业经济状况。

（3）注册资本金要求或拥有相应的配套生产设备。

（4）是否接受联合体投标。

（5）投标担保：投标保证金或投标保函方式。

4. 评审评分标准

（1）经济标（工程报价）：以标底为依据，量化分值与权重；但每部分权重不能大于60%。

（2）商务标：项目部人员配置、设备配置、类似业绩、履约能力和质量管理体系。

（3）技术标：标书响应、施工组织设计、方案选择、管理体系和安全、质量、文明施工和环境保护等措施。技术标评审宜采用暗标形式。

## 6.1.3 投标文件主要内容

1. 投标文件组成

通常由经济部分、商务部分和技术部分等组成。

（1）经济部分主要是投标报价。

（2）商务部分包括可以证明企业和项目部组成人员的材料，如资质证书、营业执照、组织机构代码、税务登记征、企业信誉业绩奖励以及授权委托人、公证书、法人代表证明文件、项目部负责人证明文件。

（3）技术部分主要包括施工方案和施工组织设计及施工组织部署等。

有的工程项目将经济部分与商务部分合并，称为"商务标"。

2. 投标文件应包括主要内容

（1）商务部分

①投标函及投标函附录；

②法定代表人身份证明或附有法定代表人身份证明的授权委托书；

③联合体协议书；

④投标保证金；

⑤资格审查资料；

⑥投标人须知前附表规定的其他材料。

投标人须知前附表规定不接受联合体投标的，或投标人没有组成联合体的，投标文件不包括上述③所指的联合体协议书。

（2）经济部分

①投标报价；

②已标价的工程量；

③拟分包项目情况。

（3）技术部分

①施工组织设计、施工方案、专项方案；

②项目管理机构及保证体系；

③工作程序与保证措施；

④应附下列图表

a. 拟投入本项目的主要施工设备表；

b. 拟配备本项目的试验和检测仪器设备表；

c. 劳动力计划表；

d. 计划开、竣工日期和施工进度网络图（或横道图）；

e. 施工总平面图（现场临时设施布置图表并附文字说明，说明临时设施、加工车间、现场办公、设备及仓储、供电、供水、卫生、生活、道路、消防等设施的情况和布置）；

f. 临时用地表。

## 【案例 6-1】

背景资料：

某市政工程项目由政府投资建设，建设单位委托某招标代理公司代理施工招标。招标代理公司确定该项目采用公开招标方式招标，招标公告仅在当地政府规定的招标信息网上发布，招标文件对省内的投标人与省外的投标人提出了不同的要求。招标文件中规定：投标担保可采用投标保证金或投标保函方式担保。评标方法采用经评审的最低投标价法，投标有效期为 60d。

项目施工招标信息发布以后，共有 12 个潜在投标人报名参加投标。为减少评标工作量，建设单位要求招标代理公司对潜在投标人的资质条件、业绩进行资格审查后确定 5 家为投标人。

开标后发现：A 投标人的投标报价为 8000 万元，为最低投标价。B 投标人在开标后又提交了一份补充说明，可以降价 5%。C 投标人提交的银行投标保函有效期为 50d。D 投标人投标文件的投标函盖有企业及企业法定代表人的印章，没有项目负责人的印章。E 投标人与其他投标人组成了联合体投标，附有各方资质证书，没有联合体共同投标协议书。F 投标人的投标报价最高，故 F 投标人在开标后第二天撤回其投标文件。

经过标书评审：A 投标人被确定为第一中标候选人。发出中标通知书后，招标人和 A 投标人进行合同谈判，希望 A 投标人能再压缩工期、降低费用。经谈判后双方达成一致：

不压缩工期，降价 3%。

问题：

（1）本工程项目招标公告和招标文件有无不妥之处？给出正确做法。

（2）建设单位要求招标代理公司对潜在投标人进行资格审查是否正确？为什么？

（3）A、B、C、D、E 投标人投标文件是否有效？F 投标人撤回投标文件的行为应如何处理？

（4）项目施工合同如何签订？合同价格应是多少？

参考答案：

（1）答：

"招标公告仅在当地政府规定的招标信息网上发布"不妥，公开招标项目的招标公告，必须在指定媒介发布，任何单位和个人不得非法限制招标公告的发布地点和发布范围。

"对省内的投标人与省外的投标人提出了不同的要求"不妥，公开招标应当平等地对待所有的投标人，不允许对不同的投标人提出不同的要求。

（2）答：

"建设单位提出的仅对潜在投标人的资质条件、业绩进行资格审查"不正确。因为资质审查的内容还应包括：①信誉；②技术；③拟投入人员；④拟投入机械；⑤财务状况等。

（3）答：

A 投标人的投标文件有效。

B 投标人的投标文件（或原投标文件）有效。但补充说明无效，因开标后投标人不能变更（或更改）投标文件的实质性内容。

C 投标人投标文件无效，因投标保函有效期小于投标有效期。

D 投标人投标文件有效。

E 投标人投标文件无效。因为组成联合体投标的，投标文件应附联合体各方共同投标协议。

F 投标人的投标文件有效。

对 F 单位撤回投标文件的要求，应当没收其投标保证金。因为，投标行为是一种要约，在投标有效期内撤回其投标文件的，应当视为违约行为。

（4）答：

该项目应自中标通知书发出后 30 日内按招标文件和 A 投标人的投标文件签订书面合同，双方不得再签订背离合同实质性内容的其他协议。合同价格应为 8000 万元。

# 6.2 市政公用工程施工投标条件与程序

本节简要介绍市政公用工程施工投标条件、基本程序、方法和策略。

## 6.2.1 投标条件及投标前准备工作

1. 投标人基本条件

（1）应具备承担招标项目的能力，即投标人应具备法律法规规定的资质等级。

（2）应符合招标文件对投标人的资格条件规定的条件，主要有：①具有招标条件要求的资质证书，并为独立的法人实体；②近三年承担过类似工程项目施工，并有良好的工程业绩和履约记录；③财产状况良好，没有经济方面的亏损或违法行为；④近几年没有发生重大质量、特大安全事故。

（3）应能真实、完整地填报投标文件。

2. 投标前准备工作

（1）投标人在编制投标书前应仔细研究和正确理解招标文件的全部内容。投标文件应当对招标文件有关工期、投标有效期、质量要求、技术标准和要求、招标范围等实质性内容做出响应。切勿对招标文件要求进行修改或提出保留意见。

（2）投标文件必须严格按照招标文件的规定编写，填写表格时应根据招标文件的要求，否则在评标时就认为放弃此项要求。重要的项目或数字，如质量等级、价格、工期等如未填写，将作为无效或作废的投标文件处理。

（3）投标报价应按招标文件中要求的计价方法和各种因素计算，并按招标文件的要求提供担保。

（4）投入本项目的主要人员简历及所需证明材料（证件复制件）应满足招标文件的要求，并应承诺本项目的主要人员是真实的。

## 6.2.2 标书编制程序

1. 准备工作

（1）要熟悉图纸和设计说明，不明确的地方要向招标人质疑。

（2）有必要时应踏勘现场，了解实地情况，作为编制施工方案、措施项目、计算风险费用等相关费用的依据。

（3）了解招标文件规定的招标范围，材料、半成品和设备的加工订货情况，工程质量和工期的要求，物资供应方式等；应仔细研究和正确理解招标文件的全部内容，明确招标文件中要求的计价方法和要求。

（4）对工程使用的材料、设备进行询价。询价是投标工作的重要基础。投标时除应注意参考定额站的信息价格外，更重要的是实际询价，调查当地市场价。询价的主要内容应包括：材料市场价、当地人工的行情价、机械设备的租赁价、分部分项工程的分包价等。必须根据当时当地的市场情况、材料供求情况和材料价格情况，采用当地的定额标准、当地的相关费用标准、当地的相关政策和规定等确定报价中使用的价格数据，才能使报价具有竞争力。

2. 技术标书编制

（1）编制施工组织设计。必须满足招标文件的工期、质量、安全等方面的要求，做出实质性响应。重点是施工进度安排及施工工艺选择。要仔细分析招标项目的特点、施工条件，考虑企业自身的优势和劣势；投标人在类似工程施工中有丰富经验和良好的业绩，应在施工部署、进度安排和施工方法上充分显示自身实力。

（2）选择施工方案和工艺，编制关键分项工程的施工方案和危险性较大的分部分项工程施工专项方案，确定技术、质量、安全文明施工和环境保护等方面措施。

（3）确定项目部组成和管理体系，编制各项保证计划及措施。

（4）应依据企业所提供的资源，确定现场临时设施及环境保护、文明安全施工、材料二次搬运等方案。

（5）应依据工程进度，编制各项资源需求计划。

（6）制定交通导行方案和现场平面布置图。

3. 计算报价

（1）依据招标文件、设计图纸、施工组织设计、市场价格、相关定额及计价方法进行仔细的分析与计算。

（2）应根据招标文件中提供的相关说明和施工图，重新核对工程数量，并根据核对的工程数量确定报价；工程量清单给出的数量只是工程实体的数量，在组价的过程中还需计算施工中所增加的数量，合理的组价必须计算工程数量。

（3）分部分项工程费应按招标文件中分部分项工程量清单项目的特征描述确定综合单价计算。综合单价应考虑招标文件中要求投标人承担的风险费用。招标文件中提供了暂估单价的材料，按暂估的单价计入综合单价。

（4）措施项目清单可作调整。通常招标单位只列出措施费项目或不列项目，投标人应分析研究清单项目，采取必要措施降低投标报价风险。投标人对招标文件中所列项目，可根据企业自身特点和工程实际情况结合施工组织设计对招标人所列的措施项目作适当的增减。

（5）材料和设备单价应按照招标人在招标控制价的其他项目费中相应列出的单价，计入相应清单项目的综合单价；专业工程价款应按照招标人在招标控制价的其他项目费中相应列出的金额计算。计日工按招标人在其他项目清单中列出的项目和数量，自主确定综合单价并计算计日工费用；暂列金额应按照招标人在招标控制价的其他项目费中相应列出的金额计算，不得修改和调整。

（6）投标人应按招标人提供的工程量清单填报价格。填写的项目编码、项目名称、项目特征、计量单位、工程量必须与招标人提供的一致。

（7）计算得到报价后，根据掌握的有关信息和市场的动态分析，进行必要的调整，最后确定报价。当招标人不设拦标价时，投标人必须在分析竞争对手的基础上，进行测算后决定报价，以期获得较理想的投标结果。

4. 投标报价策略

（1）投标策略是投标人经营决策的组成部分，从投标的全过程分析主要表现有生存型、竞争型和盈利型。

（2）组价后还可采取投标报价技巧，以既不提高总价、不影响中标，又能获得较好的经济回报为原则，调整内部各个项目的报价。

（3）在保证质量、工期的前提下，在保证预期的利润及考虑一定风险的基础上确定最低成本价，在此基础上采取适当的投标技巧可以提高投标文件的竞争性。最常用的投标技巧是不平衡报价法，还有多方案报价法、突然降价法、先亏后盈法、许诺优惠条件、争取评标奖励等。

### 6.2.3 标书递交

1. 标书制作

（1）投标文件编制完成后应反复核对，应尽量避免涂改、行间插字或删除。

（2）投标文件打印复制后，由投标的法定代表人或其委托代理人签字或盖单位章。签字或盖章的具体要求见投标人须知前附表，包括加盖公章、法人代表签字、造价人员签字盖专用章以及按招标文件要求的密封标志等。

（3）投标文件的正本与副本应分别装订成册，并编制目录，具体装订要求见投标人须知前附表规定。投标文件的正本与副本应分开包装，封套上应清楚地标记"正本"或"副本"字样。投标文件正本一份，副本份数见投标人须知前附表。

（4）按要求对投标文件密封。对投标文件进行密封既是保护投标人的权利又是保护招标人的基本要求。

2. 标书递交

（1）按照招标文件规定，递交投标文件。

（2）参加开标的授权委托人应携带授权委托书、身份证原件和复制件。

# 第7章 市政公用工程造价管理

## 7.1 施工图预算的应用

建设项目施工图预算（以下简称施工图预算）是建设工程项目招投标和控制施工成本的重要依据。本节简要介绍施工项目应掌握的施工图预算及其应用要点。

### 7.1.1 施工图预算组成

1. 施工图预算的种类

（1）建设项目施工图总预算是反映施工图设计阶段建设项目投资总额的造价文件，是施工图预算文件的主要组成部分，由组成建设项目的各个单项工程综合预算和相关费用组成。

（2）单项工程综合预算是反映施工图设计阶段一个单项工程（设计单元）造价的文件，是总预算的组成部分，由构成该单项工程的各个单位工程施工图预算组成。

（3）单位工程施工图预算是依据单位工程施工图设计文件、现行预算定额以及人工、材料和施工机械台班价格等，按照规定的计价方法编制的工程造价文件。单位工程预算包括建筑工程预算和安装工程预算。建筑工程施工图预算是建筑工程各专业单位工程施工图预算的总称，按其工程性质分为一般土建工程预算、建筑安装工程预算、构筑物工程预算等。

2. 施工图预算编制形式与组成

（1）当建设项目有多个单项工程时，应采用三级预算编制形式，三级预算编制形式由建设项目施工图总预算、单项工程综合预算、单位工程施工图预算组成。

（2）当建设项目只有一个单项工程时，应采用二级预算编制形式，二级预算编制形式由建设项目施工图总预算和单位工程施工图预算组成。

### 7.1.2 施工图预算的编制方法

1. 施工图预算的计价模式

（1）定额计价模式，又称为传统计价模式，是采用国家主管部门或地方统一规定的定额和取费标准进行工程计价来编制施工图预算的方法。市政公用工程多年来一直使用定额计价模式，取费标准依据《全国统一市政工程预算定额》和地方统一的市政预算定额。一些大型企业还自行编制企业内部的施工定额，以提升企业的管理水准。

（2）工程量清单计价模式是指按照国家统一的工程量计算规则，工程数量采用综合单价的形式计算工程造价的方法。计价主要依据是市场价格和企业的定额水平，与传统计价模式相比，计价基础比较统一，在很大程度上给了企业自主报价的空间。

2. 施工图预算编制方法

（1）工料单价法是指分部分项工程单价为直接工程费单价，直接工程费汇总后另加其他费用，形成工程预算价。具体可分成预算单价法、实物法。预算单价法取费依据是《全国统一市政预算定额》和地方统一的市政预算定额。实物法是依据施工图纸和预算定额的项目划分及工程量计算规则，先计算出分部分项工程量，然后套用预算定额（实物量定额）编制施工图预算的方法；但分部分项工程中工料单价应依据市场价格计价。

（2）综合单价法是指分部分项工程单价综合了直接工程费以外的多项费用，依据综合内容不同，还可分为全费用综合单价和部分费用综合单价。我国目前推行的建设工程工程量清单计价其实就是部分费用综合单价，单价中未包括措施费、规费和税金。所以在工程施工图预算编制中必须考虑这部分费用在计价、组价存在的风险。

### 7.1.3 施工图预算与工程应用

1. 招投标阶段

（1）施工图预算是招标单位编制标底的依据，也是工程量清单编制依据；掌握施工图预算组成和编制是市政公用工程实行 BOT 或 BT 总承包模式进行工程项目造价控制与管理的基础。

（2）施工图预算造价是施工单位投标报价的依据。投标报价时应在分析企业自身优势和劣势的基础上进行报价，以便在激烈的市场竞争中赢得工程项目。

2. 工程实施阶段

（1）施工图预算在施工单位进行工程项目施工准备和编制实施性施工组织设计时，提供重要的参考作用。

（2）施工图预算是施工单位进行成本控制的依据，也是项目部进行成本目标控制的主要依据。

（3）施工图预算也是工程费用调整的依据。工程预算批准后，一般情况下不得调整。在出现重大设计变更、政策性调整及不可抗力等情况时可以调整。调整预算编制深度与要求、文件组成及表格形式同原施工图预算。调整预算还应对工程预算调整的原因做详尽分析说明，所调整的内容在调整预算总说明中要逐项与原批准预算对比，并编制调整前后预算对比表，分析主要变更原因。在上报调整预算时，应同时提供有关文件和调整依据。

# 7.2 市政公用工程工程量清单计价的应用

《建设工程工程量清单计价规范》GB 50500（以下简称《清单计价规范》），于 2003 年 7 月 1 日起颁布实施，并于 2008 年修订出版 GB 50500—2008，2013 年 7 月 1 日起执行 GB 50500—2013 版。本条介绍了工程量清单计价在市政公用工程中的应用。

## 7.2.1 工程量清单计价有关规定

（1）使用国有资金投资的建设工程发承包，必须采用工程量清单计价。非国有资金投资的建设工程，宜采用工程量清单计价。

（2）《清单计价规范》适用于建设工程发承包及实施阶段的计价活动。建设工程发承包及实施阶段的计价活动包括：工程量清单编制、招标控制价编制、投标报价编制、工程合同价款的约定、工程施工过程中工程计量与合同价款的支付、索赔与现场签证、合同价款的调整、竣工结算的办理和合同价款争议的解决以及工程造价鉴定等活动，涵盖了工程建设发承包以及施工阶段的整个过程。

（3）《清单计价规范》规定建设工程发承包及实施阶段的工程造价由分部分项工程费、措施项目费、其他项目费、规费和税金组成。

①工程量清单应采用综合单价计价。综合单价是完成一个规定计量单位的分部分项工程量清单项目或措施清单项目所需的人工费、材料和工程设备费、施工机具使用费和企业管理费、利润，以及一定范围内的风险费用。

②招标文件中的招标工程量清单标明的工程量是投标人投标报价的共同基础，竣工结算的工程量按发、承包双方在合同中约定已标价工程量清单且实际完成的工程量确定。

③措施项目清单计价，可以计算工程量的措施项目按分部分项工程量清单的方式采用综合单价计价；其余的措施项目可以"项"为单位的方式计价，应包括除规费、税金外的全部费用。

④措施项目中的安全文明施工费必须按照国家或省级、行业建设主管部门的规定计算，不得作为竞争性费用。

⑤规费和税金必须按国家或省级、行业建设主管部门的规定计算，不得作为竞争性费用。

### 7.2.2　工程量清单计价与工程应用

1. 投标阶段

（1）招标人提供的招标工程量清单必须明确清单项目的设置情况，除明确说明各个清单项目的名称，还应阐释各个清单项目的特征和工程内容，以保证清单项目设置的特征描述和工程内容没有遗漏，也没有重叠。

（2）招标人提供的招标工程量清单中必须列出各个清单项目的工程数量，这也是工程量清单招标与定额招标之间的一个重大区别。工程量清单报价为投标人提供一个平等竞争的条件，相同的工程量，由企业根据自身的实力来填报不同的单价，使得投标人的竞争完全属于价格的竞争，其投标报价应反映出企业自身的技术能力和管理能力。

（3）招标工程量清单与计价表中列明的所有需要填写单价和合价的项目，投标人均应填写且只允许有一个报价。未填写单价和合价的项目，视为此项费用已包含在已标价工程量清单中其他项目的单价和和合价之中。当竣工结算时，此项目不得重新组价予以调整。

（4）投标人经复核认为招标人公布的招标控制价未按照《清单计价规范》的规定编制的，应在招标控制价公布后 5d 内向招标投标监督机构或（和）工程造价管理机构投诉。

（5）招标工程以投标截止日前 28d，非招标工程以合同签订前 28d 为基准日，其后国家的法律、法规、规章和政策发生变化影响工程造价的，应按省级或行业建设主管部门或其授权的工程造价管理机构发布的规定调整合同价款。

2. 工程实施阶段

（1）施工中进行工程计量，当发现招标工程量清单中出现缺项、工程量偏差，或因工程变更引起工程量增减时，应按承包人在履行合同义务过程中完成的工程量计算。

（2）承包人应按照发包人提供的设计图纸实施合同工程，若在合同履行期间出现设计图纸（含设计变更）与招标工程量清单任一项目的特征描述不符，且该变化引起该项目工程造价增减变化的，应按照实际施工的项目特征，按计价规范第 9.3 节相关条款的规定重新确定相应工程量清单项目的综合单价，并调整合同价款。

（3）因工程变更引起已标价工程量清单项目或其工程数量发生变化时，应按照下列规定调整：

①已标价工程量清单中有适用于变更工程项目的，应采用该项目的单价；但当工程变更导致该清单项目的工程数量发生变化，且工程量偏差超过 15％时，该项目单价应按计价规范第 9.6.2 条的规定调整。

②已标价工程量清单中没有适用但有类似于变更工程项目的，可在合理范围内参照类似项目的单价。

③已标价工程量清单中没有适用也没有类似于变更工程项目的，应由承包人根据变更工程资料、计量规则和计价办法、工程造价管理机构发布的信息价格和承包人报价浮动率提出变更工程项目的单价，并应报发包人确认后调整。

承包人报价浮动率可按下列公式计算：

招标工程：承包人报价浮动率 $L＝（1－中标价/招标控制价）×100％$；

非招标工程：承包人报价浮动率 $L＝（1－报价值/施工图预算）×100％$。

④已标价工程量清单中没有适用也没有类似于变更工程项目，且工程造价管理机构发布的信息价格缺价的，应由承包人根据变更工程资料、计量规则、计价办法和通过市场调查等取得有合法依据的市场价格提出变更工程项目的单价，并应报发包人确认后调整。

（4）工程变更引起施工方案改变并使措施项目发生变化时，承包人提出调整措施项目费的，应事先将拟实施的方案提交发包人确认，并应详细说明与原方案措施项目相比的变化情况。拟实施的方案经发承包双方确认后执行，并应按照下列规定调整措施项目费：

①安全文明施工费应按照实际发生变化的措施项目，按照国家或省级、行业建设主管部门的规定计算。

②采用单价计算的措施项目费，应按照实际发生变化的措施项目，按计价规范第 9.3.1 条的规定确定单价。

③按总价（或系数）计算的措施项目费，按照实际发生变化的措施项目调整，但应考虑承包人报价浮动因素，即调整金额按照实际调整金额乘以规范第 9.3.1 条规定的承包人报价浮动率计算。如果承包人未事先将拟实施的方案提交给发包人确认，则应视为工程变更不引起措施项目费的调整或承包人放弃调整措施项目费的权利。

（5）当发包人提出的工程变更因非承包人原因删减了合同中的某项原定工作或工程，致使承包人发生的费用或（和）得到的收益不能被包括在其他已支付或应支付的项目中，也未被包含在任何替代的工作或工程中时，承包人有权提出并应得到合理的费用及利润补偿。

（6）对于任一招标工程量清单项目，当应予计算的实际工程量与其出现偏差和工程变更等原因导致工程量偏差超过 15％时，可进行调整。当工程量增加 15％以上时，增加部分的工程量的综合单价应予调低；当工程量减少 15％以上时，减少后剩余部分的工程量的综合单价应予调高。

（7）当工程量出现计价规范第9.6.2条的变化，且该变化引起相关措施项目相应发生变化时，按系数或单一总价方式计价的，工程量增加的措施项目费调增，工程量减少的措施项目费调减。

（8）合同履行期间，因人工、材料、工程设备、机械台班价格波动影响合同价款时，应根据合同约定，按计价规范附录A的方法之一调整合同价款。

（9）因不可抗力事件导致的人员伤亡、财产损失及其费用增加，发承包双方应按以下原则分担并调整合同价款和工期：

①合同工程本身的损害、因工程损害导致第三方人员伤亡和财产损失以及运至施工现场用于施工的材料和待安装的设备的损害，由发包人承担；

②发包人、承包人人员伤亡由其所在单位负责，并应承担相应费用；

③承包人的施工机械设备损坏及停工损失，由承包人承担；

④停工期间，承包人应发包人要求留在施工现场的必要的管理人员及保卫人员的费用应由发包人承担；

⑤工程所需清理、修复费用，应由发包人承担；

⑥不可抗力解除后复工的，若不能按期竣工，应合理延长工期。发包人要求赶工的，赶工费用应由发包人承担。

（10）发（承）包人应在收到承（发）包人合同价款调增（减）报告及相关资料之日起14d内对其核实，予以确认的应书面通知承（发）包人。当有疑问时，应向承（发）包人提出协商意见。发（承）包人在收到合同价款调增（减）报告之日起14d内未确认也未提出协商意见的，应视为承（发）包人提交的合同价款调增（减）报告已被发（承）包人认可。发（承）包人提出协商意见的，承（发）包人应在收到协商意见后的14d内对其核实，予以确认的应书面通知发（承）包人。承（发）包人在收到发（承）包人的协商意见后14d内既不确认也未提出不同意见的，应视为发（承）包人提出的意见已被承（发）包人认可。

（11）分部分项工程量费用应依据双方确认的工程量、合同约定的综合单价计算；如发生调整的，以发、承包双方确认调整的综合单价计算。

（12）其他项目费用调整应按下列规定计算：

①计日工应按发包人实际签证确认的事项计算。

②暂估价中的材料单价应按发、承包双方最终确认价在综合单价中调整；专业工程暂估价应以专业工程发包中标价或发包人、承包人与分包人最终确认价取代。

③总承包服务费应依据合同约定金额计算，如发生调整的，以发、承包双方确认调整的金额计算。

④索赔费用应依据发、承包双方确认的索赔事项和金额计算，详见8.2。

⑤现场签证费用应依据发、承包双方签证资料确认的金额计算。

⑥暂列金额应减去工程价款调整与索赔、现场签证金额计算，如有余额归发包人。

### 7.2.3 采用工程量清单计价注意事项

1. 投标计价

（1）市政公用工程建设项目具有建设周期长、影响工程施工的社会因素难以确定、工程合同管理风险多等特点。相当部分的风险是有经验承包人难以预测、控制和承担的，应在市政公用工程项目招标文件或合同中明确风险内容及其范围（幅度）。在采用工程量清单计价法时，必须考虑这些不定因素和潜在的风险性。

（2）采用工程量清单计价法时，招标文件的工程数量含有预估成分，只是为投标人提供了一个平等的平台；投标人确定综合单价时，应根据招标文件提供的施工图及说明，仔细地校对、核对工程数量后方可确定报价，规避工程量清单漏项、工程量计算偏差等组价过程中存在的风险。

（3）采用工程量清单计价法时，招标人通常仅列出措施费项目或不列项目，这种情况下投标人应依据标书中的施工方案计算措施费，规避施工措施费考虑不足带来的风险。

2. 承包施工

（1）技术风险和管理风险，如施工技术（方法）不当、管理成本过高等类似风险应由承包方完全承担的风险。承包方必须采取应对措施，如尽量采用先进实用或技术经济比较佳的施工技术（机具）；尽可能不采用缺乏经验或不成熟的施工工艺，降低技术风险。

（2）材料价格、施工机械使用费等的风险，是承包方应有限度承担的市场风险，但是必须注意合同中的具体条文的限度和范围。

（3）承包方应完全不承担的是法律、法规、规章和政策变化的风险。基于市场交易的公平性和工程实施过程发、承包双方权、责的对等性等原则，发、承包双方应合理分摊这类风险带来的损失。

【案例 7-1】

背景资料

某公司中标承接市政工程施工项目，承包合同价为 900 万元，其中暂列金额 50 万元，工期 9 个月。承包合同规定：

（1）发包人在开工前 7d 应向承包人支付 20％的工程预付款，其中主要材料费用占 65％。工程预付款的扣回，按习惯用的起扣点规则。

（2）工程质量保证金为承包合同价的 5％，发包人从承包人每月的工程款中按比例扣留。

（3）当分项工程实际完成工程量比清单工程量增加 15％以上时，超出部分的相应综合单价调整系数为 0.9。

（4）规费费率 2.8％，以分部分项工程合价为基数计算；税金率 3.41％。

（5）在施工过程中，发生以下事件：

①工程开工后，由于地下情况与原始资料不符，进行了设计变更，该项工程工程量共计 1200m³；完成该项工程耗用的资源为：人工 28 个工日，工资单价 88 元/工日；材料费共计 2000 元；机械 13 个台班，机械每台班单价为 980 元。双方商定该项综合单价中的管理费以人工费与机械费之和为计算基础，管理费率为 15％；利润以人工费为计算基数，利润率为 18％。

②工程进行的前 4 个月按计划共计完成了 366.67 万元工作量。在工程进度至第 5 个月时，施工单位按计划进度完成了 150 万元建安工作量，同时还完成了发包人要求增加的一项工作内容。增加的工作经工程师计量后，该工程量为 400m³。经发包人批准的综合单价为 300 元/m³。

③施工至第 6 个月时，承包人向发包人提交了按原综合单价计算的该项目已完工程量结算报告 200 万元。经现场计量，其中某分项工程经确认实际完成工程数量为 500m³（原清单工程数量为 350m³，综合单价 900 元/m³）。

问题

（1）计算该项目工程预付款及其起扣点。

（2）计算设计变更后的工程项目综合单价。

（3）列式计算第 5 个月的应付工程款。

（4）列式计算第 6 个月的应付工程款。

参考答案

（1）答：

工程预付款：（900－50）×20％＝170 万元

预付款起扣点：（900－50）－170/65％＝588.46 万元

注：根据 2013 版工程量清单计价规范 10.1.2 条规定，工程预付款的计算基数中应扣除暂列金额。

（2）答：

人工费：28×88＝2464 元

材料费：2000 元

机械费：13×980＝12740 元

管理费：（2464＋12740）×15％＝2280.6 元

利润：2464×18％＝443.52 元

综合单价：（2464＋2000＋12740＋2280.6＋443.52）÷1200＝16.61 元/m³

（3）答：

增加工作的工程款：400×300×（1＋2.8％）×（1＋3.41％）＝127566.576 元

第 5 月应付工程款：（150＋12.757）×（1－5％）＝154.62 万元

前 5 个月共计完成的工作量为 366.67＋154.62＝521.29 万元

（4）答：

合同约定工程量变更幅度范围内的款项：

350×1.15×900×（1＋2.8％）×（1＋3.41％）＝385091.60 元

超过变更幅度以外的款项：

（500－350×1.15）×900×（1＋2.8％）×（1＋3.41％）×0.9＝83954.75 元

该分项工程的工程款应为：

385091.60＋83954.75＝46.90 万元

承包商结算报告中该分项工程的工程款为：

500×900×（1＋2.8％）×（1＋3.41％）＝47.84 万元

承包商多报的该分项工程的工程款为：47.84－46.90＝0.94 万元

第 6 个月应付工程款：（200－0.94）×（1－5％）＝189.11 万元

前 6 个月完成的工作量为 521.29＋189.11＝710.4 万元＞588.46 万元，已超过预付款起扣点，要扣回预付款数额为（710.4－588.46）×65％＝79.26 万元，第 6 个月实付工程款 189.11－79.26＝109.85 万元。

# 第 8 章 市政公用工程合同管理

## 8.1 施工阶段合同履约与管理要求

本节简要介绍市政公用工程施工阶段合同履约与管理。

### 8.1.1 施工项目合同管理

1. 合同管理依据

（1）必须遵守《合同法》、《建筑法》以及有关法律法规。

（2）必须依据与承包方订立的合同条款执行，依照合同约定行使权力，履行义务。

（3）合同订立主体是发包方和承包方，由其法定代表人行使法律行为；项目负责人受承包方委托，具体履行合同的各项约定。

2. 合同管理主要内容

（1）遵守《合同法》规定的各项原则，组织施工合同的全面执行；合同管理包括相关的分包合同、买卖合同、租赁合同、借款合同等。

（2）必须以书面的形式订立合同、洽商变更和记录，并应签字确认。

（3）发生不可抗力使合同不能履行或不能完全履行时，应依法及时处理。

（4）依《合同法》规定进行合同变更、转让、终止和解除工作。

### 8.1.2 分包合同管理

1. 专业分包管理

（1）实行分包的工程，应是合同文件中规定的工程的部分。

（2）分包项目招标文件的编制

①依据总承包工程合同和有关规定，确定分包项目划分、分包模式、合同的形式、计价模式及材料（设备）的供应方式，是编制招标文件的基础。

②计算工程量和相应工程量费用：

依据工程设计图纸，市场价格，相关定额及计价方法进行工程量及相应工程量费用计算。

③确定开、竣工日期：

根据项目总工期的需求和工程实施总计划、各项目、各阶段的衔接要求，确定各分包项目的开、竣工时间。

④确定工程的技术要求和质量标准：

根据对工程技术、设计要求及有关规范的规定，确定分包项目执行的规范标准和质量验收标准，满足总承包方对分包项目提出的特殊要求。

⑤拟定合同主要条款：

一般施工合同均分为通用条款、专用条款和协议书三部分，招标文件应对专用条款中的主要内容做出实质性规定，使投标方能够做出正确的响应。

（3）应经招投标程序选择合格分包方。

2. 劳务分包管理

（1）劳务分包应实施实名制管理。承包方和项目部应加强农民工及劳务管理日常工作。

（2）项目总包、分包方必须分别设置专（兼）职劳务管理员，明确劳务管理员职责；劳务管理员须参加各单位统一组织的上岗培训，地方有要求的，要实行持证上岗。

（3）履行分包合同时，承包方应当就承包项目向发包方负责；分包方就分包项目向承包方负责；因分包方过失给发包方造成损失，承包方承担连带责任。

## 8.1.3  合同变更与评价

1. 合同变更

（1）施工过程中遇到的合同变更，如工程量增减，质量及特性变更，工程标高、基线、尺寸等变更，施工顺序变化，永久工程附加工作、设备、材料和服务的变更等，项目负责人必须掌握变更情况，遵照有关规定及时办理变更手续。

（2）承包方根据施工合同，向监理工程师提出变更申请；监理工程师进行审查，将审查结果通知承包方。监理工程师向承包方提出变更令。

（3）承包方必须掌握索赔知识，在有正当理由和充分证据条件下按规定进行索赔；按施工合同文件有关规定办理索赔手续；准确、合理地计算索赔工期和费用。

2. 合同评价

当合同约定内容完成后，承包方应进行总结与评价，内容应包括：合同订立情况评价、合同履行情况评价、合同管理工作评价、合同条款评价。

【案例 8-1】

背景资料

某施工单位与建设单位签订了施工总承包合同，该工程采用边设计边施工的方式进行，合同的部分条款如下：

×× 工程施工合同书（节选）

一、协议书

1. 工程概况

该工程是位于某市的×× 路段的城市桥梁工程，上部为连续混凝土箱梁结构，下部为混凝土灌注桩承台结构（其他概况略）。

2. 承包范围

承包范围为该工程施工图所包括的所有工程。

3. 合同工期

合同工期为 2004 年 2 月 21 日～2004 年 9 月 30 日，合同工期总日历天数为 223d。

4. 合同价款

本工程采用总价合同形式，合同总价为：陆仟贰佰叁拾肆万元整人民币（￥6234.00

万元）。

5. 质量标准

本工程质量标准要求达到承包商最优的工程质量。

6. 质量保修

施工单位在该项目的设计规定的使用年限内承担全部保修责任。

7. 工程款支付

在工程基本竣工时，支付全部合同价款，为确保工程如期竣工，乙方不得因甲方资金的暂时不到位而停工和拖延工期。

二、其他补充协议

1. 乙方在施工前不允许将工程分包，只可以转包。

2. 甲方不负责提供施工场地的工程地质和地下主要管网线路资料。

3. 乙方应按项目经理批准的施工组织设计组织施工。

4. 涉及质量标准的变更由乙方自行解决。

5. 合同变更时，按有关程序确定变更工程价款。

问题：

（1）该项工程施工合同协议书中有哪些不妥之处？并请指正。

（2）该项工程施工合同的补充协议中有哪些不妥之处？请指出并改正。

（3）该工程按工期定额来计算，其工期为 212d，那么你认为该工程的合同工期应为多少天？

（4）确定变更合同价款的程序是什么？

参考答案：

（1）答：

协议书的不妥之处：

①不妥之处：本工程采用总价合同形式。正确做法：应采用单价合同。

②不妥之处：工程质量标准要求达到承包商最优的工程质量。正确做法：应以城市桥梁工程施工与质量验收标准中规定的质量标准作为该工程的质量标准。

③不妥之处：在项目设计规定的使用年限内承担全部保修责任。正确做法：应按《建设工程质量管理条例》的有关规定进行。

④不妥之处：在工程基本竣工时，支付全部合同价款。正确做法：应明确具体的时间。

⑤不妥之处：乙方不得因甲方资金的暂时不到位而停工和拖延工期。正确做法：应说明甲方资金不到位在什么期限内乙方不得停工和拖延工期。

（2）答：

补充协议的不妥之处：

①不妥之处：乙方在施工前不允许将工程分包，只可以转包。正确做法：不允许转包，可以分包。

②不妥之处：甲方不负责提供施工场地的工程地质和地下主要管线资料。正确做法：甲方应负责提供工程地质和地下主要管线的资料。

③不妥之处：乙方应按项目经理批准的施工组织设计组织施工。正确做法：应按工程

师（或业主代表）签认并经乙方技术负责人批准的施工组织设计组织施工。

（3）答：

该工程的合同工期为223d。

（4）答：

确定变更合同价款的程序是：

①变更发生后的14d内，承包方提出变更价款报告，经工程师确认后调整合同价；

②若变更发生后14d内，承包方不提出变更价款报告，则视为该变更不涉及价款变更；

③工程师收到变更价款报告日起14d内应对其予以确认；若无正当理由不确认时，自收到报告时算起14d后该报告自动生效。

# 8.2 工程索赔的应用

工程索赔是在工程承包合同履行中，当事人一方由于另一方未履行合同所规定的义务或者出现了应当承担的风险而遭受损失时，向另一方提出索赔要求的行为。本节简要介绍工程索赔在工程实践中的应用。

## 8.2.1 工程索赔的处理原则

承包方必须掌握有关法律政策和索赔知识，进行索赔须做到：

（1）有正当索赔理由和充分证据；

（2）索赔必须以合同为依据，按施工合同文件有关规定办理；

（3）准确、合理地记录索赔事件和计算工期、费用。

## 8.2.2 索赔的程序

（1）根据招标文件及合同要求的有关规定提出索赔意向书：

当合同当事人一方向另一方提出索赔时，要有正当的索赔理由，且有索赔事件发生时的有效证据。索赔事件发生28d内，向监理工程师发出索赔意向通知。合同实施过程中，凡不属于承包方责任导致项目拖延和成本增加事件发生后的28d内，必须以正式函件通知监理工程师，声明对此事件要求索赔，同时仍需遵照监理工程师的指令继续施工，逾期提出时，监理工程师有权拒绝承包方的索赔要求。

（2）发出索赔意向通知后28d内，向监理工程师提出补偿经济损失（计量支付）和（或）延长工期的索赔申请报告及有关资料。正式提出索赔申请后，承包方应抓紧准备索赔的证据资料，包括事件的原因、对其权益影响的资料、索赔的依据，以及其他计算出该事件影响所要求的索赔额和申请延期的天数并在索赔申请发出的28d内报出。

（3）监理工程师审核承包方的索赔申请。监理工程师在收到承包方送交的索赔报告和有关资料后，于28d内给予答复，或要求承包方进一步补充索赔理由和证据。监理工程师在28d内未予答复或未对承包方作进一步要求，视为该项索赔已经认可。

（4）当索赔事件持续进行时，承包方应当阶段性向监理工程师发出索赔意向通知，在索赔事件终了后28d内，向监理工程师提出索赔的有关资料和最终索赔报告。

### 8.2.3 索赔项目概述及起止日期计算方法

施工过程中主要是工期索赔和费用索赔。

（1）延期发出图纸产生的索赔：

接到中标通知书后28d内，承包方有权免费得到由发包方或其委托的设计单位提供的全部图纸、技术规范和其他技术资料，并且向承包方进行技术交底。如果在28d内未收到监理工程师送达的图纸及其相关资料，作为承包方应依据合同提出索赔申请，接中标通知书后第29d为索赔起算日，收到图纸及相关资料的日期为索赔结束日。

由于是施工前准备阶段，该类项目一般只进行工期索赔。

（2）恶劣的气候条件导致的索赔：

可分为工程损失索赔及工期索赔。发包方一般对在建项目进行投保，故由恶劣天气影响造成的工程损失可向保险机构申请损失费用；在建项目未投保时，应根据合同条款及时进行索赔。该类索赔计算方法：在恶劣气候条件开始影响的第一天为起算日，恶劣气候条件终止日为索赔结束日。

（3）工程变更导致的索赔：

工程施工项目已进行施工又进行变更、工程施工项目增加或局部尺寸，数量变化等。计算方法：承包方收到监理工程师书面工程变更令或发包方下达的变更图纸日期为起算日期，变更工程完成日为索赔结束日。

（4）以承包方能力不可预见引起的索赔：

由于工程投标时图纸不全，有些项目承包方无法作正确计算，如地质情况，软基处理等。该类项目一般发生的索赔有工程数量增加或需要重新投入新工艺、新设备等。计算方法：在承包方未预见的情况开始出现的第一天为起算日，终止日为索赔结束日。

（5）由外部环境而引起的索赔：

属发包方原因，由于外部环境影响（如征地拆迁、施工条件、用地的出入权和使用权等）而引起的索赔。

根据监理工程师批准的施工计划影响的第一天为起算日。经发包方协调或外部环境影响自行消失日为索赔事件结束日。该类项目一般进行工期及工程机械停滞费用索赔。

（6）监理工程师指令导致的索赔：

以收到监理工程师书面指令时为起算日，按其指令完成某项工作的日期为索赔事件结束日。

（7）其他原因导致的承包方的索赔，视具体情况确定起算日和结束日期。

### 8.2.4 同期记录

（1）索赔意向书提交后，就应从索赔事件起算日起至索赔事件结束日止，认真做好同期记录。每天均应有记录，并经现场监理工程师的签认；索赔事件造成现场损失时，还应做好现场照片、录像资料。

（2）同期记录的内容有：事件发生及过程中现场实际状况；导致现场人员、设备的闲置清单；对工期的延误；对工程损害程度；导致费用增加的项目及所用的工作人员，机械、材料数量、有效票据等。

### 8.2.5 索赔最终报告应包括内容

（1）索赔申请表：填写索赔项目、依据、证明文件、索赔金额和日期。

（2）批复的索赔意向书。

（3）编制说明：索赔事件的起因、经过和结束的详细描述。

（4）附件：与本项费用或工期索赔有关的各种往来文件，包括承包方发出的与工期和费用索赔有关的证明材料及详细计算资料。

### 8.2.6 索赔的管理

（1）由于索赔引起费用或工期的增加，往往成为上级主管部门复查的对象。为真实、准确反映索赔情况，承包方应建立、健全工程索赔台账或档案。

（2）索赔台账应反映索赔发生的原因，索赔发生的时间、索赔意向提交时间、索赔结束时间，索赔申请工期和费用，监理工程师审核结果，发包方审批结果等内容。

（3）对合同工期内发生的每笔索赔均应及时登记。工程完工时应形成完整的资料，作为工程竣工资料的组成部分。

【案例 8-2】

背景资料：

某公司中标承建城市南外环道路工程。在施工过程中，发生如下事件：一是挖方段遇到了工程地质勘探报告没有揭示的岩石层，破碎、移除拖延了 23d 时间；二是工程拖延致使路基施工进入雨期，连续降雨使土壤含水量过大，无法进行压实作业，因此耽误了 15d 工期；三是承包方根据建设单位指令对相接道路进行罩面处理，施工项目部对增加的工作量作为设计变更调整工程费用。

问题：

（1）事件一造成的工期拖延和增加费用能否提出索赔，为什么？

（2）事件二造成的工期拖延和增加费用能否提出索赔，为什么？

（3）事件三形成的工程变更部分应如何调整费用？

参考答案：

（1）答：

事件一挖方段破碎移除岩石的处理工作引发的工期和费用索赔应该提出索赔，发包方应予以受理。因为地质探勘资料不详是有经验的承包商预先无法预测到的，非承包方责任，并确实已造成了实际损失。

（2）答：

事件二的索赔不应受理。因为连续降雨，造成路基无法施工尽管有实际损失，但是有经验的承包商应能够预测经采取措施加以避免的；即便与事件一有因果关系，但事件一已进行索赔；因此应予驳回。

（3）答：

事件三在市政工程施工中时有发生，造成的工程量超出原合同规定清单的部分，应按合同约定处理。当合同未有约定时，可采取如下处理方式：采用施工图预算计价方式，价格（单价）应取自合同中已有价格，增加工程量经监理工程师计量，计算出调整（即增加）部分工程费用。

# 8.3 施工合同风险防范措施

本节简要介绍市政公用工程项目合同风险的识别与防范。

## 8.3.1 合同风险管理意义与内容

1. 意义

（1）由于市政公用工程的特点和建筑市场的激烈竞争，工程承包风险很大，范围很广；其中合同风险管理已成为工程承包成败的主要因素。

（2）随着市场经济发展，合同风险管理已成为衡量承包商管理水平的主要标志之一，也是合同管理的一项重要内容。

2. 主要内容

（1）在合同签订前对风险作全面分析和预测。主要考虑工程实施中可能出现的风险种类；风险发生的可能性，可能发生的时间；风险的影响，即风险如果发生，对施工、工期和成本有哪些影响。

（2）对风险采取有效的对策和计划，即考虑如果风险发生应采取什么措施予以防止，或降低它的不利影响，为风险作组织、技术、资金等方面的准备。

（3）在合同实施中对可能发生，或已经发生的风险进行有效的控制。采取措施防止或避免风险的发生；有效地转移风险，降低风险的不利影响，减少己方的损失；在风险发生的情况下对工程施工进行有效的控制，保证工程项目的顺利实施。

## 8.3.2 常见风险种类与识别

1. 工程常见的风险种类

（1）工程项目的技术、经济、法律等方面的风险。现代工程规模大，功能要求高，需要新技术、新工艺、新设备，承包商的技术力量、施工力量、装备水平、工程管理水平不足，在投标报价和工程实施过程中存在一些失误；承包商资金供应不足，周转困难；在国际工程中还常常出现对当地法律、语言不熟悉，对技术文件、工程说明和规范理解不正确或误解。

（2）业主资信风险。应对业主的资信进行评价，以控制风险程度。如业主的业绩、管理运作能力、经济状况。预防因业主无力支付工程款，致使工程被迫中止；业主的信誉差，有意拖欠或少支付工程款；业主因管理运作能力差经常改变设计方案、实施方案，打乱工程施工秩序，但又不愿意给承包商以补偿等。

（3）外界环境的风险。在国际工程中，工程所在国政治环境的变化，如发生战争、禁运、罢工、社会动乱等造成工程中断或终止；经济环境的变化，如通货膨胀、汇率调整、工资和物价上涨；合同所依据的法律变化，如新的法律颁布，国家调整税率或增加新税种，新的外汇管理政策等。现场条件复杂，干扰因素多，施工技术难度大，特殊的自然环境，如场地狭小，地质条件复杂，气候条件恶劣；水电供应、建材供应不能保证等。自然环境的变化，如百年未遇的洪水、地震、台风等，以及工程水文、地质条件的不确定性。

（4）合同风险。工程承包合同中一般都有风险条款和一些明显的或隐含的对承包商不利的条款；合同条款风险管理和控制首先必须在充分评估基础上确定防范措施。

2. 合同风险因素的识别

（1）合同风险因素的分类

①按风险严峻程度分为特殊风险（非常风险）和其他风险。

②按工程实施不同阶段分为投标阶段的风险、合同谈判阶段的风险、合同实施阶段的风险。

③按风险的范围分为项目风险、国别风险和地区风险。

④从风险的来源性质可分为政治风险、经济风险、技术风险、商务风险、公共关系风险和管理风险等。

（2）合同风险因素的识别

①政治风险；

②经济风险；

③技术风险；

④公共关系风险。

（3）合同风险因素的分析

①在国际工程承包中，由于政治风险要比国内大，情况更复杂，造成损失也会较大。

②在国际工程承包中，可能会遇到的经济风险比较多，受制约面相对较广。

③在国内工程总承包中，经济、技术、公共关系等方面风险同时存在，有时会相互制约、发生连带责任关系。

### 8.3.3　合同风险的管理与防范

1. 合同风险管理与防范的范围

合同风险管理与防范应从递交投标文件、合同谈判阶段开始，到工程实施完成合同为止。

2. 管理与防范措施

（1）合同风险的规避

充分利用合同条款；增设保值条款；增设风险合同条款；增设有关支付条款；外汇风险的回避；减少承包方资金、设备的投入；加强索赔管理，进行合理索赔。

（2）风险的分散和转移

向保险公司投保；向分包商转移部分风险。

（3）确定和控制风险费

工程项目部必须加强成本控制，制定成本控制目标和保证措施。编制成本控制计划时，每一类费用及总成本计划都应适当留有余地。

# 第9章 市政公用工程施工成本管理

## 9.1 施工成本管理的应用

本节介绍施工项目成本管理的基本要求和具体应用。

### 9.1.1 施工成本管理目的与主要内容

1. 施工成本管理目的

（1）施工企业在向社会提供产品和服务的同时，必须追求自身经济效益的最大化。企业的全部管理工作的实质是运用科学的管理手段，最大限度地降低工程成本，获取较大利润。

（2）企业间的竞争已逐渐由产品质量竞争过渡到价格竞争，成本管理直接关系到企业的经济效益，直接关系到企业的生存、发展。加强成本管理，减支增效，已成为大多数企业的长期经营战略。

（3）施工项目管理的最终目标是建成质量高、工期短、安全的、成本低的工程产品，而成本是各项目标经济效果的综合反映，因此成本管理是项目管理的核心内容。

2. 施工成本管理主要内容

（1）在工程施工过程中在满足合同约定条件下，以尽量少的物质消耗和工力消耗来降低成本。

（2）把影响施工成本的各项耗费控制在计划范围内，在控制目标成本情况下，开源节流，向管理要效益，靠管理求生存和发展。

（3）在企业和项目管理体系中建立成本管理责任制和激励机制。

### 9.1.2 施工成本管理组织与方法

1. 施工成本管理组织

施工成本管理必须依赖于高效的组织机构。企业和项目部应根据施工成本管理实际的要求，确定管理职责与工作协调的关系。管理的组织机构设置应符合下列要求：

（1）高效精干

施工成本管理组织机构设置的根本目的，是为了实现施工成本管理总目标。施工成本管理组织机构的人员设置，以能实现施工成本管理目标所要求的工作任务为原则。施工成本管理需要内行来管理，因事而设岗。

（2）分层统一

施工项目的成本管理组织是企业施工成本管理组织的有机组成部分，从管理的角度看，施工企业是施工项目的母体。而施工项目成本管理实际上是施工企业成本管理的载体。施工项目成本管理要从施工作业班组开始，各负其责，上下协调统一，才能发挥管理组织的整体优势。

（3）业务系统化

施工项目成本管理和企业施工成本管理在组织上必须防止职能分工权限和信息沟通等方面矛盾或重叠，各部门（系统）之间必须形成互相制约、互相联系的有机整体，以便发挥管理组织的整体优势。

（4）适应变化

市政公用工程施工项目具有多变性、流动性、阶段性等特点，这就要求成本管理工作和成本管理组织机构随之进行相应调整，以使组织机构适应施工项目的变化。企业和施工项目成本管理组织机构和形式应在实践中持续改进，并不断提高效率。

2. 施工成本管理方法

国内外有许多施工成本管理方法，企业和施工项目部应依据自身情况和实际需求进行选用；选用施工成本管理方法应遵循以下原则：

（1）实用性原则。施工成本管理方法具有时效性、针对性，首先应对成本管理环境进行调查分析，以判断成本管理方法应用的可行性以及可能产生的干扰和效果。

（2）灵活性原则。影响成本管理的因素多且不确定，必须灵活运用各种有效的成本管理方法，必须根据变化了的内部和外部情况，灵活加以运用，防止盲目套用。

（3）坚定性原则。施工成本管理通常会遇到各种干扰，人们的习惯性、传统性心理会产生对新方法的抵触，认为老方法用起来顺手。应用某些新方法时可能受许多条件限制，产生干扰或制约等。这时，成本管理人员就应该有坚定性，克服困难，才能取得预期效果。

（4）开拓性原则。施工成本管理方法的创新，既要创造新方法，又要对成熟方法的应用方式进行创新，用出新水平，产生更大的效果。

## 9.1.3　施工成本管理的基础工作

1. 施工成本管理流程

（1）施工成本管理的基本流程：成本预测→管理决策→管理计划→过程控制→成本核算→分析和考核。

（2）施工项目管理的核心是施工成本管理，根据企业下达的成本控制目标，管理控制各种支出，分析和考核消耗形成的成本，也要充分计入成本的补偿，从全面的角度完整地把握成本的客观性。

2. 施工成本管理措施

为做好施工成本管理工作，必须做好以下工作：

（1）加强成本管理观念

施工项目部作为企业施工经营管理的基础和载体，成功的项目成本管理要依靠施工项目中的各个环节上的管理人员，树立强烈的成本意识，不断加强成本管理观念，自觉地参与施工项目全过程的成本管理。

（2）加强定额和预算管理

完善的定额资料、做好施工预算和施工图预算是施工项目成本管理的基础。定额资料包括《全国统一市政预算定额》等国家统一定额，劳务与材料的市场价格信息，企业内部的施工定额。根据国家统一定额、取费标准编制施工图预算；依据企业的施工定额编制单位工程施工预算。通过两个预算对比，可以确定成本控制的重点和程度。

（3）完善原始记录和统计工作

原始记录直接记载了施工生产经营情况，是编制成本计划的依据，是统计和成本管理的基础。项目施工中的工、料、机和费用开支，都要有及时、完整、准确的原始记录，且符合成本管理的格式要求，由专人负责记录和统计。

（4）建立健全责任制度

施工项目各项责任制度，如计量验收、考勤、原始记录、统计、成本核算分析、成本目标等责任制，是实现有效的全过程成本管理的保证和基础。

（5）建立考核和激励机制

施工企业的成本管理工作必须注重实效，对施工项目部应实行目标成本控制和进行考核；对于达到考核指标的施工项目部和项目部经理应兑现奖励承诺，以便推进项目成本管理工作。

【案例 9-1】

背景资料：

某公司中标天津开发区供热管网工程后，组建了施工项目部。项目经理组织人员编制施工组织设计和成本管理计划。施工过程中根据现场情况变化，项目部据企业下达的目标成本和承包合同价格，调整了部分分项工程价格和组成内容，计算成本后，修订了成本管理计划。根据修订的成本管理计划，对直接工程费即：人工费、材料费、施工机械费的支出严格控制，规定项目所支出的费用均要项目经理批准。

问题：

（1）项目部修订成本管理计划有何不妥之处？

（2）项目部对工、料、机与成本支出，需要哪些手续？

（3）根据成本管理计划，原始记录应该包括哪些内容？

参考答案：

（1）答：

项目部在修改成本管理计划时未对施工组织设计进行细化分析和相应变化是不妥的。施工组织设计是实现项目成本控制的核心内容之一，调整部分分项工程价格组成的依据除了合同价格之外，还应对相应施工方案细化分析，并进行必要变动。

（2）答：

对于工（人）的管理包括，本单位职工和劳务人员两个部分，应根据成本管理计划的不同要求要制定不同的责任制及考核指标；对于（材）料的管理应从源头抓起，从采购到材料进场，要办理严格手续，确保材料的质量、数量和供货日期；未经项目经理签认的单据无效。但对机（械）的管理特别是外租机械，要办理协议，明确单价，明确实际使用台班数，合理调度和调配，避免造成浪费，严格按实际发生的使用台班签认，并及时结算。

（3）答：

原始记录应包括施工人员的考勤表、计量验收单、材料进场和出库签认单、机械使用签认单。

# 9.2 施工成本目标控制的措施

本节简要介绍项目施工成本目标（又称目标成本）控制原则以及可供借鉴的方法。

## 9.2.1 施工成本控制目标与原则

1. 施工成本目标控制目的

（1）施工成本控制是企业经营管理的永恒主题，项目施工成本目标控制是项目部经理接受企业法人委托履约的重要指标之一。

（2）施工项目成本控制是运用必要的技术与管理手段对直接成本和间接成本进行严格组织和监督的一个系统过程；其目的在于控制预算的变化，为项目部负责人管理提供与成本有关的用于决策的信息。

（3）项目经理应对项目实施过程中所发生的各种费用支出，采取一系列的措施来进行严格的监督和控制，及时纠偏，总结经验，保证企业下达的施工成本目标的实现。

2. 施工成本目标控制应遵循的基本原则

（1）成本最低原则

掌握施工成本最低化原则应注意降低成本的可能性和合理的成本最低化，既要挖掘各种降低成本的能力，使其可能成为现实；也要从实际出发，制定通过主观努力达到合理的最低成本水平。

（2）全员管理成本原则

施工项目成本的全员，包括项目部负责人、各部室、各作业队等，成本控制全员参与，人人有责，才能使工程成本自始至终置于有效的控制之下。

（3）目标分解原则

应将项目施工成本的目标进行分解，分解责任到人、到位，分解目标到每个阶段和每项工作。

（4）动态控制原则

又称过程控制原则，施工成本控制应随着工程进展的各个阶段连续进行，特别强调过程控制、检查目标的执行结果，评价目标和修正目标；发现成本偏差，及时调整纠正，形成目标管理的计划、实施、检查、处理循环，即 PDCA 循环。

（5）责、权、利相结合的原则

在确定项目经理和各个岗位管理人员后，同时要确定其各自相应的责、权、利。"责"是指完成成本控制指标的责任；"权"是指责任承担者为了完成成本控制目标必须具备的权限；"利"是指根据成本控制目标完成情况给予责任承担者相应的奖惩。做好责、权、利相结合，成本控制才能收到预期效果。三者和谐统一，缺一不可。

在施工过程中，项目部各部门、各作业班组在肩负成本控制责任的同时，享有成本控制的权利；项目经理要对各部门、各作业班组成本控制的业绩进行定期的检查和考评，实行有奖有罚。关键是将目标落实到人。

## 9.2.2　施工成本目标控制主要依据

### 1. 工程承包合同

施工成本控制要以工程承包合同为依据,围绕降低施工成本目标,从预算和实际成本两方面收入,努力挖掘增收节支潜力,以求获得最大的经济效益。

### 2. 施工成本计划

施工成本计划是根据项目施工的具体情况制定的施工成本控制方案,既包括预定的具体成本控制目标,又包括实现控制目标的措施和规划,是施工成本控制的指导文件。

### 3. 进度报告

进度报告提供了时限内工程实际完成量,施工成本实际支付情况等重要信息。施工成本控制工作就是通过实际情况与施工成本计划相比较,找出二者之间的差别,分析偏差产生的原因,从而采取措施加以改进。

### 4. 工程变更

在工程实施过程中,由于各方面的原因,工程变更是很难避免的。工程变更一般包括设计变更、进度计划变更、施工条件变更、技术规范与标准变更、施工顺序变更、工程数量变更等。一旦出现变更,工程量、工期、成本都将发生变化,从而使得施工成本控制变得复杂和困难。项目施工成本管理人员应通过对变更要求中各类数据的计算、分析,随时掌握变更情况,包括已发生工程量、将要发生工程量、工期是否拖延、支付情况等重要信息,判断变更以及变更可能带来的索赔额度等。

## 9.2.3　施工成本目标控制的方法

施工成本控制方法很多,而且有一定的随机性;市政公用工程大多采用施工图预算控制成本支出。在施工成本目标控制中,可按施工图预算实行"已收定支",或者叫"量入为出",是最有效的方法之一。

可供借鉴的具体方法如下:

### 1. 人工费的控制

假定预算定额规定的人工费单价为 13.80 元,合同规定人工费补贴为 20 元/工日,二者相加,人工费的预算收入为 33.80 元/工日。在这种情况下,项目部与施工队签订劳务合同时,应将人工费单价定在 30 元以下(辅工还可再低一些),其余部分考虑用于定额外人工费和关键工序的奖励费。如此安排,人工费就不会超支,而且还留有余地,以备关键时的应急之用。

### 2. 材料费的控制

在实行按"量价分离"方法计算工程造价的条件下,水泥、钢材、木材等"三材"的价格随行就市,实行高进高出;地方材料的预算价格=基准价×(1+材差系数)。在对材料成本进行控制的过程中,首先要以上述预算价格来控制地方材料的采购成本,至于材料消耗数量的控制,则应通过"限额领料单"去落实。

由于材料市场价格变动频繁,往往会发生预算价格与市场价价差过大而使采购成本失去控制的情况。因此,材料管理人员有必要经常关注材料价格的变动,并积累系统的市场信息。企业有条件或有资金时,可购买一定数量的"期货",以平衡项目间需求时差、价差。

3. 支架脚手架、模板等周转设备使用费的控制

施工图预算中的周转设备使用费＝耗用数×市场价格，而实际发生的周转设备使用费＝使用数×企业内部的租赁单价或摊销价。由于二者的计量基础和计价方法各不相同，只能以周转设备预算收费的总量来控制实际发生的周转设备使用费的总量。

4. 施工机械使用费的控制

施工图预算中的机械使用费＝工程量×定额台班单价。由于施工的特殊性，实际的机械使用率不可能达到预算定额的取定水平；再加上预算定额所设定的施工机械原值和折旧率又有较大滞后性，因而使施工图预算的机械使用费往往小于实际发生的机械使用费，形成机械使用费超支。

由于上述原因，有些施工项目在取得发包方的谅解后，在工程合同中明确规定一定数额的机械费补贴。在这种情况下，就可以用施工图预算的机械使用费和增加的机械费补贴来控制机械费支出。

5. 构件加工费和分包工程费的控制

在市场经济体制下，木制成品、混凝土构件、金属构件和成型钢筋的加工，以及桩基础、土方、吊装、安装和专项工程的分包，都可能委托专业单位进行加工或施工，必须通过经济合同来明确双方的权利和义务。在签订这些经济合同时，特别要坚持"以施工图预算控制合同金额"的原则，绝不容许合同金额超过施工图预算。根据市政公用工程的资料分析测算，上述各种合同金额的总和约占全部工程造价的 55%～70%。由此可见将构件加工和分包工程的合同金额控制在施工图预算内，是十分重要的。

除了以施工图预算来控制成本支出外，还有以施工预算控制人力资源和物资资源的消耗、以应用成本与进度同步跟踪的方法控制分部分项工程成本等。

【案例 9-2】

背景资料：

某公司竞标承建某高速公路工程。开工后不久，由于沥青、玄武岩石料等材料的市场价格变动，在成本控制目标管理上，项目部面临预算价格与市场价格严重背离而使采购成本失去控制的局面。为此项目经理要求加强成本考核和索赔等项成本管理工作。

路基强夯处理工程包括挖方、填方、点夯、满夯。由于工程量无法准确确定，故施工合同规定：按施工图预算方式计价；承包方必须严格按照施工图及施工合同规定的内容及技术要求施工；工程量由计量工程师负责计量。

施工过程中，在进行到设计施工图所规定的处理范围边缘时，承包方在取得旁站监理工程师认可的情况下，将夯击范围适当扩大。施工完成后，承包方将扩大的工程量向计量工程师提出了计量支付的要求，遭到拒绝。在施工中，承包方根据监理工程师的指令就部分工程进行了变更。

在土方开挖时，正值南方梅雨季节，遇到了数天季节性的大雨，土壤含水量过大，无法进行强夯施工，耽误了部分工期。承包方就此提出了延长工期和补偿停工期间窝工损失的索赔。

问题：

（1）施工项目部应如何应对采购成本失控局面？

（2）计量工程师拒绝承包方提出的超范围强夯的工程量的计量支付是否合理？为什么？

（3）工程变更部分的合同价款应根据什么原则确定？

（4）监理工程师是否应该受理承包方提出的延长工期和费用补偿的索赔？为什么？

参考答案：

（1）答：

首先项目部材料管理人员必须密切注视市场材料价格的变动，以便使项目部及早采取必要对策；其次要用预算价格来控制玄武岩等地方材料的采购成本；对沥青材料，价格只能随行就市，或采取风险转移方式控制沥青混合料采购价格。当然如果企业有条件时，可购买一定数量的"期货"，以平衡施工项目间价差，减轻项目部风险压力。

（2）答：

计量工程师的拒绝是合理的。其理由：第一，该部分的工程量超出了设计施工图的要求，即超出了合同规定的范围，不属于计量工程师计量的范围。计量工程师无权处理合同以外的工程内容。第二，监理工程师认可的是承包方保证工程质量的技术措施，一般在未办理正式手续，发包方未批准追加相应费用的情况下，技术措施费用应由承包方自行承担。

（3）答：

变更价款按如下原则确定：

①合同中有适用于变更工程的价格（单价），按已有价格计价。

②合同中只有类似变更工程的价格，可参照类似价格变更合同价款。

③合同中既无适用价格又无类似价格，由承包方提出适当的变更价格，计量工程师批准执行。这一批准的变更，应与承包方协商一致，否则将按合同纠纷处理。

（4）答：

雨期施工，有经验的承包方应能够预测到而且应该采取措施加以避免土壤含水过大，其责任在承包方；尽管有了实际损失，但是因此索赔不能成立，应予驳回。

# 9.3 施工成本核算的应用

施工项目成本核算和成本分析是企业、项目部成本管理控制的基础，本节仅介绍项目部的成本核算与分析。

## 9.3.1 项目施工成本核算

施工成本核算是按照规定的成本开支范围，对施工实际发生费用所做的总计，是对核算对象计算的施工的总成本和单位成本。成本核算是成本计划是否得到实现的检验，它对成本控制、成本分析和成本考核、降低成本、提高效益有重要的积极意义。

1. 项目施工成本核算的对象

施工成本核算的对象是指在计算工程成本中，确定、归集和分配产生费用的具体对象，即产生费用承担的客体。成本计算对象的确定，是设立工程成本明细分类账户、归集和分配产生费用以及正确计算工程成本的前提。

单位工程是合同签约、编制工程预算和工程成本计划、结算工程价款的计算单位。按照分批（订单）法原则，施工成本一般应以每一独立编制施工图预算的单位工程为成本核算对象，但也可以按照承包工程的规模、工期、结构类型，施工组织和施工现场等情况，综合成本管理要求，灵活划分成本核算对象。一般而言，划分成本核算对象有以下几种：

（1）一个单位工程由几个施工单位共同施工时，各施工单位都以同一单位工程为成本核算对象，各自核算自行完成的部分。

（2）规模大、工期长的单位工程，可以将工程划分为若干部位，以分部位的工程作为成本核算对象。

（3）同一建设项目，又由同一施工单位施工，并在同一施工地点，属同一结构类型，开竣工时间相近的若干单位工程，可以合并作为一个成本核算对象。

（4）改建、扩建的零星工程，可以将开竣工时间相近，属于同一建设项目的各个单位工程合并作为一个成本核算对象。

（5）土石方工程、桩基工程，可以根据实际情况和管理需要，以一个单项工程为成本核算对象，或将同一施工地点的若干个工程量较少的单项工程合并，作为一个成本核算对象。

2. 施工成本核算的内容

项目部在承建工程并收到设计图纸后，一方面要进行现场"三通一平"（北方谓之"七通一平"）等施工前期准备工作，另一方面，还要组织力量分头编制施工图预算、施工组织设计，降低成本计划和控制措施，最后将实际成本与预算成本、计划成本对比考核。

（1）工程开工后记录各分项工程中消耗的人工费（内包人工费、外包人工费）、材料费（工程耗用的材料，根据限额领料单、退料单、报损报耗单、大堆材料耗用计算单等，由料具员按单位工程编制"材料耗用汇总表"均以计入成本）、周转材料费、机械台班数量及费用等，这是成本控制的基础工作。

（2）本期内工程完成状况的量度。已完工程的量度比较简单，困难的是跨期的分项工程，即已开始尚未结束的分项工程。由于实际工程进度是作为成本花费所获得的已完产品，其量度的准确性直接关系到成本核算、成本分析和趋势预测（剩余成本估算）的准确性。在实际成本核算时，对已开始但未完成的工作包，其已完成成本及已完成程度的客观估算比较困难，可以按照工作包中工序的完成进度计算。

（3）工程工地（点）管理费及项目部管理费实际开支的汇总、核算和分摊。为了明确经济责任，分清成本费用的可控区域，正确合理地反映施工管理的经济效益，工地与项目部在管理费用上要分开核算。

（4）对各分项工程以及总工程的各个项目费用核算及盈亏核算，提出工程成本核算报表。在上述的各项费用中，许多费用开支是经过分摊进入分项工程成本或工程总成本的，如周转材料费、工地管理费和项目管理费等。

工地管理费按本工程各分项工程直接费总成本分摊进入各个分项工程，有时周转材料和设备费用也必须采用分摊的方法核算。由于它是平均计算的，所以不能完全反映实际情况，其核算和经济指标的选取受人为的影响较大，常常会影响成本核算的准确性和成本评价的公正性。所以，对能直接核算到分项工程的费用应尽量采取直接核算的办法，尽可能减少分摊费用及分摊范围。

3. 项目施工成本核算的方法

（1）会计核算

会计核算是依靠会计方法为主要手段，通过设置账户、复式记账、填制和审核凭证、登记账簿、成本计算、财产清查和编制会计报表等一系列有组织有系统的方法，来记录企业的一切生产经营活动，然后据以提出用货币来反映的有关综合性经济指标的一些数据。资产、负债、所有者权益、营业收入、成本、利润等会计六要素指标，主要是通过会计来核算。会计记录具有连续性、系统性、综合性等特点，所以它是施工成本分析的重要依据。

（2）业务核算

业务核算是各业务部门根据业务工作的需要而建立的核算制度，它包括原始记录和计算登记记录。如单位工程及分部分项进度登记、质量登记、功效及定额计算登记、物质消耗定额记录、测试记录等。

业务核算的范围比会计、统计核算要广。会计和统计核算一般是对已经发生的经济活动进行核算，而业务核算，不但可以对已经发生的，还可以对尚未发生或正在进行的经济活动进行核算，看是否可以做，是否有经济效益。

（3）统计核算

统计核算是利用会计核算资料和业务核算资料，把企业生产经营活动客观现状的大量数据，按统计方法加以系统整理，表明其规律性。

统计核算的计量尺度比会计核算的计量尺度宽，可以用货币计算，也可以用实物或劳动量计算。统计通过全面调查和抽样调查等特有的方法，不仅能提供绝对数指标，还能提供相对数和平均数指标，可以计算当前的实际水平，确定变动速度，还可以预测发展的趋势。统计核算除了主要研究大量的经济现象以外，也很重视个别先进事例与典型事例的研究。

施工成本核算通过会计核算、业务核算和统计核算的"三算"方法，获得成本的第一手资料，并将总成本和各个分成本进行实际值与计划目标值的相互对比，用以观察分析成本升降情况，同时作为考核的依据。

通过实际成本与预算成本的对比，考核施工成本的降低水平；通过实际成本与计划成本的对比，考核工程成本的管理水平。称之为二对比与二考核。

## 9.3.2 项目施工成本分析

施工成本分析，就是根据统计核算、业务核算和会计核算提供的资料，对成本形成过程和影响成本升降的因素进行分析，以寻求进一步降低成本的途径，包括成本中的有利偏差的挖掘和不利偏差的纠正；另一方面通过成本分析，可以透过账簿、报表反映的成本现象看到成本的实质，从而增强成本的透明度和可控性，为加强成本控制实现、成本目标创造条件。

1. 施工成本分析的任务

（1）正确计算成本计划的执行结果，计算产生的差异；

（2）找出产生差异的原因；

（3）对成本计划的执行情况进行正确评价；

（4）提出进一步降低成本的措施和方案。

2. 施工成本分析的内容

施工成本分析的内容一般包括三个方面。

（1）按施工的进展进行的成本分析

包括：分部分项工程分析、月（季）度成本分析、年度成本分析、竣工成本分析。

（2）按成本项目进行的成本分析

包括：人工费分析、材料费分析、机械使用费分析、其他直接费分析、间接成本分析。

（3）针对特定问题和与成本有关事项的分析

包括：施工索赔分析、成本盈亏异常分析、工期成本分析、资金成本分析、技术组织措施节约效果分析、其他有利因素和不利因素对成本影响的分析。

3. 成本分析的方法

由于工程成本涉及的范围很广，需要分析的内容很多，应该在不同的情况下采取不同的分析方法。

（1）比较法

比较法又称指标对比分析法，是通过技术经济指标的对比，检查目标的完成情况，分析产生差异的原因，进而挖掘内部潜力的方法。这种方法具有通俗易懂、简单易行、便于掌握的特点，因而得到广泛的应用，但在应用时必须注意各项技术经济指标的可比性。比较法的应用形式有：将实际指标与目标指标对比；本期实际指标与上期实际指标对比；与本行业平均水平、先进水平对比。

（2）因素分析法

因素分析法又称连锁置换法或连环替代法。可用这种方法分析各种因素对成本形成的影响程度。在进行分析时，首先要假定众多因素中的一个因素发生了变化，而其他因素则不变，然后逐个替换，并分别比较其计算结果，以确定各个因素变化对成本的影响程度。

（3）差额计算法

差额计算法是因素分析法的一种简化形式，是利用各个因素的目标值与实际值的差额计算对成本的影响程度。

（4）比率法

比率法是用两个以上指标的比例进行分析的方法。常用的比率法有相关比率、构成比率和动态比率三种。

【案例 9-3】

背景资料：

某公司中标承建一条城市道路工程，原设计是水泥混凝土路面，后因拆迁延期，严重影响工程进度，但建设方要求竣工通车日期不能更改。为满足竣工通车日期要求，建设方更改路面结构，将水泥混凝土路面改为沥青混合料路面。对这一重大变更，施工项目经理在成本管理方面拟采取如下应对措施：

（1）依据施工图，根据国家统一定额、取费标准编制施工图预算，然后依据施工图预算打八折，作为沥青混合料路面工程承包价与建设方签订补充合同；以施工图预算七折作为沥青混合料路面工程目标成本。

（2）要求工程技术人员的成本管理责任如下：质量成本降低额，合理化建议产生的降低成本额。

（3）要求材料人员控制好以下成本管理环节：①计量验收；②降低采购成本；③限额领料；④及时供货；⑤减少资金占用；⑥旧料回收利用。

（4）要求测量人员按技术规程和设计文件要求，对路面宽度和高度实施精确测量控制。

问题：

（1）对材料管理人员的成本管理责任要求是否全面？如果不全请补充。

（2）对工程技术人员成本管理责任要求是否全面？如果不全请补充。

（3）沥青路面工程承包价和目标成本的确定方法是否正确？原因是什么？

（4）请说明要求测量人员对路面宽度和高度实施精确测量控制与成本控制的关系。

参考答案：

（1）答：

不全面，应补充：①材料采购和构件加工，要择优选择；②要减少采购过程中的管理损耗。

（2）答：

不全面，应补充：①根据现场实际情况，科学合理的布置施工现场平面，为文明施工、绿色施工创造条件，减少浪费；②严格执行技术安全方案，减少一般事故，消灭重大安全事故和质量事故，将事故成本减少到最低。

（3）答：

不对，因为：①计算承包价时要根据必需的资料，依据招标文件、设计图纸、施工组织设计、市场价格、相关定额及计价方法进行仔细的计算；②计算目标成本（即计划成本）时要根据国家统一定额和企业的施工定额取费编制"施工图预算"。本工程计算承包价和目标成本均采取简单的打折计算不妥。

（4）答：

项目经理要求测量人员对路面宽度和高度实施精确测量，一方面保证施工质量，另一方面也是控制施工成本的措施。因为沥青混合料每层的配比不同，价格差较大；只有精确控制路面宽度、高度（实际上是每层厚度），才能减少不应有的消耗和支出，严格按成本计划和成本目标控制成本。

# 第10章　市政公用工程施工组织设计

## 10.1　施工组织设计编制注意事项

市政公用工程施工组织设计，是市政公用工程项目在投标、施工阶段必须提交的技术文件，本节所指的施工组织设计系中标后组织实施阶段的施工组织设计。

### 10.1.1　基本规定

(1) 市政公用工程项目的施工组织设计是市政公用工程施工项目管理的重要内容，应经现场踏勘、调研，且在施工前编制。大中型市政公用工程项目还应编制分部、分阶段的施工组织设计。

(2) 施工组织设计必须经企业技术负责人批准，有变更时要及时办理变更审批。

(3) 施工组织设计关于工期、进度、人员、材料设备的调度，施工工艺的水平，采用的各项技术安全措施等项的设计将直接影响工程的顺利实施和工程成本。要想保证工程施工的顺利进行，工程质量达到预期目标，降低工程成本，企业获得应有的利润，施工组织设计必须做到科学合理，技术先进，费用经济。

### 10.1.2　主要内容

1. 工程概况与特点

(1) 简要介绍拟建工程的名称、工程结构、规模、主要工程数量表；工程地理位置、地形地貌、工程地质、水文地质等情况；建设单位及监理机构、设计单位、质监站名称，合同开工日期和工期，合同价（中标价）。

(2) 分析工程特点、施工环境、工程建设条件。市政公用工程通常具有以下特点：多专业工程交错、综合施工，旧工程拆迁、新工程同时建设，与城市交通、市民生活相互干扰，工期短或有行政指令，施工用地紧张、用地狭小，施工流动性大等。这些特点决定了市政公用工程的施工组织设计必须对工程进行全面细致的调查、分析，以便在施工组织设计的每一个环节上，做出有针对性的、科学合理的设计安排，从而为实现工程项目的质量、安全、降耗和如期竣工目标奠定基础。

(3) 技术规范及检验标准。标书明确的工程所使用的规范（程）和质量检验评定标准，工程设计文件和图纸及作业指导书的编写。

2. 施工平面布置图

(1) 施工总平面布置图，应标明拟建工程平面位置、生产区、生活区、预制厂、材料厂位置；周围交通环境、环保要求，需要保护或注意的情况。

（2）在有新旧工程交错以及维持社会交通的条件下，市政公用工程的施工平面布置图有明显的动态特性，即每一个较短的施工阶段之间，施工平面布置都是变化的。要能科学合理地组织好市政公用工程的施工，施工平面布置图应是动态的，即必须详细考虑好每一步的平面布置及其合理衔接。

3. 施工部署和管理体系

（1）施工部署包括施工阶段的区划安排、施工流程（顺序）、进度计划，工力（种）、材料、机械设备、运输计划。施工进度计划用网络图或横道图表示，关键线路（工序）用粗线条（或双线）表示；必要时标明每日、每周或每月的施工强度。以分项工程划分并标明工程数量。施工流程（顺序），一般应以流程图表示各分项工程的施工顺序和相关关系，必要时附以文字简要说明。工、料、机、运计划应以分项工程或月进行编制。

（2）管理体系包括组织机构设置、项目经理、技术负责人、施工管理负责人及各部门主要负责人等岗位职责、工作程序等，要根据具体项目的工程特点，进行部署。

4. 施工方案及技术措施

（1）施工方案是施工组织设计的核心部分，主要包括拟建工程的主要分项工程的施工方法、施工机具的选择、施工顺序的确定，还应包括季节性措施、四新技术措施以及结合工程特点和由施工组织设计安排的、工程需要所应采取的相应方法与技术措施等方面的内容。

（2）重点叙述技术难度大、工种多、机械设备配合多、经验不足的工序和关键部位。常规的施工工序可简要说明。

5. 施工质量保证计划

（1）明确工程质量目标，确定质量保证措施。根据工程实际情况，按分项工程项目分别制定质量保证技术措施，并配备工程所需的各类技术人员。

（2）在多个专业工程综合进行时，工程质量常常会相互干扰，因而进行质量总目标和分项目标设计时，必须严密考虑工程的顺序和相应的技术措施。

（3）对于工程的特殊部位或分项工程、分包工程的施工质量，应制定相应的监控措施。

6. 施工安全保证计划

（1）明确安全施工管理的目标和管理体系，兑现合同约定和承诺。

（2）风险源识别与防范，包括安全教育培训、安全检查机构、施工现场安全措施、施工人员安全措施。

（3）危险性较大分部分项工程施工专项方案、应急预案和安全技术操作规程。

7. 文明施工、环保节能降耗保证计划以及辅助、配套的施工措施

市政公用工程常常处于城镇区域，具有与市民近距离相处的特殊性，因而必须在施工组织设计中详细安排好文明施工、安全生产施工和环境保护方面措施，把对社会、环境的干扰和不良影响降至最低程度。

## 10.1.3 编制方法与程序

1. 掌握设计意图和确认现场条件

编制施工组织设计应在现场踏勘，调研基础上，做好设计交底和图纸会审等技术准备

工作后进行。

2. 计算工程量和计划施工进度

根据合同和定额资料，采用工程量清单中的工程量，准确计算劳动力和资源需要量；按照工期要求、工作面的情况、工程结构对分层分段的影响以及其他因素，决定劳动力和机械的具体需要量以及各工序的作业时间，合理组织分层分段流水作业，编制网络计划安排施工进度。

3. 确定施工方案

按照进度计划，需要研究确定主要分部、分项工程的施工方法（工艺）和施工机械的选择，制定整个单位工程的施工工程流程。具体安排施工顺序和划分流水作业段，设置围挡和疏导交通。

4. 计算各种资源的需要量和确定供应计划

依据采用的劳动定额和工程量及进度计划确定劳动量（以工日为单位）和每日的工人需要量。依据有关定额和工程量及进度计划，来计算确定材料和预制品的主要种类和数量及其供应计划。

5. 平衡劳动力、材料物资和施工机械的需要量并修正进度计划

根据对劳动力和材料物资的计算可以绘制出相应的曲线以检查其平衡状况。如果发现有过大的高峰或低谷，即应将进度计划做适当调整与修改，使其尽可能的趋于平衡，以便使劳动力的利用和物资的供应更为合理。

6. 绘制施工平面布置图

设计施工平面布置图，应使生产要素在空间上的位置合理、互不干扰，能加快施工速度。

7. 确定施工质量保证体系和组织保证措施

建立质量保障体系和控制流程，实行各质量管理制度及岗位责任制；落实质量管理组织机构，明确质量责任。确定重点、难点及技术复杂分部、分项工程质量的控制点和控制措施。

8. 确定施工安全保证体系和组织保证措施

建立安全施工组织，制定施工安全制度及岗位责任制、消防保卫措施、不安全因素监控措施、安全生产教育措施、安全技术措施。

9. 确定施工环境保护体系和组织保证措施

建立环境保护、文明施工的组织及责任制，针对环境要求和作业时限，制定落实技术措施。

10. 其他有关方面措施

视工程具体情况制定与各协作单位配合服务承诺、成品保护、工程交验后服务等措施。

## 10.2 施工方案确定的依据

施工方案是施工组织设计的核心部分。本节简要介绍施工方案的主要内容及编制的基本要求。

### 10.2.1 施工方案制定原则

（1）制定切实可行的施工方案，首先必须从实际出发，一切要切合当前的实际情况，有实现的可能性。选定的方案在人力、物力、财力、技术上所提出的要求，应该是当前已具备条件或在一定的时期内有可能争取到，否则，任何方案都是不可取的。这就要求在制定方案之前，深入细致地做好调查研究工作，掌握主客观情况，进行反复的分析比较，才能做到切实可行。

（2）施工期限满足规定要求，保证工程特别是重点工程按期或提前完成，迅速发挥投资的效益，有重大的经济意义。因此，施工方案必须保证在竣工时间上符合规定的要求，并争取提前完成，这就要在确定施工方案时，在施工组织上统筹安排，照顾均衡施工。在技术上尽可能运用先进的施工经验和技术，力争提高机械化和装配化的程度。

（3）确保工程质量和安全生产"质量第一，安全生产"。在制定方案时，要充分考虑到工程的质量和安全，在提出施工方案的同时，要提出保证工程质量和安全的技术组织措施，使方案完全符合技术规范与安全规程的要求。如果方案不能确保工程质量与安全生产，其他方面再好也是不可取的。

（4）施工费用最低。施工方案在满足其他条件的同时，还必须使方案经济合理，以增加生产盈利，这就要求在制定方案时，尽量采用降低施工费用的一切有效措施，从人力、材料、机具和间接费等方面找出节约的因素，发掘节约的潜力，使工料消耗和施工费用降到最低程度。

以上几点是一个统一的整体，在制定施工方案时，应作通盘考虑。现代施工技术的进步，组织经验的积累，每个工程的施工，都有不同的方法来完成，存在着多种可能的方案，因此在确定施工方案时，要以上述几点作为衡量标准，经技术经济分析比较，全面权衡，选出最优方案。

### 10.2.2 施工方案主要内容

包括施工方法的确定、施工机具的选择、施工顺序的确定，还应包括季节性措施、四新技术措施以及结合市政公用工程特点和由施工组织设计安排的、工程需要所应采取的相应方法与技术措施等方面的内容。重点分项工程、关键工序、季节施工还应制定专项施工方案。

1. 施工方法

施工方法（工艺）是施工方案的核心内容，具有决定性作用。施工方法（工艺）一经确定，机具设备和材料的选择就只能以满足它的要求为基本依据，施工组织也是在这个基础上进行。

2. 施工机械

正确拟定施工方法和选择施工机械是合理组织施工的关键，二者又有相互紧密的关系。施工方法在技术上必须满足保证施工质量，提高劳动生产率，加快施工进度及充分利用机械的要求，做到技术上先进，经济上合理；而正确地选择施工机械能使施工方法更为先进、合理、经济。因此施工机械选择的好与坏很大程度上决定了施工方法的优劣。

3. 施工组织

施工组织是研究施工项目施工过程中各种资源合理组织的科学。施工项目是通过施工活动完成的。进行这种活动，需要有大量的各种各样的建筑材料、施工机械、机具和具有一定生产经验和劳动技能的劳动者，如特殊工种，并且要把这些资源按照施工技术规律与组织规律，以及设计文件的要求，在空间上按照一定的位置，在时间上按照先后顺序，在数量上按照不同的比例，将它们合理地组织起来，让劳动者在统一的指挥下行动，由不同的劳动者运用不同的机具以不同的方式对不同的建筑材料进行加工。

4. 施工顺序

施工顺序安排是编制施工方案的重要内容之一，施工顺序安排得好，可以加快施工进度，减少人工和机械的停歇时间，并能充分利用工作面，避免施工干扰，达到均衡、连续施工的目的，实现科学组织施工，做到不增加资源、加快工期、降低施工成本。

5. 现场平面布置

科学的布置现场可以减少材料二次搬运和频繁移动施工机械产生的现场搬运费用，从而节省开支。

6. 技术组织措施

技术组织是保证选择的施工方案实施的措施。它包括加快施工进度，保证工程质量和施工安全，降低施工成本的各种技术措施。如采用新材料、新工艺、先进技术，建立安全质量保证体系及责任制，编写工序作业指导书，实行标准化作业，采用网络技术编制施工进度等。

## 10.2.3　施工方案的确定

1. 施工方法选择的依据

正确地选择施工方法是确定施工方案的关键。各个施工过程均可采用多种施工方法进行施工，而每一种施工方法都有其各自的优势和使用的局限性。我们的任务就是从若干可行的施工方法中选择最可行、最经济的施工方法。选择施工方法的依据主要有以下几点。

（1）工程特点，主要指工程项目的规模、构造、工艺要求、技术要求等方面。

（2）工期要求，要明确本工程的总工期和各分部、分项工程的工期是属于紧迫、正常和充裕三种情况的哪一种。

（3）施工组织条件，主要指气候等自然条件，施工单位的技术水平和管理水平，所需设备、材料、资金等供应的可能性。

（4）标书、合同书的要求，主要指招标书或合同条件中对施工方法的要求。

（5）设计图纸主要指根据设计图纸的要求，确定施工方法。

2. 施工方法的确定与机械选择的关系

施工方法一经确定，机械设备的选择就只能以满足其要求为基本依据，施工组织也只能在此基础上进行。但是，在现代化施工条件下，施工方法的确定，主要还是选择施工机械、机具的问题，这有时甚至成为最主要的问题。例如，顶管施工的工作坑，是选择冲抓式钻机还是旋转式钻机，钻机一旦确定，施工方法也就确定了。

确定施工方法，有时由于施工机具与材料等的限制，只能采用一种施工方法。可能此方案不一定是最佳的，但别无选择。这时就需要从这种方案出发，制定更好的施工顺序，以达到较好的经济性，弥补方案少而无选择余地的不足。

3. 施工机械的选择和优化

施工机械对施工工艺、施工方法有直接的影响，施工机械化是现代化大生产的显著标志，对加快建设速度、提高工程质量、保证施工安全、节约工程成本起着至关重要的作用。因此选择施工机械成为确定施工方案的一个重要内容，应主要考虑下列问题。

（1）在选用施工机械时，应尽量选用施工单位现有机械，以减少资金的投入，充分发挥现有机械效率。若现有机械不能满足过程需要，则可考虑租赁或购买。

（2）机械类型应符合施工现场的条件。施工现场的条件指施工现场的地质、地形、工程量大小和施工进度等，特别是工程量和施工进度计划，是合理选择机械的重要依据。一般说，为了保证施工进度和提高经济效益，工程量大应采用大型机械，工程量小则应采用中小型机械，但也不是绝对的。如一项大型土方工程，由于施工地区偏僻，道路、桥梁狭窄或载重量限制大型机械的通过，如果只是专门为了它的运输问题而修路、桥，显然是不经济的，因此应选用中型机械施工。

（3）在同一个工地上施工机械的种类和型号应尽可能少。为了便于现场施工机械的管理及减少转移，对于工程量大的工程应采用专用机械；对于工程量小而分散的工程，则应尽量采用多用途的施工机械。

（4）要考虑所选机械的运行成本是否经济。施工机械的选择应以能否满足施工需要为目的，如本来土方量不大，却用了大型的土方机械，结果不到一周就完工了，进度虽然加快了，但大型机械的台班费、进出场的运输费、便道的修筑费以及折旧费等固定费用相当庞大，使运行费用过高超过缩短工期所创造的价值。

（5）施工机械的合理组合。选择施工机械时要考虑各种机械的合理组合，这样才能使选择的施工机械充分发挥效益。合理组合一是指主机与辅机在台数和生产能力上相互适应；二是指作业线上的各种机械相互配套的组合。

（6）选择施工机械时应从全局出发统筹考虑。全局出发就是不仅考虑本项工程，而且还要考虑所承担的同一现场或附近现场其他工程的施工机械的使用，这就是说，从局部考虑选择枘械是不合理的，应从全局角度进行考虑。

4. 施工顺序的选择

施工顺序是指各个施工过程或分项工程之间施工的先后次序。施工顺序安排得好，可以加快施工进度，减少人工和机械的停歇时间，并能充分利用工作面，避免施工干扰，达到均衡、连续施工的目的。并能实现科学地组织施工，做到不增加资源，加快工期，降低施工成本。

5. 技术组织措施的设计

技术组织措施是施工企业为完成施工任务，保证工程工期，提高工程质量，降低工程成本，在技术上和组织上所采取的措施。企业应把编制技术组织措施作为提高技术水平、改善经营管理的重要工作认真抓好。通过编制技术组织措施，结合企业内部实际情况，很好地学习和推广同行业的先进技术和行之有效的组织管理经验。

【案例 10-1】

背景资料：

某公司中标承建给水管道，其中钢管 DN500mm，长 1077m；钢管 DN300mm，长 871m. 共设闸井 17 座；管线沿城区二环路辅路敷设，与现况雨水、污水、供热管线交叉部位多；与社会交通相互干扰多。合同工期为 90d（日历日），政府指令性工期 83d（日历日）。鉴于工期后门关死，施工项目部拿到图纸并踏勘完现场后就组织开工。

问题：

(1) 施工项目部组织开工做法是否正确？

(2) 该工程施工方案应注意哪些关键环节？

(3) 本工程施工需解决哪些主要问题？

参考答案：

(1) 答：

不正确。施工组织设计未经批准，是不应组织开工的。即便是工期紧迫，正式开工要符合有关规定，包括施工组织设计按程序获得批准，开工前做技术交底和安全交底后，方可开工。

(2) 答：

本工程施工现场条件复杂、工期紧，且工程施工作业线长。分段多、勾头、甩头多，而且钢管焊接、防腐质量要求高。施工方案确定必须建立在摸清雨、污水、热力等管线标高、位置、走向基础上，悉心安排和处理下列主要环节：①管线交叉施工方案与措施；②沟槽开挖方案，要考虑土方平衡、余土外运及搭设便桥方案；③管道敷设应采用流水作业方式，管道焊接和防腐尽量争取工厂化预制；④管道勾头和功能性试验方案；⑤施工组织基本原则：尽可能缩短现场作业时间，以减轻与社会交通矛盾的压力。

(3) 答：

本工程需解决的主要问题：

①施工占地征用和地上构（建）物拆迁；

②验槽与地基处理；

③管线勾头和功能性试验。

# 10.3 专项方案编制与论证要求

本节所指专项方案系指危险性较大的分部分项工程安全专项施工方案，是在编制施工组织设计的基础上，针对危险性较大的分部分项工程单独编制的专项施工方案。

## 10.3.1 超过一定规模的危险性较大的分部分项工程范围

住房和城乡建设部的建质〔2009〕87 号文件颁布的《危险性较大的分部分项工程安全管理办法》（以下简称"办法"）规定：

1. 定义

危险性较大的分部分项工程是指建筑工程在施工过程中存在的、可能导致作业人员群死群伤或造成重大不良社会影响的分部分项工程（详见"办法"附件一）。施工单位应当在危险性较大的分部分项工程施工前编制专项方案；对于超过一定规模的危险性较大的分部分项工程，施工单位应当组织专家对专项方案进行论证。

2. 需要专家论证的工程范围

(1) 深基坑工程

①开挖深度超过 5m（含 5m）的基坑（槽）的土方开挖、支护、降水工程；

②开挖深度虽未超过 5m，但地质条件、周围环境和地下管线复杂，或影响毗邻建筑（构筑）物安全的基坑（槽）的土方开挖、支护、降水工程。

（2）模板工程及支撑体系

①工具式模板工程，包括滑模、爬模、飞模工程。

②混凝土模板支撑工程：搭设高度 8m 及以上；搭设跨度 18m 及以上；施工总荷载 15kN/m² 及以上；集中线荷载 20kN/m 及以上。

③承重支撑体系：用于钢结构安装等满堂支撑体系，承受单点集中荷载 700kg 以上。

（3）起重吊装及安装拆卸工程

①采用非常规起重设备、方法，且单件起吊重量在 100kN 及以上的起重吊装工程。

②起重量 300kN 及以上的起重设备安装工程；高度 200m 及以上内爬起重设备的拆除工程。

（4）脚手架工程

①搭设高度 50m 及以上落地式钢管脚手架工程。

②提升高度 150m 及以上附着式整体和分片提升脚手架工程。

③架体高度 20m 及以上悬挑式脚手架工程。

（5）拆除、爆破工程

①采用爆破拆除的工程。

②码头、桥梁、高架、烟囱、水塔或拆除中容易引起有毒有害气（液）体或粉尘扩散。

③易燃易爆事故发生的特殊建、构筑物的拆除工程。

④可能影响行人、交通、电力设施、通信设施或其他建、构筑物安全的拆除工程。

⑤文物保护建筑、优秀历史建筑或历史文化风貌区控制范围的拆除工程。

（6）其他

①施工高度 50m 及以上的建筑幕墙安装工程。

②跨度大于 36m 及以上的钢结构安装工程；跨度大于 60m 及以上的网架和索膜结构安装工程。

③开挖深度超过 16m 的人工挖孔桩工程。

④地下暗挖工程、顶管工程、水下作业工程。

⑤采用新技术、新工艺、新材料、新设备及尚无相关技术标准的危险性较大的分部分项工程。

## 10.3.2　专项方案编制

（1）实行施工总承包的，专项方案应当由施工总承包单位组织编制。其中，起重机械安装拆卸工程、深基坑工程、附着式升降脚手架等专业工程实行分包的，其专项方案可由专业承包单位组织编制。

（2）专项方案编制应当包括的内容

① 工程概况：危险性较大的分部分项工程概况、施工平面布置、施工要求和技术保证条件。

② 编制依据：相关法律、法规、规范性文件、标准、规范及图纸（国标图集）、施工组织设计等。

③ 施工计划：包括施工进度计划、材料与设备计划。

④ 施工工艺技术：技术参数、工艺流程、施工方法、检查验收等。

⑤ 施工安全保证措施：组织保障、技术措施、应急预案、监测监控等。

⑥ 劳动力计划：专职安全生产管理人员、特种作业人员等。

⑦ 计算书及相关图纸。

### 10.3.3 专项方案的专家论证

（1）应出席论证会人员：

① 专家组成员；

② 建设单位项目负责人或技术负责人；

③ 监理单位项目总监理工程师及相关人员；

④ 施工单位分管安全的负责人、技术负责人、项目负责人、项目技术负责人、专项方案编制人员、项目专职安全生产管理人员；

⑤ 勘察、设计单位项目技术负责人及相关人员。

（2）专家组成员应当由 5 名及以上符合相关专业要求的专家组成。本项目参建各方的人员不得以专家身份参加专家论证会。专家组对专项施工方案审查论证时，须察看施工现场，并听取施工、监理等人员对施工方案、现场施工等情况的介绍。

（3）专家论证的主要内容：

① 专项方案内容是否完整、可行；

② 专项方案计算书和验算依据是否符合有关标准规范；

③ 安全施工的基本条件是否满足现场实际情况。

（4）专项方案经论证后，专家组应当提交论证报告，对论证的内容提出明确的意见，并在论证报告上签字。该报告作为专项方案修改完善的指导意见。

### 10.3.4 专项方案实施

（1）施工单位应当根据论证报告修改完善专项方案，并经施工单位技术负责人、项目总监理工程师、建设单位项目负责人签字后，方可组织实施。实行施工总承包的，应当由施工总承包单位、相关专业承包单位技术负责人签字。

（2）施工单位应当严格按照专项方案组织施工，不得擅自修改、调整专项方案。

（3）专项方案经论证后需做重大修改的，施工单位应当按照论证报告修改，并重新组织专家进行论证。如因设计、结构、外部环境等因素发生变化确需修改的，修改后的专项方案应当按"办法"第八条规定重新审核，并应当重新组织专家进行论证。

【案例 10-2】

背景资料：

A 公司中标某市一二八纪念路上新建的 DN400 污水管工程，管道位于道路中线，采用开槽埋管工艺施工。沟槽开挖深度在 5.11～5.46m，槽宽 2.0m，全长 289m。根据工程规模和现场条件，设计采用 9～12m［28a 槽钢围护结构，内设三道双拼［28a 槽钢围檩支撑系统，坑底坑外压密注浆止水的设计方案。沿线地下敷设有上水、雨污水、电信、电力、路灯线及燃气等管线；路边分布有民房和电线杆等建筑物。

本工程场地属滨海平原地貌类型。地下水属潜水类型，埋深在 2.00m～2.60m。

施工主要在②$_{3-1}$层、②$_{3-2}$粉性土中进行。场地浅部局部地段①层填土较厚，该层土质松散，开挖时易发生坍塌；②$_{3-1}$层、②$_{3-2}$层、②$_{3-3}$层粉性土在动水头作用下易发生流砂、管涌等不良地质作用。

施工前，A 公司批准了项目部施工组织设计及安全保证计划等文件，并组织了超过一定规模的危险性较大的分部分项工程专家论证会。专家建议：①位于粉性土层内的沟槽采用压密注浆止水，按规范要求至少应设三排注浆孔，同时还要采用水玻璃等低黏度化学注浆材料进行二次注浆。建议对压密注浆和高压旋喷桩两种注浆工艺进行技术经济比选。②补充地下管线（上水、市话、信息等）横穿沟槽处的围护结构间隙的处置方案。专项方案经 A 公司主管部门负责人签批后组织实施；由于地面交通和其他因素，未能完全采纳专家建议的上述措施。施工过程中出现流砂，造成路面塌方事故。

问题：

（1）本工程关于专项方案审批做法对吗？为什么？

（2）请指出项目部实施专项方案存在什么问题？

（3）就本工程情况，防止流砂应采取哪些主要技术措施？

参考答案：

（1）答：

不对。因为依据有关规定 A 公司作为施工单位应当根据论证意见修改和完善专项方案，经 A 公司技术负责人签批后还应经项目总监理工程师（建设单位项目负责人）签字，方可组织实施。

（2）答：

主要存在问题：①施工项目部应当严格按照专项方案组织施工，不得擅自修改、调整专项方案。②如工程具体问题发生变化，需要做出修改的，应当按照论证报告（意见）修改，并重新征得专家认可。就本工程情况应当重新组织专家进行论证。

（3）答：

就背景材料介绍，本工程防止流砂应采取以下主要安全保证措施：

①位于粉性土层内的沟槽采用压密注浆止水效果不好，应采用高压旋喷桩止水，或采用轻型井点降水。

②地下管线（上水、市话、信息等）横穿沟槽处的围护结构间隙处的高压旋喷桩或轻型井点要加密；挖土时，要及时用钢板封闭间隙；发现渗水要尽快堵住。

③沟槽开挖中，用于排地表水的水沟应尽量远离钢板桩，避免围护结构突然失稳。

④针对基坑围护结构可能出现的渗漏水情况提出相应的对策措施，以及必要的材料物资储备。

# 10.4　交通导行方案设计要点

市政公用工程施工通常需要临时占用城市道路、绿地或其他公用设施，交通导行方案是市政公用工程施工组织设计的重要组成部分，也是施工现场管理的重要任务之一。本节简要介绍交通导行方案设计和实施要点。

### 10.4.1 现况交通调查

（1）现况交通调查是制定科学合理的交通疏导方案的前提，项目部应根据施工设计图纸及施工部署，调查现场及周围的交通车行量及高峰期，预测高峰流量，研究设计占路范围、期限及围挡警示布置。

（2）应对现场居民出行路线进行核查，并结合规划围挡的设计，划定临时用地范围、施工区、办公区等出口位置，应减少施工车辆与社会车辆交叉，以避免出现交通拥堵。

（3）应对预计设置临时施工便线、便桥位置进行实地详勘，以便尽可能利用现况条件。

### 10.4.2 交通导行方案设计原则

（1）施工期间交通导行方案设计是施工组织设计的重要组成部分，必须周密考虑各种因素，满足社会交通流量，保证高峰期的需求，选取最佳方案并制定有效的保护措施。

（2）交通导行方案要有利于施工组织和管理确保车辆行人安全顺利通过施工区域；且使施工对人民群众、社会经济生活的影响降到最低。

（3）交通导行应纳入施工现场管理，交通导行应根据不同的施工阶段设计交通导行方案。

（4）交通导行图应与现场平面布置图协调一致。

（5）采取不同的组织方式，保证交通流量、高峰期的需要。

### 10.4.3 交通导行方案实施

1. 获得交通管理和道路管理部门的批准后组织实施

（1）占用慢行道和便道要获得交通管理和道路管理部门的批准，按照获准的交通疏导方案修建临时施工便线、便桥。

（2）按照施工组织设计设置围挡，严格控制临时占路范围和时间，确保车辆行人安全顺利通过施工区域。

（3）按照有关规定设置临时交通导行标志，设置路障、隔离设施。

（4）组建现场人员协助交通管理部门组织交通。

2. 交通导行措施

（1）严格划分警告区、上游过渡区、缓冲区、作业区、下游过渡区、终止区范围。

（2）统一设置各种交通标志、隔离设施、夜间警示信号。

（3）严格控制临时占路时间和范围。

（4）对作业工人进行安全教育、培训、考核，并应与作业队签订《施工交通安全责任合同》。

（5）依据现场变化，及时引导交通车辆，为行人提供方便。

3. 保证措施

（1）施工现场按照施工方案，在主要道路交通路口设专职交通疏导员，积极协助交通民警搞好施工和社会交通的疏导工作；减少由于施工造成的交通堵塞现象。

（2）沿街居民出入口要设置足够的照明装置，必要处搭设便桥，为保证居民出行和夜间施工创造必要的条件。

【案例 10-3】

背景资料：

某公司中标城市主干道路面大修工程，工程内容主要是旧路面铣刨，对沉陷、翻浆处局部挖补和整体罩面。路罩面结构为 30mmSMA－13 和 60mmAC－20。施工项目部依据获准的施工组织设计，设置围挡封闭半幅路施工，另外半幅路维持社会交通。由于交通高峰期车辆拥挤，施工中围挡被交通警强令部分拆除，施工受到一定程度干扰。罩面沥青路面施工正值无雨秋季，施工质量检验评定合格，只是弯沉值数据离散性大。开放交通后翌年春季，巡查发现路面局部出现沉陷，甚至有翻浆现象。施工记录表明这些病害正是发生在围挡拆除部位。施工项目部召开了病害原因分析会，并决定进行局部路段返工返修；但对单独承担返修费用提出异议。

问题：

（1）试分析新大修路面病害原因主要有哪些？

（2）施工项目部应承担什么责任？

（3）局部病害处理返修层费用应如何解决？

（4）该道路大修工程竣工验收应注意事项？

参考答案：

（1）答：

施工记录显示：未受到施工干扰的路面未出现病害，由此可以推断施工受到干扰是路面病害主要成因。但是施工质量检验评定结果表明，弯沉值数据离散性大，说明路面结构不均匀，既然路面结构不均匀，那么选择路面铣刨、局部挖补和整体罩面的道路大修方案就可能存在选择不当问题。

（2）答：

围挡被强令拆除，其直接原因是交通拥挤造成的，说明施工组织设计存在问题：其一是交通导行方案没有满足高峰期交通需求，究其原因是交通流量调查不够、预测不充分；其二是现场交通导行应与交通管理部门协调，采取适当拓宽现有的半幅路以满足社会正常交通，否则应采取必要的交通分流。此外，大修挖补在设计上通常仅给出技术要求，但在挖补处和挖补范围确定要靠施工人员正确把握和监理人员的监督；所以从这个角度讲，施工单位应承担主要责任。

（3）答：

既然分析表明施工单位要负主要责任，且道路处在质量保修期内，那么返修费用也应主要由施工单位承担。

（4）答：

该道路大修工程竣工验收时应注意：对局部返修返工路段的施工质量应重新、严格验收；且应推迟整体工程竣工验收。

# 第 11 章　市政公用工程施工现场管理

## 11.1　施工现场布置与管理要点

本节所指的施工现场管理仅限于施工现场平面布置、场容场貌管理等内容。

### 11.1.1　施工现场的平面布置与划分

1. 基本要求

(1) 在施工用地范围内，将各项生产、生活设施及其他辅助设施进行规划和布置，满足组织设计及维持社会交通要求。

(2) 市政公用工程的施工平面布置图有明显的动态特性，必须详细考虑好每一步的平面布置及其合理衔接；科学合理的规划，绘制出施工现场平面布置图。

(3) 工程施工阶段按照施工总平面图要求，设置道路、组织排水、搭建临时设施、堆放物料和停放机械设备等。

2. 总平面图设计依据

(1) 现场勘查、信息收集、分析数据资料；工程所在地区的原始资料，包括建设、勘察、设计单位提供的资料，工程所在地区的自然条件及技术、经济条件。

(2) 经批准的工程项目施工组织设计、交通疏导（方案）图、施工总进度计划。

(3) 现有和拟建工程的具体位置、相互关系及净距离尺寸。

(4) 各种工程材料、构件、半成品、施工机械和运输工具等资源需要计划。

(5) 建设单位可提供房屋和其他设施。

(6) 批准的临时占路和用地等文件。

3. 总平面布置原则

(1) 满足施工进度、方法、工艺流程及施工组织的需求，平面布置合理、紧凑，尽可能减少施工用地。

(2) 合理组织运输，保证场内道路畅通，运输方便，各种材料能按计划分期分批进场，避免二次搬运，充分利用场地。

(3) 因地制宜划分施工区域和临时占用场地，且应满足施工流程的要求，减少各工种之间的干扰。

(4) 在保证施工顺利进行的条件下，降低工程成本，尽可能减少临时设施搭设，尽可能利用施工现场附近的原有建筑物作为施工临时设施。

(5) 施工现场临时设施的布置，应方便生产和生活，办公用房靠近施工现场，福利设施应在生活区范围之内。

(6) 施工平面布置应符合主管部门相关规定和建设单位安全保卫、消防、环境保护的要求。

4. 平面布置的内容

(1) 施工图上一切地上、地下建筑物、构筑物以及其他设施的平面位置。

(2) 给水、排水、供电管线等临时位置。

(3) 生产、生活临时区域及仓库、材料构件、机械设备堆放位置。

(4) 现场运输通道、便桥及安全消防措施。

(5) 环保、绿化区域位置。

(6) 围墙（挡）与入口位置。

## 11.1.2　施工现场封闭管理

(1) 未封闭管理的施工现场作业条件差，不安全因素多，在作业过程中既容易伤害作业人员，也容易伤害现场以外的人员。因此，施工现场必须实施封闭式管理，将施工现场与外界隔离，同时保护环境、美化市容。

(2) 围挡（墙）

① 施工现场围挡（墙）应沿工地四周连续设置，不得留有缺口，并根据地质、气候、围挡（墙）材料进行设计与计算，确保围挡（墙）的稳定性、安全性。

② 围挡的用材应坚固、稳定、整洁、美观，宜选用砌体、金属材板等硬质材料，不宜使用彩布条、竹笆或安全网等。

③ 施工现场的围挡一般应高于 1.8m，在市区内应高于 2.5m，且应符合当地主管部门有关规定。

④ 禁止在围挡内侧堆放泥土、砂石等散状材料以及架管、模板等。

⑤ 雨后、大风后以及春融季节应当检查围挡的稳定性，发现问题及时处理。

(3) 大门和出入口

① 施工现场应当有固定的出入口，出入口处应设置大门。

② 施工现场的大门应牢固美观，大门上应标有企业名称或企业标识。

③ 出入口处应当设置专职门卫保卫人员，制定门卫管理制度及交接班记录制度。

④ 施工现场的进口处应有整齐明显的"五牌一图"。

a. 五牌：工程概况牌、管理人员名单及监督电话牌、消防保卫牌、安全生产（无重大事故）牌、文明施工牌；工程概况牌内容一般应写明工程名称、面积、层数、建设单位、设计单位、施工单位、监理单位、开竣工日期、项目负责人（经理）以及联系电话。

b. 一图：施工现场总平面图。可根据情况再增加其他牌图，如工程效果图、项目部组织机构及主要管理人员名单图等。

⑤ 标牌是施工现场重要标志的一项内容，所以不但内容应有针对性，同时标牌制作、挂设也应规范整齐、美观，字体工整。

(4) 警示标牌布置与悬挂

① 施工现场应当根据工程特点及施工的不同阶段，有针对性地设置、悬挂安全警示标志。在施工现场的危险部位和有关设备、设施上设置安全警示标志，是为了提醒、警示进入施工现场的管理人员、作业人员和有关人员，要时刻认识到所处环境的危险性，随时保持清醒和警惕，避免事故发生。

② 根据国家有关规定，施工现场入口处、施工起重机械、临时用电设施、脚手架、出入通道口、楼梯口、电梯井口、孔洞口、桥梁口、隧道口、基坑边沿、爆破物及有害危险气体和液体存放处等属于危险部位，应当设置明显的安全警示标志。

③ 安全警示标志的类型、数量应当根据危险部位的性质不同，设置不同的安全警示标志。如：在爆破物及有害危险气体和液体存放处设置禁止烟火、禁止吸烟等禁止标志；在施工机具旁设置当心触电、当心伤手等警告标志；在施工现场入口处设置必须戴安全帽等指令标志；在通道口处设置安全通道等指示标志，在施工现场的沟、坎、深基坑等处，夜间要设红灯示警。

④ 安全标志设置后应当进行统计记录，并填写施工现场安全标志登记表。

### 11.1.3 施工现场场地与道路

1. 现场的场地

（1）现场的场地应当整平，清除障碍物，无坑洼和凹凸不平，雨季不积水，暖季应适当绿化。

（2）施工现场应具有良好的排水系统，设置排水沟及沉淀池，现场废水不得直接排入市政污水管网和河流。

（3）现场存放的化学品等应设有专门的库房，地面应进行防渗漏处理。地面应当经常洒水，对粉尘源进行覆盖遮挡。

2. 施工现场的道路要求

（1）施工现场的道路应畅通，应当有循环干道，满足运输、消防要求。

（2）主干道应当平整坚实，且有排水措施，硬化材料可以采用混凝土、预制块或用石屑、焦渣、砂头等压实整平，保证不沉陷，不扬尘，防止泥土带入市政道路。

（3）道路应当中间起拱，两侧设排水设施，主干道宽度不宜小于 3.5m，载重汽车转弯半径不宜小于 15m，如因条件限制，应当采取措施。

（4）道路的布置要与现场的材料、构件、仓库等堆场、吊车位置相协调、配合。

（5）施工现场主要道路应尽可能利用永久性道路，或先建好永久性道路的路基，在主体工程结束之前再铺路面。

### 11.1.4 临时设施搭设与管理

1. 临时设施的种类

（1）办公设施，包括办公室、会议室、保卫传达室。

（2）生活设施，包括宿舍、食堂、厕所、淋浴室、阅览娱乐室、卫生保健室。

（3）生产设施，包括材料仓库、防护棚、加工棚（站、厂，如混凝土搅拌站、砂浆搅拌站、木材加工厂、钢筋加工厂、机械维修厂等）、操作棚。

（4）辅助设施，包括道路、现场排水设施、围墙、大门等。

2. 临时设施的搭设与管理

（1）办公室

施工现场应设置办公室，办公室内布局应合理，文件资料宜归类存放，并应保持室内清洁卫生。

（2）职工宿舍

① 宿舍应当选择在通风、干燥的位置，防止雨水、污水流入；不得在尚未竣工建筑物内设置员工集体宿舍。

② 宿舍必须设置可开启式窗户，设置外开门；宿舍内应保证有必要的生活空间，室内净高不得小于 2.4m，通道宽度不得小于 0.9m，每间宿舍居住人员不应超过 8 人。

③ 宿舍内的单人铺不得超过 2 层，严禁使用通铺，床铺应高于地面 0.3m，人均床铺面积不得小于 1.9m×0.9m，床铺间距不得小于 0.3m。

④ 宿舍内应设置生活用品专柜，有条件的宿舍宜设置生活用品储藏室；宿舍内严禁存放施工材料、施工机具和其他杂物；宿舍周围应当搞好环境卫生，应设置垃圾桶、鞋柜或鞋架，生活区内应为作业人员提供晾晒衣物的场地，房屋外应道路平整，晚间有充足的照明。

⑤ 寒冷地区冬季宿舍应有保暖措施、防煤气中毒措施，火炉应当统一设置、管理，炎热季节应有消暑和防蚊虫叮咬措施。

⑥ 应当制定宿舍管理使用责任制，轮流负责卫生和使用管理或安排专人管理。

（3）食堂

① 食堂应当选择在通风、干燥的位置，防止雨水、污水流入，应当保持环境卫生，远离厕所、垃圾站、有毒有害场所等污染源的地方，装修材料必须符合环保、消防要求。

② 食堂应设置独立的制作间、储藏间；食堂应配备必要的排风设施和冷藏设施，安装纱门纱窗，室内不得有蚊蝇，门下方应设不低于 0.2m 的防鼠挡板；食堂的燃气罐应单独设置存放间，存放间应通风良好并严禁存放其他物品。

③ 食堂制作间灶台及其周边应贴瓷砖，瓷砖的高度不宜小于 1.5m；地面应做硬化和防滑处理，按规定设置污水排放设施。

④ 食堂制作间的刀、盆、案板等炊具必须生熟分开，食品必须有遮盖，遮盖物品应有正反面标识，炊具宜存放在封闭的橱柜内。

⑤ 食堂内应有存放各种佐料和副食的密闭器皿，并应有标识，粮食存放台距墙和地面应大于 0.2m。

⑥ 食堂外应设置密闭式泔水桶，并应及时清运，保持清洁；应当制定并在食堂张挂食堂卫生责任制，责任落实到人，加强管理。

（4）厕所

① 厕所大小应根据施工现场作业人员的数量设置。

② 施工现场应设置水冲式或移动式厕所，厕所地面应硬化，门窗齐全。蹲坑间宜设置隔板，隔板高度不宜低于 0.9m。

③ 厕所应设专人负责，定时进行清扫、冲刷、消毒，防止蚊蝇孳生。

（5）仓库

① 仓库的面积应通过计算确定，根据各个施工阶段的需要的先后进行布置；水泥仓库应当选择地势较高、排水方便、靠近搅拌机的地方。

② 仓库内各种工具器件物品应分类集中放置，设置标牌，标明规格型号。

③ 易燃易爆仓库的布置应当符合防火、防爆安全距离要求；易燃、易爆和剧毒物品

不得与其他物品混放，并建立严格的进出库制度，由专人管理。

3. 材料堆放与库存

（1）一般要求

① 由于城区施工场地受到严格控制，项目部合理组织材料的进场，减少现场材料的堆放量，减少场地和仓库面积。

② 对已进场的各种材料、机械设备，严格按照施工总平面布置图位置码放整齐。

③ 停放到位，且便于运输和装卸，应减少二次搬运。

④ 地势较高、坚实、平坦、回填土应分层夯实，要有排水措施，符合安全、防火的要求。

⑤ 各种材料应当按照品种、规格堆放，并设明显标牌，标明名称、规格和产地等。

⑥ 施工过程中做到"活完、料净、脚下清"。

（2）主要材料半成品的堆放

① 大型工具，应当一头见齐。

② 钢筋应当堆放整齐，用方木垫起，不宜放在潮湿处和暴露在外。

③ 砖应丁码成方垛，不准超高并距沟槽坑边不小于0.5m，防止坍塌。

④ 砂应堆成方，石子应当按不同粒径规格分别堆放成方。

⑤ 各种模板应当按规格分类堆放整齐，地面应平整坚实，叠放高度一般不宜超过1.6m；大模板存放应放在经专门设计的存架上，应当采用两块大模板面对面存放，当存放在施工楼层上时，应当满足自稳角度并有可靠的防倾倒措施。

⑥ 混凝土构件堆放场地应坚实、平整，按规格、型号堆放，垫木位置要正确，多层构件的垫木要上下对齐，垛位不准超高；混凝土墙板宜设插放架，插放架要焊接或绑扎牢固，防止倒塌。

（3）场地清理

作业区内，要做到工完场地清，拆模时应当随拆随清理运走，不能马上运走的应码放整齐。

## 11.1.5 施工现场的卫生管理

（1）卫生保健

① 施工现场应设置保健卫生室，配备保健药箱、常用药及绷带、止血带、颈托、担架等急救器材，小型工程可以用办公用房兼做保健卫生室。

② 施工现场应当配备兼职或专职急救人员，处理伤员和职工保健，对生活卫生进行监督和定期检查食堂、饮食等卫生情况。

③ 要利用板报等形式向职工介绍防病的知识和方法，针对季节性流行病、传染病等，做好对职工卫生防病的宣传教育工作。

④ 当施工现场作业人员发生法定传染病、食物中毒、急性职业中毒时，必须在2h内向事故发生所在地建设行政主管部门和卫生防疫部门报告，并应积极配合调查处理。

⑤ 现场施工人员患有法定的传染病或病源携带者时，应及时进行隔离，并由卫生防疫部门进行处置。

⑥ 办公区和生活区应设专职或兼职保洁员，负责卫生清扫和保洁，应有灭鼠、蚊、

蝇、蟑螂等措施，并应定期投放和喷洒药物。

（2）食堂卫生

① 食堂必须有卫生许可证。

② 炊事人员必须持有身体健康证，上岗应穿戴洁净的工作服、工作帽和口罩，并应保持个人卫生。

③ 炊具、餐具和饮水器具必须及时清洗消毒。

④ 必须加强食品、原料的进货管理，做好进货登记，严禁购买无照、无证商贩经营的食品和原料，施工现场的食堂严禁出售变质食品。

**【案例 11-1】**

背景资料：

某公司中标承建开发区新建主干路含雨水管道工程，新建主干路全长 1.85km，与现况外环（原有路）垂直相接，为已初具规模的开发区打通通向市区的交通如图 11-1。该路段现况系碎石土路，主要是运输物资汽车通行。新建雨水管采用柔性接口钢筋混凝土管，管径 $DN400 \sim DN800$，位于路中，沿路敷设，管顶最小埋深 3m，管道基础采用碎石

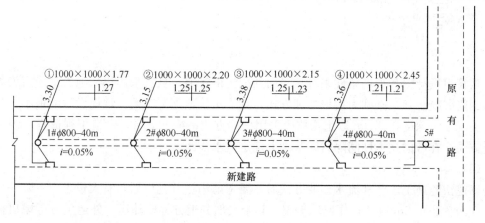

图 11-1

料换填（300mm）处理。现况路南是已建居民区，距丁字路口处为某中学，建有围墙；现况路北为待拆移的散落平房和新建小区；距丁字路口有一段绿地。

问题：

（1）设计施工现场平面布置图。

（2）选择雨水管道施工方法和作业方式。

（3）设计施工现场临时道路和主要施工材料存放方式。

参考答案：

（1）答：

施工项目部编制的施工组织设计提供的现场平面布置图如图 11-2 所示。临设区、办公区、拌合场布置在丁字路口现况土路北绿地；主要考虑现况交通影响和对初具规模开发区的环境影响。施工现场，管道工程时采用全封闭围挡，道路结构层施工可考虑半幅施工围挡。

（2）答：

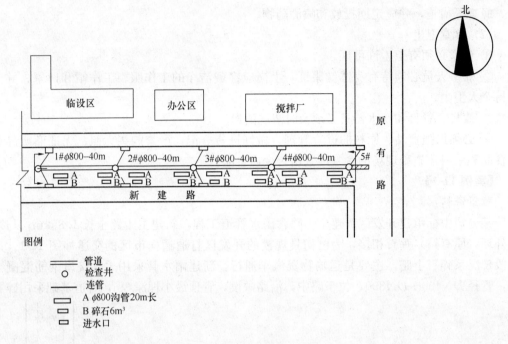

图 11-2

从管道设计图和现场条件来看，采用开挖沟槽管道，且宜采用机械施工。管道为柔性接口钢筋混凝土管，基础为换填处理方式，宜采用快速施工工艺；顶埋设深度最小为3m，按有关规定，深度在 3.0m 以上沟槽应采用桩撑方式；综上分析，管道工程适宜组织流水作业方式，在考虑技术性间隔时间基础上确定流水步距。

（3）答：

确定快速施工工艺和流水作业方式后，要考虑沟槽开挖以后，有大量土方，除一部分堆置在沟槽边 1.2m 以外，作回填土用，其余大部分土方都要外运，外运土方考虑机械车辆通行。施工现场应考虑在管道北侧现况土路作为现场道路供挖土机、吊车及运输车辆等机械施工使用。管道南侧，沿线在现况土路上每隔 20m 堆放 DN800 钢筋混凝土管 10 根（有效长度 20m），道渣（砂石料）4～5m$^3$ 一堆。如图 11-2 所示。

# 11.2 环境保护和文明施工管理要点

工程环境保护和文明施工管理是施工组织设计的重要组成部分，本节简要介绍市政公用工程环境保护和文明施工管理内容与要求。

## 11.2.1 管理目标与基本要求

1. 管理目标

（1）满足国家和当地政府主管部门有关规定。

（2）满足工程合同和施工组织设计要求。

（3）兑现投标文件承诺。

2. 基本要求

（1）市政公用工程常常处于城镇区域，具有与市民近距离相处的特殊性；因而必须在施工组织设计中贯彻绿色施工管理，详细安排好文明施工、安全生产施工和环境保护方面措施，把对社会、环境的干扰和不良影响降至最低程度。

（2）文明施工做到组织落实、责任落实、形成网络，项目部每月应进行一次文明施工检查，将文明施工管理列入生产活动议事日程当中，做到常抓不懈。

（3）定期走访沿线机关单位、学校、街道和当地政府等部门，及时征求他们的意见，并在施工现场设立群众信访接待站，由专人负责沿线群众反映的情况和意见，对反映的问题要及时解答并尽快落实解决。

（4）建立文明施工管理制度，现场应成立专职的文明施工小分队，负责全线文明施工的管理工作。

## 11.2.2 管理主要内容与要求

1. 防治大气污染

（1）为减少扬尘，施工场地的主要道路、料场、生活办公区域应按规定进行硬化处理；裸露的场地和集中堆放的土方应采取覆盖、固化、绿化、洒水降尘措施。

（2）使用密目式安全网对在建建筑物、构筑物进行封闭。拆除旧有建筑物时，应采用隔离、洒水等措施防止施工过程扬尘，并应在规定期限内将废弃物清理完毕。

（3）不得在施工现场熔融沥青，严禁在施工现场焚烧含有有毒、有害化学成分的装饰废料、油毡、油漆、垃圾等各类废弃物。

（4）施工现场应根据风力和大气湿度的具体情况，进行土方回填、转运作业；沿线安排洒水车，洒水降尘。

（5）施工现场混凝土搅拌场所应采取封闭、降尘措施；水泥和其他易飞扬的细颗粒建筑材料应密闭存放，砂石等散料应采取覆盖措施。

（6）施工现场应设置密闭式垃圾站，施工垃圾、生活垃圾应分类存放，并及时清运出场；施工垃圾的清运，应采用专用封闭式容器吊运或传送，严禁凌空抛撒。

（7）从事土方、渣土和施工垃圾运输应采用密闭式运输车辆或采取覆盖措施；现场出入口处应采取保证车辆清洁的措施；并设专人清扫社会交通路线。

（8）城区、旅游景点、疗养区、重点文物保护地及人口密集区的施工现场应使用清洁能源；施工现场的机械设备、车辆的尾气排放应符合国家环保排放标准要求。

2. 防治水污染

（1）施工场地应设置排水沟及沉淀池，污水、泥浆必须防止泄露外流污染环境；污水应尽可能重复使用，按照规定排入市政污水管道或河流，泥浆应采用专用罐车外弃。

（2）现场存放的油料、化学溶剂等应设有专门的库房，地面应进行防渗漏处理。

（3）食堂应设置隔油池，并应及时清理。

（4）厕所的化粪池应进行抗渗处理。

（5）食堂、盥洗室、淋浴间的下水管线应设置隔离网，并应与市政污水管线连接，保证排水通畅。

（6）给水管道严禁取用污染水源施工，如施工管段处于污染水水域较近时，须严格控制污染水进入管道；如不慎污染管道，应按有关规定处理。

3. 防治施工噪声污染

（1）施工现场应按照现行国家标准《建筑施工场界噪声限值》GB 12523 及《建筑施工场界噪声测量方法》GB 12524 对施工现场的噪声值进行监测和记录；并制定降噪措施。

（2）施工现场的强噪声设备宜设置在远离居民区的一侧。

（3）对因生产工艺要求或其他特殊需要，确需在 22 时至次日 6 时期间进行强噪声施工的，施工前建设单位和施工单位应到有关部门提出申请，经批准后方可进行夜间施工，并公告附近居民。

（4）夜间运输材料的车辆进入施工现场，严禁鸣笛，装卸材料应做到轻拿轻放。

（5）使用产生噪声和振动的施工机械、机具时，应当采取消声、吸声、隔声等措施有效控制和降低噪声；在规定的时间内不得使用空压机等噪声大的机械设备，如必须使用，需采用隔声棚降噪。

4. 防治施工固体废弃物污染

（1）施工车辆运输砂石、土方、渣土和建筑垃圾，采取密封、覆盖措施，避免泄露、遗撒，并按指定地点倾卸，防止固体废物污染环境。

（2）运送车辆不得装载过满并应加遮盖。车辆出场前设专人检查，在场地出口处设置洗车池，待土车出口时将车轮冲洗干净；应要求司机在转弯、上坡时减速慢行，避免遗洒；安排专人对土方车辆行驶路线进行检查，发现遗洒及时清扫。

5. 防治施工照明污染

（1）夜间施工严格按照建设行政主管部门和有关部门的规定，设置现场施工照明装置。

（2）对施工照明器具的种类、灯光亮度加以严格控制，特别是在城市市区居民居住区内，减少施工照明对城市居民影响。

# 11.3 劳务实名制管理有关规定

本节简要介绍关于总承包项目劳务管理和劳务实名制管理的基本规定。

依据国务院《关于解决农民工问题的若干意见》（国发［2006］5 号）、住房和城乡建设部《关于建立和完善劳务分包制度发展建筑劳务企业的意见》（建市［2005］131 号）等文件要求，在总承包项目内推行劳务实名制管理。市政公用工程施工现场管理人员和关键岗位人员相应实行实名制管理。

## 11.3.1 分包人员实名制管理目的、意义

1. 目的

劳务实名制管理是劳务管理的一项基础工作。实行劳务实名制管理，使总包对劳务分包人数清、情况明、人员对号、调配有序，从而促进劳务企业合法用工、切实维护农民工权益、调动农民工积极性、实施劳务精细化管理，增强企业核心竞争力。

2. 意义

（1）实行劳务实名制管理，督促劳务企业、劳务人员依法签订劳动合同，明确双方权

利义务，规范双方履约行为，使劳务用工管理逐步纳入规范有序的轨道，从根本上规避用工风险、减少劳动纠纷、促进企业稳定。

（2）实行劳务实名制管理，掌握劳务人员的技能水平，工作经历，有利于有计划、有针对性地加强对农民工的培训，切实提高他们的知识和技能水平，确保工程质量和安全生产。

（3）实行劳务实名制管理，逐人做好出勤、完成任务的记录，按时支付工资，张榜公示工资支付情况，使总包可以有效监督劳务企业的工资发放。

（4）实行劳务实名制管理，使总包企业了解劳务企业用工人数、工资总额，便于总包企业有效监督劳务企业按时、足额缴纳社会保险费。

### 11.3.2　分包人员实名制管理范围、内容

1. 范围

（1）市政公用工程的项目经理及项目部组成人员。

（2）城区市政公用工程的施工现场管理人员和关键岗位进行实名制管理，对象是施工关键岗位人员，如电工、架子工、预应力张拉工、起重工、起重机械司机、起重机械安装拆卸工、吊篮安装拆卸工、电焊工、锅炉工、电梯工、中小机械操作工、场内机械驾驶员等。

2. 内容

（1）市政公用工程施工现场管理人员和关键岗位人员实名制管理内容有：个人身份证、个人执业注册证或上岗证件、个人工作业绩、个人劳动合同或聘用合同等内容。

（2）总承包企业、招投标代理公司、监理企业、监管部门对市政公用工程施工现场管理人员和关键岗位人员实行实名制分别担负不同的职责。

其中，若招投标代理公司在负责市政公用工程项目招投标代理时，将监理企业和拟参与投标的施工企业的项目部领导机构报市政公用工程市场管理部门备案，未通过备案的项目部领导机构，不得进入招投标市场。

### 11.3.3　管理措施及管理方法

1. 管理措施

（1）劳务企业要与劳务人员依法签订书面劳动合同，明确双方权利义务。应将劳务人员花名册、身份证、劳动合同文本、岗位技能证书复印件报总包方备案，并确保人、册、证、合同、证书相符同一。人员有变动的要及时变动花名册、并向总包方办理变更备案。无身份证、无劳动合同、无岗位证书的"三无"人员不得进入现场施工。

（2）要逐人建立劳务人员入场、继续教育培训档案，记录培训内容、时间、课时、考核结果、取证情况，并注意动态维护、确保资料完整、齐全。项目部要定期检查劳务人员培训档案，了解培训开展情况，并可抽查检验培训效果。

（3）劳务人员现场管理实名化。进入现场施工的劳务人员要佩戴工作卡，注明姓名、身份证号、工种、所属分包企业，没有佩戴工作卡的不得进入现场施工。分包企业要根据劳务人员花名册编制出勤表，每日点名考勤，逐人记录工作量完成情况，并定期制定考核

表。考勤表、考核表须报总包备案。

（4）劳务企业要根据劳务人员花名册按月编制工资台账，记录工资支付时间、支付金额，经本人签字确认后，张贴公示。劳务人员工资台账须报总包备案。

（5）劳务企业要按照施工所在地政府要求，根据劳务人员花名册为劳务人员投保社会保险，并将缴费收据复印件、缴费名单报总包备案。

2. 实名制管理方法

（1）IC卡

目前，劳务实名制管理手段主要有手工台账、EXCEL表和IC卡。使用IC卡进行实名制管理，将科技手段引入项目管理中，能够充分体现总承包的项目管理水平。因此，有条件的项目应逐步推行使用IC卡进行项目实名制管理。IC卡可实现如下管理功能：

①人员信息管理：劳务企业将劳务人员基本身份信息，培训、继续教育信息等录入IC卡，便于保存和查询。

②工资管理：劳务企业按月将劳务人员的工资通过储蓄所存入个人管理卡，劳务人员使用管理卡可就近在ATM机支取现金，查询余额，也可异地支取。

③考勤管理：在施工现场进出口通道安装打卡机，劳务人员进出施工现场进行打卡，打卡机记录出勤状况，项目劳务管理员通过采集卡对打卡机的考勤记录进行采集并打印，作为考勤的原始资料存档备查，另作为公示资料进行公示，让每一个劳务人员知道自己在本期内的出勤情况。

④门禁管理：作为劳务人员准许出入项目施工区、生活区的管理系统。

（2）监督检查

①项目部应每月进行一次劳务实名制管理检查，检查内容主要如下：劳务管理员身份证、上岗证；劳务人员花名册、身份证、岗位技能证书、劳动合同证书；考勤表、工资表、工资发放公示单；劳务人员岗前培训、继续教育培训记录；社会保险缴费凭证。不合格的劳务企业应限期进行整改，逾期不改的要予以处罚。

②各法人单位要每季度进行项目部实名制管理检查，并对检查情况进行打分，年底进行综合评定。总包方将组织对农民工及劳务管理工作领导小组办公室的不定期抽查。

# 第 12 章　市政公用工程施工进度管理

## 12.1　施工进度计划编制方法

施工进度计划是项目施工组织设计重要组成部分，对工程履约起着主导作用。编制施工总进度计划的基本要求是：保证工程施工在合同规定的期限内完成，迅速发挥投资效益；保证施工的连续性和均衡性；节约费用、实现成本目标。本节简要介绍施工进度计划编制方法。

### 12.1.1　施工进度计划编制原则

1. 符合有关规定

(1) 符合国家政策、法律法规和工程项目管理的有关规定。

(2) 符合合同条款有关进度的要求。

(3) 兑现投标书的承诺。

2. 先进可行

(1) 满足企业对工程项目要求的施工进度目标。

(2) 结合项目部的施工能力，切合实际地安排施工进度。

(3) 应用网络计划技术编制施工进度计划，力求科学化，尽量在不增加资源条件下，缩短工期。

(4) 能有效调动施工人员的积极性和主动性，保证施工过程中施工的均衡性和连续性。

(5) 有利节约施工成本，保证施工质量和施工安全。

### 12.1.2　施工进度计划编制

1. 编制依据

(1) 以合同工期为依据安排开、竣工时间；

(2) 设计图纸、定额材料等；

(3) 机械设备和主要材料的供应及到货情况；

(4) 项目部可能投入的施工力量及资源情况；

(5) 工程项目所在地的水文、地质等方面自然情况；

(6) 工程项目所在地资源可利用情况；

(7) 影响施工的经济条件和技术条件；

(8) 工程项目的外部条件等。

2. 编制流程

(1) 首先要落实施工组织；其次为实现进度目标，应注意分析影响工程进度的风险，并在分析的基础上采取风险管理的措施；最后采取必要的技术措施，对各种施工方案进行论证，选择既经济又能缩短工期的施工方案。

（2）施工进度计划应准确、全面的表示施工项目中各个单位工程或各分项、分部工程的施工顺序、施工时间及相互衔接关系。施工进度计划的编制应根据各施工阶段的工作内容、工作程序、持续时间和衔接关系，以及进度总目标，按资源优化配置的原则进行。在计划实施过程中应严格检查各工程环节的实际进度，及时纠正偏差或调整计划，跟踪实施，如此循环、推进，直至工程竣工验收。

（3）施工总进度计划是以工程项目群体工程为对象，对整个工地的所有工程施工活动提出时间安排表；其作用是确定分部、分项工程及关键工序准备、实施期限、开工和完工的日期；确定人力资源、材料、成品、半成品、施工机械的需要量和调配方案，为项目经理确定现场临时设施、水、电、交通的需要数量和需要时间提供依据。因此，正确地编制施工总进度计划是保证工程施工按合同期交付使用、充分发挥投资效益、降低工程成本的重要基础。

（4）规定各工程的施工顺序和开、竣工时间，以此为依据确定各项施工作业所必需的劳动力、机械设备和各种物资的供应计划。

3. 工程进度计划方法

常用的表达工程进度计划方法有横道图和网络计划图两种形式。

（1）采用网络图的形式表达单位工程施工进度计划，能充分揭示各项工作之间的相互制约和相互依赖关系，并能明确反映出进度计划中的主要矛盾；可采用计算软件进行计算、优化和调整，使施工进度计划更加科学，也使得进度计划的编制更能满足进度控制工作的要求。

（2）采用横道图的形式表达单位工程施工进度计划可比较直观地反映出施工资源的需求及工程持续时间。

（3）图例：

① 图 12-1 所示为分成两个施工段的某一基础工程施工的用横道图表示的进度计划。

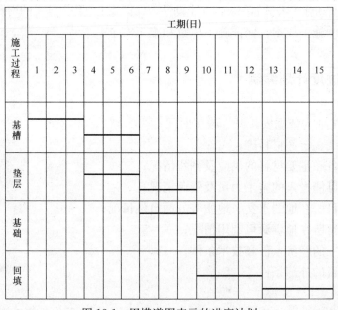

图 12-1　用横道图表示的进度计划

该基础工程的施工过程是：挖基槽—作垫层—作基础—回填。

② 图 12-2 所示为用双代号时间坐标网络计划（简称时标网络计划）表示的进度计划。

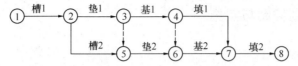

图 12-2　用双代号时标网络计划表示的进度计划

③ 图 12-3 所示为用双代号标注时间网络计划（简称标时网络计划，又称非时标网络计划）表示的进度计划。

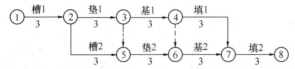

图 12-3　用双代号标时网络计划表示的进度计划

④ 图 12-4 所示为用单代号网络计划表示的进度计划。

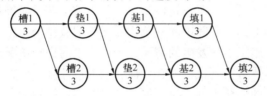

图 12-4　用单代号网络计划表示的进度计划

以上网络计划都是图 12-1 所示的用横道图表示的进度计划的不同表示方法。

# 12.2　施工进度计划调控措施

本节简要介绍施工进度计划实施与调控方法。

### 12.2.1　施工进度目标控制

1. 总目标及其分解

（1）总目标对工程项目施工进度控制以实现施工合同约定的竣工日期为最终目标，总目标应按需要进行分解。

（2）按单位工程分解为交工分目标，制定子单位工程或分部工程交工目标。

（3）按承包的专业或施工阶段分解为阶段分目标，重大市政公用工程可按专业工程分解进度目标分别进行控制；也可按施工阶段划分确定控制目标。

（4）按年、季、月分解为时间分目标，适用于有形象进度要求时。

2. 分包工程控制

（1）分包单位的施工进度计划必须依据承包单位的施工进度计划编制。

（2）承包单位应将分包的施工进度计划纳入总进度计划的控制范畴。

（3）总、分包之间相互协调，处理好进度执行过程中的相关关系，承包单位应协助分包单位解决施工进度控制中的相关问题。

### 12.2.2　进度计划控制与实施

1. 计划控制

（1）控制性计划

年度和季度施工进度计划，均属控制性计划，确定并控制项目施工总进度的重要节点目标。计划总工期跨越一个年度以上时，必须根据施工总进度计划的施工顺序，划分出不同年度的施工内容，编制年度施工进度计划。并在此基础上按照均衡施工原则，编制各季度施工进度计划。

（2）实施性计划

月、旬（或周）施工进度计划是实施性的作业计划。作业计划应分别在每月、旬（或周）末，由项目部提出目标和作业项目，通过工地例会协调之后编制。

年、月、旬、周施工进度计划应逐级落实，最终通过施工任务书由作业班组实施。

2. 保证措施

（1）严格履行开工、延期开工、暂停施工、复工及工期延误等报批手续。

（2）在进度计划图上标注实际进度记录，并跟踪记载每个施工过程的开始日期、完成日期、每日完成数量、施工现场发生的情况、干扰因素的排除情况。

（3）进度计划应具体落实到执行人、目标、任务；并制定检查方法和考核办法。

（4）跟踪工程部位的形象进度，对工程量、总产值、耗用的人工、材料和机械台班等的数量进行统计与分析，以指导下一步工作安排；并编制统计报表。

（5）按规定程序和要求，处理进度索赔。

### 12.2.3　进度调整

（1）跟踪进度计划的实施并进行监督，当发现进度计划执行受到干扰时，应及时采取调整计划措施。

（2）施工进度计划在实施过程中进行的必要调整必须依据施工进度计划检查审核结果进行。调整内容应包括：工程量、起止时间、持续时间、工作关系、资源供应。

（3）在施工进度计划调整中，工作关系的调整主要是指施工顺序的局部改变或作业过程相互协作方式的重新确认，目的在于充分利用施工的时间和空间进行合理交叉衔接，从而达到控制进度计划的目的。

# 12.3　编写施工进度报告的注意事项

本节简要介绍施工进度计划检查、审核与总结方法。

### 12.3.1　进度计划检查审核

1. 目的

工程施工过程中，项目部对施工进度计划应进行定期或不定期审核。目的在于判断进度计划执行状态，在工程进度受阻时，分析存在的主要影响因素；为实现进度目标有何纠正措施，为计划做出重大调整提供依据。

2. 主要内容

（1）工程施工项目总进度目标和所分解的分目标的内在联系合理性，能否满足施工合同工期的要求。

（2）工程施工项目计划内容是否全面，有无遗漏项目。

（3）工程项目施工程序和作业顺序安排是否正确合理；是否需要调整，如何调整。

（4）施工各类资源计划是否与进度计划实施的时间要求相一致；有无脱节；施工的均衡性如何。

（5）总包方和分包方之间，各专业之间，在施工时间和位置的安排是否合理；有无相互干扰；主要矛盾是什么。

（6）工程项目施工进度计划的重点和难点是否突出；对风险因素的影响是否有防范对策和应急预案。

（7）工程项目施工进度计划是否能保证工程施工质量和安全的需要。

## 12.3.2 工程进度报告

1. 目的

（1）工程施工进度计划检查完成后，项目部应向企业及有关方面提供施工进度报告。

（2）根据施工进度计划的检查审核结果，研究分析存在问题，制定调整方案及相应措施，以便保证工程施工合同的有效执行。

2. 主要内容

（1）工程项目进度执行情况的综合描述。主要内容是：报告的起止期，当地气象及晴雨天数统计；施工计划的原定目标及实际完成情况；报告计划期内现场的主要大事记（如停水、停电、事故处理情况，收到建设单位、监理工程师、设计单位等指令文件情况）。

（2）实际施工进度图。

（3）工程变更，价格调整，索赔及工程款收支情况。

（4）进度偏差的状况和导致偏差的原因分析。

（5）解决问题的措施。

（6）计划调整意见和建议。

## 12.3.3 施工进度控制总结

在工程施工进度计划完成后，项目部应编写施工进度控制总结，以便企业总结经验，提高管理水平。

1. 编制总结时应依据的资料

（1）施工进度计划；

（2）施工进度计划执行的实际记录；

（3）施工进度计划检查结果；

（4）施工进度计划的调整资料。

2. 施工进度控制总结应包括的内容

（1）合同工期目标及计划工期目标完成情况；

（2）施工进度控制经验与体会；

（3）施工进度控制中存在的问题及分析；

（4）施工进度计划科学方法的应用情况；

（5）施工进度控制的改进意见。

**【案例 12-1】**

背景资料：

某城市道路改建工程，地处交通要道，拆迁工作量大。建设方通过招标选择了工程施工总承包单位和拆迁公司。该施工项目部上半年施工进度报告显示：实际完成工作量仅为计划的 1/3 左右，窝工现象严重。报告附有以下资料：①桩基分包方的桩位图（注有成孔/成桩记录）及施工日志；②项目部的例会记录及施工日志；③施工总进度和年度计划图（横道图），图上标注了主要施工过程，开、完工时间及工作量，计划图制作时间为开工初期；④季、月施工进度计划及实际进度检查结果；⑤月施工进度报告和统计报表。报告除对进度执行情况简要描述外，对进度偏差及调查分析为"拆迁影响，促拆迁"。

问题：

（1）该项目施工进度报告应进行哪些方面的补充和改进？

（2）分包方是否应制订施工进度计划，与项目总进度计划的关系？

（3）该项目施工进度计划应作哪些内容上的调整？

（4）请指出该项目施工进度计划编制必须改进之处。

（5）请指出该项目施工进度计划的实施和控制存在哪些不足之处。

参考答案：

（1）答：对进度偏差及调查情况描述应补充和改进，提供的内容应包括：①进度执行情况的综合描述。主要内容是：报告的起止期；当地气象及晴雨天数统计；施工计划的原定目标及实际完成情况；报告计划期内现场的主要大事记（如停水、停电、事故处理情况，收到业主、监理工程师、设计单位等指令文件情况）；②实际施工进度图；③工程变更，价格调整，索赔及工程款收支情况；④进度偏差的状况和导致偏差的原因分析；⑤解决问题的措施；⑥计划调整意见。

（2）答：分包方应该制订施工进度计划。与项目总进度计划的关系为分包方的施工进度计划必须依据总承包方的施工进度计划编制；总承包方应将分包方的施工进度计划纳入总进度计划的控制范畴，总、分包之间相互协调，处理好进度执行过程中的相关关系，并协助分包方解决项目进度控制中的相关问题。

（3）答：应调整内容包括施工内容、工程量、起止时间、持续时间、工作关系、资源供应。

（4）答：必须改进之处为：①计划图制作时间应在开工前。②在施工总进度和年度计划图（横道图）上仅标注了主要施工过程，开、完工时间及工作量不足。应该在计划图上进行实际进度记录，并跟踪记载每个施工过程的开始日期；完成日期、每日完成数量、施工现场发生的情况、干扰因素的排除情况。③无旬（或周）施工进度计划及实际进度检查结果。

（5）答：项目施工进度计划实施过程存在不足之处有：

①未跟踪计划的实施并进行监督，在跟踪计划的实施和监督过程中当发现进度计划执行受到干扰时，应采取调度措施。

②在计划图上应进行实际进度记录，并跟踪记载每个施工过程（而不是主要施工过程）的开始日期、完成日期、每日完成数量、施工现场发生的情况、干扰因素的排除情况。

③未能执行施工合同中对进度、开工及延期开工、暂停施工、工期延误、工程竣工的承诺。

④应跟踪形象进度对工程量、总产值、耗用的人工、材料和机械台班等的数量进行统计与分析，编制统计报表。

⑤未落实控制进度措施应具体到执行人、目标、任务、检查方法和考核办法。

⑥未处理进度索赔。

# 第 13 章　市政公用工程施工质量管理

## 13.1　质量计划编制注意事项

通常，市政公用工程施工项目的质量计划即为施工组织设计中的质量保证计划，本节简要介绍其主要内容及其编制原则。

### 13.1.1　编制原则

（1）质量保证计划应由施工项目负责人主持编制，项目技术负责人、质量负责人、施工生产负责人应按企业规定和项目分工负责编制。

（2）质量保证计划应体现从工序、分项工程、分部工程到单位工程的过程控制，且应体现从资源投入到完成工程施工质量最终检验试验的全过程控制。

（3）质量保证计划应成为对外质量保证和对内质量控制的依据。

### 13.1.2　质量保证计划应包括的内容

1. 明确质量目标

（1）贯彻执行企业的质量目标；

（2）兑现投标书的质量承诺；

（3）确定质量目标及分解目标。

2. 确定管理体系与组织机构

（1）建立以项目负责人为首的质量保证体系与组织机构，实行质量管理岗位责任制。

（2）确定质量保证体系框图及质量控制流程图。

（3）明确项目部质量管理职责与分工。

（4）制定项目部人员及资源配置计划。

（5）制定项目部人员培训计划。

3. 质量管理措施

（1）确定工程关键工序和特殊过程，编制专项质量技术标准、保证措施及作业指导书。

（2）根据工程实际情况，按分项工程项目分别制定质量保证技术措施，并配备工程所需的各类技术人员。

（3）确定主要分项工程项目质量标准和成品保护措施。

（4）明确与施工阶段相适应的检验、试验、测量、验证要求。

（5）对于特殊过程，应对其连续监控；作业人员持证上岗，并制定相应的措施和规定。

(6) 明确材料、设备物资等质量管理规定。

4. 质量控制流程

(1) 实施班组自检、质检员检查、质量工程专业检查的"三检制"流程。

(2) 明确施工项目部内、外部（监理）验收及隐蔽工程验收程序。

(3) 确定分包工程的质量控制流程。

(4) 确定更改和完善质量保证计划的程序。

(5) 确定评估、持续改进流程。

# 13.2 质量计划实施要点

本节简要介绍施工组织设计中的质量保证计划实施与控制。

## 13.2.1 质量计划实施

1. 基本规定

(1) 质量保证计划实施的目的是确保施工质量满足工程施工技术标准和工程施工合同的要求。

(2) 质量管理人员应按照岗位责任分工，控制质量计划的实施。项目负责人对质量控制负责，质量管理由每一道工序和各岗位的责任人负责；并按规定保存控制记录。

(3) 承包方对工程施工质量和质量保修工作向发包方负责。分包工程的质量由分包方向承包方负责。承包方对分包方的工程质量向发包方承担连带责任。分包方应接受承包方的质量管理。

(4) 质量控制应实行样板制和首段验收制。施工过程均应按要求进行自检、互检和交接检。隐蔽工程、指定部位和分项工程未经检验或已经检验定为不合格的，严禁转入下道工序施工。

(5) 施工项目部应建立质量责任制和考核评价办法。

2. 质量管理与控制重点

(1) 关键工序和特殊过程：包括质量保证计划中确定的关键工序，施工难度大、质量风险大的重要分项工程。

(2) 质量缺陷：针对不同专业工程的质量通病制定保证措施。

(3) 施工经验较差的分项工程：应制定专项施工方案和质量保证措施。

(4) 新材料、新技术、新工艺、新设备：制定技术操作规程和质量验收标准，并应按规定报批。

(5) 实行分包的分项、分部工程：应制定质量验收程序和质量保证措施。

(6) 隐蔽工程：实行监理的工程应严格执行分项工程验收制；未实行监理的工程应事先确定验收程序和组织方式。

## 13.2.2 质量管理与控制

1. 按照施工阶段划分质量控制目标和重点

（1）施工准备阶段质量控制，重点是质量计划和技术准备；

（2）施工阶段质量控制，应随着工程进度、施工条件变化确定重点；

（3）分项工程成品保护，重点是不同施工阶段的成品保护。

2. 控制方法

（1）制定不同专业工程的质量控制措施；

（2）重点部位动态管理，专人负责跟踪和记录；

（3）加强信息反馈，确保人、材料、机械、方法、环境等质量因素处于受控状态；

（4）当发生质量缺陷或事故时，必须分析原因，分清责任，采取有效措施进行整改。

### 13.2.3 质量计划的验证

（1）项目技术负责人应定期组织具有资质的质检人员进行内部质量审核，验证质量计划的实施效果，当存在问题或隐患时，应提出解决措施。

（2）对重复出现的不合格质量问题，责任人应按规定承担责任，并应依据验证评价的结果进行处罚。

（3）质量控制应坚持"质量第一，预防为主"的方针和实施 GB/T 19000 族标准的"计划、执行、检查、处理"（PDCA）循环工作方法，不断改进过程控制。

【案例 13-1】

背景资料：

某厂敷设一条管径为 DN250 的管道，输送 0.6MPa 的蒸汽到 1450m 外的小区热力站。经招标选择 A 公司负责承建。A 公司因焊工不足，将管道焊接施工分包给 B 公司。在试运行时，该管线出现了质量事故（事故情况略），依据事故调查和经有资质单位检测并出具的报告，表明有一个焊口被撕裂，判断为焊接质量不合格。

问题：

（1）A 公司的分包做法是否符合规定？为什么？

（2）从质量事故分析 A 公司和 B 公司在质量控制上的责任。

（3）质量事故调查都应包括哪些主要内容？

参考答案：

（1）答：A 公司的分包做法不符合规定。因为：①实行分包的工程，应是合同文件中规定的工程的部分。②就该工程而言，管道是工程项目的关键分项工程。依据我国《合同法》和《建设法》，该工程项目的管道焊接不能分包。

（2）答：检测报告表明：一个焊口不合格，说明 A 公司和 B 公司在质量控制上对重点工序——焊接质量失控，在人、材料、机械、方法、环境等质量因素没有处于受控状态。A 公司对工程施工质量和质量保修工作向发包方负责。分包工程的质量由 B 公司向 A 公司负责。A 公司对 B 公司的质量事故向发包方承担连带责任。

（3）答：调查内容包括：对事故进行细致的现场调查，包括发生的时间、性质、操作人员、现况及发展变化的情况，充分了解与掌握事故的现场和特征；收集资料，包括所依据的设计图纸、使用的施工方法、施工工艺、施工机械、真实的施工记录、施工期间环境条件、施工顺序及质量控制情况等，摸清事故对象在整个施工过程中所处的客观条件；对收集到的可能引发事故的原因进行整理，按"人、机、料、法、环"五个方面内容进行归纳，形成质量事故调查的原始资料。

# 13.3 施工准备阶段质量管理措施

本节介绍了施工准备阶段的质量管理的内容和要求。

## 13.3.1 施工准备阶段质量管理要求

（1）市政公用工程通常具有专业工程多、地上地下障碍物多、专业之间及社会之间配合工作多、干扰多，导致施工变化多。项目部进场后应由技术负责人组织工程现场和周围环境调研和详勘。

（2）在调研和详勘基础上，针对工程项目不确定因素和质量影响因素，进行质量影响分析和质量风险评估。

（3）在质量影响分析和质量风险评估基础上编制实施性施工组织设计和质量保证计划。

## 13.3.2 施工准备阶段质量管理内容

1. 组织准备

（1）组建施工组织机构。采用适当的建制形式组建施工项目部，建立质量管理体系和组织机构，建立各级岗位责任制。

（2）确定作业组织。在满足施工质量和进度前提下合理组织和安排施工队伍，选择较熟悉本项工程专业操作技能的人员组成骨干施工队。

（3）施工项目部组织全体施工人员进行质量管理和质量标准的培训，并应保存培训记录。

2. 技术管理的准备工作

（1）施工合同签订后，施工项目部及时索取工程设计图纸和相关技术资料，指定专人管理并公布有效文件清单。

（2）熟悉设计文件。项目技术负责人主持由有关人员参加的对设计图纸的学习与审核，认真领会设计意图，掌握施工设计图纸和相关技术标准的要求，并应形成会审记录。如发现设计图纸有误或不合理的地方，及时提出质疑或修改建议，并履行规定的手续予以核实、更正。

（3）编制能指导现场施工的实施性施工组织设计，确定主要（重要）分项工程、分部工程的施工方案和质量保证计划。

（4）根据施工组织，分解和确定各阶段质量目标和质量保证措施。

（5）确认分项、分部和单位工程的质量检验与验收程序、内容及标准等。

3. 技术交底与培训

（1）单位工程、分部工程和分项工程开工前，项目技术负责人对承担施工的负责人或分包方全体人员进行书面技术交底。技术交底资料应办理签字手续并归档。

（2）对施工作业人员进行质量和安全技术培训，经考核后持证上岗。

（3）对包括机械设备操作人员的特殊工种资格进行确认，无证或资格不符合者，严禁上岗。

4. 物资准备

（1）项目负责人按质量计划中关于工程分包和物资采购的规定，经招标程序选择并评价分包方和供应商，保存评价记录。各类原材料、成品、半成品质量，必须具有质量合格证明资料并经进场检验，不合格不准用。

（2）机具设备根据施工组织设计进场，性能检验应符合施工需求。

（3）按照安全生产规定，配备足够的质量合格的安全防护用品。

5. 现场准备

（1）对设计技术交底、交桩给定的工程测量控制点进行复测，当发现问题时，应与勘察设计方协商处理，并形成记录。

（2）做好设计、勘测的交桩和交线工作，并进行测量放样。

（3）建设符合国家或地方标准要求的现场试验室。

（4）按照交通疏导（行）方案修建临时施工便线、导行临时交通。

（5）按施工组织设计中的总平面布置图搭建临时设施包括施工用房、用电、用水、用热、燃气、环境维护等。

# 13.4　施工过程的质量事故预防措施

本节介绍施工过程质量控制的要点。

## 13.4.1　施工质量因素控制

1. 施工人员控制

（1）项目部管理人员保持相对稳定。

（2）作业人员满足施工进度计划需求，关键岗位工种符合要求。

（3）按照岗位标准对项目部管理人员的工作状态进行考核，并记录考核结果。

（4）项目部管理人员考核结果与奖罚。

（5）劳务人员实行实名制管理。

2. 材料的质量控制

（1）材料进场必须检验，依样品及相关检测报告进行报验，报验合格的材料方能使用。

（2）材料的搬运和贮存应按搬运储存有关规定进行，并应建立台账。

（3）按照有关规定，对材料、半成品、构件进行标识。

（4）未经检验和已经检验为不合格的材料、半成品、构件和工程设备等，必须按规定进行检验或拒绝验收。

（5）对发包方提供的材料、半成品、构配件、工程设备和检验设备等，必须按规定进行检验和验收。

（6）对承包方自行采购的物资应报监理工程师进行验证。

（7）在进场材料的管理上，采用限额领料制度，由施工人员签发限额领料单，库管员按单发货。

3. 机械设备的质量控制

(1) 应按设备进场计划进行施工设备的调配。

(2) 进场的施工机械应经检测合格，满足施工需要。

(3) 应对机械设备操作人员的资格进行确认，无证或资格不符合者，严禁上岗。

(4) 计量人员应按规定控制计量器具的使用、保管、维修和验证，计量器具应符合有关规定。

## 13.4.2 施工过程质量控制

1. 分项工程（工序）控制

(1) 施工管理人员在每分项工程（工序）施工前应对作业人员进行书面技术交底，交底内容包括工具及材料准备、施工技术要点、质量要求及检查方法、常见问题及预防措施。

(2) 在施工过程中，项目技术负责人对发包方或监理工程师提出的有关施工方案、技术措施及设计变更要求，应在执行前向执行人员进行书面交底。

(3) 分项工程（工序）的检验和试验应符合过程检验和试验的规定，对查出的质量缺陷应按不合格控制程序及时处置。

(4) 施工管理人员应记录工程施工的情况。

2. 特殊过程控制

(1) 对工程施工项目质量计划规定的特殊过程，应设置工序质量控制点进行控制。

(2) 对特殊过程的控制，除应执行一般过程控制的规定外，还应由专业技术人员编制专门的作业指导书。

(3) 不太成熟的工艺或缺少经验的工序应安排试验，编制成作业指导书，并进行首件（段）验收。

(4) 编制的作业指导书，应经项目部或企业技术负责人审批后执行。

3. 不合格产品控制

(1) 控制不合格物资进入项目施工现场，严禁不合格工序或分项工程未经处置而转入下道工序或分项工程施工。

(2) 对发现的不合格产品和过程，应按规定进行鉴别、标识、记录、评价、隔离和处置。

(3) 应进行不合格评审。

(4) 不合格处置应根据不合格严重程度，按返工、返修、让步接收或降级使用、拒收或报废四种情况进行处理。构成等级质量事故的不合格，应按国家法律、行政法规进行处理。

(5) 对返修或返工后的产品，应按规定重新进行检验和试验，并应保存记录。

(6) 进行不合格让步接收时，工程施工项目部应向发包方提出书面让步接收申请，记录不合格程度和返修的情况，双方签字确认让步接收协议和接收标准。

(7) 对影响建筑主体结构安全和使用功能不合格的产品，应邀请发包方代表或监理工程师、设计人，共同确定处理方案，报工程所在地建设主管部门批准。

(8) 检验人员必须按规定保存不合格控制的记录。

### 13.4.3 质量管理与控制的持续改进

1. 预防与策划

(1) 施工项目部应定期召开质量分析会，对影响工程质量的潜在原因，采取预防措施。

(2) 对可能出现的不合格产品，应制定防止再发生的措施并组织实施。

(3) 对质量通病应采取预防措施。

(4) 对潜在的严重不合格产品，应实施预防措施控制程序。

(5) 施工项目部应定期评价预防措施的有效性。

2. 纠正

(1) 对发包方、监理方、设计方或质量监督部门提出的质量问题，应分析原因，制定纠正措施。

(2) 对已发生或潜在的不合格信息，应分析并记录处理结果。

(3) 对检查发现的工程质量问题或不合格报告提出的问题，应由工程施工项目技术负责人组织有关人员判定不合格程度，制定纠正措施。

(4) 对严重不合格或重大质量事故，必须实施纠正方案及措施。

(5) 实施纠正措施的结果应由施工项目技术负责人验证并记录；对严重不合格或等级质量事故的纠正措施和实施效果应验证，并应上报企业管理层。

(6) 施工项目部或责任单位应定期评价纠正措施的有效性，进行分析、总结。

3. 检查、验证

(1) 项目部应对项目质量计划执行情况组织检查、内部审核和考核评价，验证实施效果。

(2) 项目负责人应依据质量控制中出现的问题、缺陷或不合格，召开有关专业人员参加的质量分析会进行总结，并制定进一步改进措施。

**【案例 13-2】**

背景资料：

A 公司中标某城市燃气管道工程，其中穿越高速公路段管道敷设在钢筋混凝土套管内，套管内径为 2.2m，管顶覆土厚度大于 6m，采用泥水平衡顶管机施工，顶管长度 98m。路两侧检查井兼做工作井，采用锚喷倒挂法施工。单节混凝土管长 2m，自重 10t，拟采用 20t 吊车下管。开顶前，A 公司项目主管部门对现场施工准备检查中，发现以下情况：

(1) 项目部未能提供工作井施工专项方案和论证报告。

(2) 施工现场有泥浆拌合、注浆设备，但未见施工方案中的泥浆处理设施；现场施工负责人回答泥浆拟全部排入附近水沟。

(3) 顶管机械是租来的设备，并配备一名操作手；现场未见泥水平衡顶管作业指导书。

问题：

(1) 该工程的工作井施工是否要编制专项方案？

（2）项目部拟将泥浆排入水沟做法可行吗？说明理由。

（3）现场未见泥水平衡顶管作业指导书说明项目部技术质量管理存在哪些问题？

参考答案：

（1）答：必须编制施工专项方案。因为管顶覆土加上混凝土管和井底板，工作井基坑接近 9m 深。依据《危险性较大的分部分项工程安全管理办法》规定：开挖深度超过 5m（含 5m）的基坑（槽）的土方开挖、支护应编制专项方案并组织专家论证。

（2）答：不可行。泥浆处理是市政公用工程文明施工和环境保护的重要内容，含有有害物质的泥浆不能直接排入水体和市政管道。此外，泥浆处理是选择泥水平衡顶管方式的决定因素之一，也是顶管施工方案的重要组成部分；改变处理方式必须办理施工方案变更手续。

（3）答：租用顶进设备和操作人员，说明工程施工项目或所属企业缺少类似的施工经验，在技术质量管理上应安排试验，掌握施工技术和质量控制要点；并应将泥水顶管施工作为特殊过程列入该项目质量计划。特殊过程的控制，除应执行一般过程控制的规定外，还应由专业技术人员编制专门的作业指导书。编制的作业指导书，应经项目部或企业技术负责人审批后执行。

# 第14章　市政公用工程施工安全管理

## 14.1　施工安全风险识别与预防措施

本节介绍了市政公用工程施工项目危险源识别与防范、应急救援措施。

### 14.1.1　危险源识别与评价

1. 工程特点与安全控制重点

(1) 市政公用工程施工有三大特点：一是产品固定，人员流动；二是露天高处作业多，手工操作体力劳动繁重；三是施工变化大，规则性差，不安全因素随工程进度变化而变化。基于上述特点，施工现场必须随着工程进度的发展、变化，及时调整安全防护设施，方能消除隐患，保证安全。

(2) 按照国家标准《企业职工伤亡事故分类》GB 6441的规定，我国将职业伤害事故分成20类，主要有：物体打击、车辆伤害、机械伤害、起重伤害、触电、淹溺、灼烫、火灾、高处坠落、坍塌、冒顶片帮、透水、放炮、火药爆炸、瓦斯爆炸、锅炉爆炸、容器爆炸、其他爆炸、中毒和窒息以及其他伤害。其中高处坠落、物体打击、触电、机械伤害、坍塌是市政公用工程施工项目安全生产事故的主要风险源。

① 高处坠落。作业人员从临边、洞口、电梯井口、楼梯口、预留洞口等处坠落；从脚手架上坠落；在安装、拆除龙门架（井字架）、物料提升机和塔吊过程中坠落；在安装、拆除模板时坠落；吊装结构和设备时坠落。

② 触电。对经过或靠近施工现场的外电线路没有或缺少防护，作业人员在搭设钢管架、绑扎钢筋或起重吊装过程中，碰触这些线路，造成触电；使用各类电器设备触电；因电线破皮、老化等原因触电。

③ 物体打击。作业人员受到同一垂直作业面的交叉作业中和通道口处坠落物体的打击。

④ 机械伤害。主要是垂直运输设备、吊装设备、各类桩机和场内驾驶（操作）机械对人的伤害。

⑤ 坍塌。随着城市地下工程的建设发展，施工坍塌事故正在成为另一大伤害事故。施工中发生的坍塌事故主要表现为：现场浇混凝土梁、板的模板支撑失稳倒塌；基坑沟槽边坡失稳引起土石方坍塌；施工现场的围墙及挡墙质量低劣坍落；暗挖施工掌子面和地面坍塌；拆除工程中的坍塌。

(3) 施工中人的不安全行为、物的不安全状态、作业环境的不安全因素和管理缺陷是项目职业健康安全控制的重点，必须采取有针对性的控制措施。项目施工中必须把好安全生产"六关"，即措施关、交底关、教育关、防护关、检查关、改进关。

2. 危险源辨识

（1）按照国家标准《生产过程危险和有害因素分类与代码》GB/T 13861，危险源可分为六大类：物理性危险和有害因素，化学性危险和有害因素，生物性危险和有害因素，心理、生理性危险和有害因素，行为性危险和有害因素以及其他危险和有害因素等。

（2）危险源主要包括物的障碍、人的失误和环境因素。

① 物的障碍是指机械设备、装置、元件等由于性能低下而不能实现预定功能的现象。

② 人的失误是指人的行为结果偏离了被要求的标准，而没有完成规定功能的现象。

③ 环境因素指施工作业环境中的温度、湿度、噪声、振动、照明或通风等方面的问题，会促使人的失误或物的故障发生。

（3）危险源辨识必须根据生产活动和施工现场的特点进行。主要方法有：询问交谈、现场观察、查阅有关记录、获取外部信息、工作任务分析、安全检查表、危险与可操作性研究、事故树分析、故障数分析等。

为使工程项目危险源得到全面、客观辨识，企业和项目应组织全员参与，采用综合评价等方法。

3. 风险评价

（1）风险评价的关键是围绕可能性和后果两方面来确定风险。对于辨识后的危险源，项目部应进行风险评价，估计其潜在伤害的严重程度和发生的可能性，然后对风险进行分级。评价方法主要有定性分析法和定量分析法（LEC）。当条件变化时，项目部应对风险重新进行评审。

（2）定性分析法

主要根据估算的伤害的可能性和严重程度进行风险分级的方法。具体见表14-1。

风险评价表 表14-1

| | 轻微伤害 | 伤害 | 严重伤害 |
|---|---|---|---|
| 极不可能 | 可忽略风险 | 较大风险 | 中度风险 |
| 不可能 | 较大风险 | 中度风险 | 重大风险 |
| 可能 | 中度风险 | 重大风险 | 巨大风险 |

（3）定量分析法

定量计算每一种危险源所带来的风险可采用以下方法：

$$D = LEC$$

式中　$D$——风险值；

　　　$L$——发生事故的可能性大小；

　　　$E$——暴露于危险环境的频繁程度；

　　　$C$——发生事故的后果。

## 14.1.2　预防与防范主要措施

1. 安全技术管理措施

（1）必须在安全危险源识别、评估基础上，编制施工组织设计和施工方案，制定安全技术措施和施工现场临时用电方案；对危险性较大分部分项工程，编制专项安全施工方案。

（2）项目负责人、技术负责人和专职安全员应按分工负责安全技术措施和专项方案交底、过程监督、验收、检查、改进等工作内容；应对全体施工人员进行安全技术交底，并签字保存记录。

（3）技术交底应符合下列规定：

① 单位工程开工前，项目部的技术负责人必须向有关人员进行安全技术交底。

② 结构复杂的分部分项工程施工前，项目部的安全（技术）负责人应进行安全技术交底。

③ 项目部应保存安全技术交底记录。

2. 安全教育与培训

（1）职业健康安全教育是项目安全管理工作的重要环节，是提高全员安全素质、安全管理水平和防止事故，从而实现安全生产的重要手段。按照行业管理及法律规定：项目职业健康安全教育培训率实现 100%。

（2）教育与培训对象包括以下五类人员：

① 项目负责人（经理）、项目生产经理、项目技术负责人：必须经过当地政府或上级主管部门组织的职业健康安全生产专项培训，培训时间不得少于 24h，经考核合格后持"安全生产资质证书"上岗。

② 项目基层管理人员：项目基层管理人员每年必须接受公司职业健康安全生产培训，经考试合格后持证上岗。

③ 分包单位负责人、管理人员：接受政府主管部门或总包单位的职业健康安全培训，经考试合格后持证上岗。

④ 特种作业人员：必须经过专门的职业健康安全理论培训和技术实际操作训练，经理论和实际操作的双重考核，合格后，持"特种作业操作证"上岗作业。

⑤ 操作工人：新入场工人必须经过三级职业健康安全教育，考试合格后持证上岗。

（3）教育与培训主要以职业健康安全生产思想、安全知识、安全技能和法制教育四个方面内容为主。主要形式有：

① 三级安全教育：对新工人进行公司、项目、作业班组三级安全教育，时间不少于40h。三级安全教育由企业安全、劳资等部门组织，经考试合格者方可进入生产岗位。

② 转场安全教育：新转入现场的工人接受转场安全教育，教育时间不得少于 8h。

③ 变换工种安全教育：改变工种或调换工作岗位的工人必须接受教育，时间不少于4h，考核合格后方可上岗。

④ 特种作业安全教育：从事特种作业的人员必须经过专门的安全技术培训，经考试合格取得操作证后方准独立作业。

⑤ 班前安全活动交底：各作业班组长在每班开工前对本班组人员进行班前安全活动交底。将交底内容记录在专用记录本上，各成员签名。

⑥ 季节性施工安全教育：在雨期、冬期施工前，现场施工负责人组织分包队伍管理人员、操作人员进行季节性安全技术教育，时间不少于 2h。

⑦ 节假日安全教育：一般在节假日到来前进行，以稳定人员思想情绪，预防事故

发生。

⑧ 特殊情况安全教育：当实施重大安全技术措施、采用"四新"技术、发生重大伤亡事故、安全生产环境发生重大变化和安全技术操作规程因故发生改变时，由项目负责人（经理）组织有关部门对施工人员进行安全生产教育，时间不少于 2h。

（4）职工教育与培训档案管理应由企业主管部门统一规范，为每位职工建立《职工安全教育卡》。职工的安全教育应实行跟踪管理。职工调动单位或变换工种时应将《职工安全教育卡》转至新单位。三级安全教育，换岗、转岗安全教育应及时做出相应的记录。

3. 设备管理

（1）工程项目要严格设备进场验收工作。中小型机械设备由施工员会同专业技术管理人员和使用人员共同验收；大型设备、成套设备在项目部自检自查基础上报请企业有关管理部门，组织企业技术负责人和有关部门验收；塔式或门式起重机、电动吊篮、垂直提升架等重点设备应组织第三方具有相关资质的单位进行验收。检查技术文件包括各种安全保险装置及限位装置说明书、维修保养及运输说明书、产品鉴定及合格证书、安全操作规程等内容，并建立机械设备档案。

（2）项目部应根据现场条件设置相应的管理机构，配备设备管理人员．设备出租单位应派驻设备管理人员和维修人员。

（3）设备操作和维护人员必须经过专业技术培训，考试合格后取得相应操作证后，持证上岗。机械设备使用实行定机、定人、定岗位责任的"三定"制度。

（4）按照安全操作规程要求作业，任何人不得违章指挥和作业。

（5）施工过程中项目部要定期检查和不定期巡回检查，确保机械设备正常运行。

4. 应急救援

（1）实行施工总承包的由总承包单位统一组织编制建设工程生产安全事故应急预案。

（2）工程总承包单位和分包单位按照应急预案，各自建立应急救援组织，配备应急救援人员、器材、设备。

（3）对项目全体人员进行针对性的培训和交底，定期组织专项应急演练。

（4）项目部按照应急预案明确应急设备和器材储存、配备的场所、数量，并定期对应急设备和器材进行检查、维护、保养。

（5）应根据应急救援预案演练、实战的结果，对事故应急预案的适宜性和可操作性组织评价，必要时进行修改和完善。

（6）接到紧急信息，及时启动预案，组织救援、抢险。

（7）配合有关部门妥善处理安全事故，并按照相关规定上报。

5. 安全检查

（1）安全检查的目的是为了消除隐患、防止事故、改善劳动条件及提高员工安全生产意识，安全检查是安全控制工作的重要内容。

（2）安全检查内容与方法详见 14.3。

【案例 14-1】

背景资料：

某沿海城市电力隧道内径为 3.8m，全长 4.9km，管顶覆土厚度大于 5m，采用顶管法施工，合同工期 1 年，检查井兼做工作坑，采用现场制作沉井下沉的施工方案。电力隧道沿着交通干道走向，距交通干道侧石边最近处仅 2m 左右。离隧道轴线 8m 左右，有即将入地的高压线，该高压线离地高度最低为 15m。单节混凝土管长 2m，自重 11t，采用 20t 龙门吊下管。隧道穿越一个废弃多年的污水井。上级公司对工地的安全监督检查中，有以下记录：

（1）项目部对本工程作了安全风险源分析，认为主要风险源为高空作业，地面交通安全和隧道内施工用电，并依此制订了相应的控制措施。

（2）项目部编制了安全专项施工方案，分别为施工临时用电组织设计，沉井下沉施工方案。

（3）项目部制定了安全生产验收制度。

问题：

（1）该工程还有哪些安全风险源未被辨识？对此应制定哪些控制措施？

（2）项目部还应补充哪些安全专项施工方案？说明理由。

（3）针对本工程，安全验收应包含哪些项目？

参考答案：

（1）答：隧道内尚有有毒有害气体，以及高压电线电力场未被辨识。为此必须制定有毒有害气体的探测、防护和应急措施；必须制订防止高压电线电力场伤害人身及机械设备的措施。

（2）答：应补充沉井制作的模板方案和脚手架方案，补充龙门吊的安装方案。

理由：本案中管道内径为 3.8m，管顶覆土大于 5m，故沉井深度将达到 10m 左右，现场预制即使采用分三次预制的方法，每次预制高度仍达 3m 以上，必须搭设脚手架和模板支撑系统。因此，应制定沉井制作的模板方案和脚手架方案，并且注意模板支撑和脚手架之间不得有任何联系。本案中，隧道用混凝土管自重大，采用龙门吊下管方案，按规定必须编制龙门吊安装方案，并由专业安装单位施工，安全监督站验收。

（3）答：本工程安全验收应包括以下内容：

沉井模板支撑系统验收、脚手架验收、临时施工用电设施验收、龙门吊安装完毕验收、个人防护用品验收、沉井周边及内部防高空坠落系列措施验收。

# 14.2 施工安全保证计划编制要点

安全保证计划是施工组织设计的重要组成部分，本节简要介绍市政公用工程安全保证计划编制与安全生产管理要点。

## 14.2.1 安全保证计划应包括的主要内容

1. 一般规定

（1）认真贯彻我国以法律形式确立的安全生产方针——"安全第一，预防为主"，正确处理安全与生产的关系。"生产必须安全，安全促进生产"，以预防为主，防患于未然。

（2）落实企业安全试生产管理目标，制定施工项目的安全管理目标，兑现合同承诺。

（3）必须取得安全行政主管部门颁发的"安全施工许可证"后方可开工。总承包单位和各分包单位均应有"施工企业安全资格审查认可证"。

2. 安全生产管理体系

（1）工程项目施工实行总承包的，应成立由总承包、专业承包和劳务分包等单位项目负责人（经理）、技术负责人和专职安全生产管理人员（以下简称专职安全员）组成的安全管理领导小组。

（2）专业承包和劳务分包单位应服从总承包单位管理，落实总承包企业的安全生产要求。

（3）总承包与分包安全管理责任：

①实行总承包的项目，安全控制由总承包方负责，分包方服从总承包方的管理。总承包方对分包方的安全生产责任包括：审查分包方的安全施工资格和安全生产保证体系，不应将工程分包给不具备安全生产条件的分包方；在分包合同中应明确分包方安全生产责任和义务；对分包方提出安全要求，并认真监督，检查；对违反安全规定冒险蛮干的分包方，应令其停工整改；总承包方应统计分包方的伤亡事故，按规定上报，并按分包合同约定协助处理分包方的伤亡事故。

②分包方安全生产责任应包括：分包方对本施工现场的安全工作负责，认真履行分包合同规定的安全生产责任；遵守总承包方的有关安全生产制度，服从总承包方的安全生产管理，及时向总承包方报告伤亡事故并参与调查，处理善后事宜。

3. 安全生产责任制和考核、奖惩制度

（1）安全生产责任制是企业对项目部各级领导、各个部门、各类人员所规定的职责范围内对安全生产应负责任的制度。建立安全生产责任制是安全风险控制措施计划实施的重要保证。

（2）项目部应建立安全生产责任制，并把责任目标分解落实到人。

①项目负责人（经理）：是项目工程安全生产第一责任人，对项目经营生产全过程中的安全负全面领导责任。

②项目生产经理：对项目的安全生产负直接领导责任，协助项目负责人（经理）落实各项安全生产法规、规范、标准和项目的各项安全生产管理制度，组织各项安全生产措施的实施。

③安全总监（专职安全监督员）：在现场经理的直接领导下负责项目安全生产工作的监督管理。

④项目技术负责人：对项目的安全生产负技术责任。

⑤施工员（工长）：是所管辖区域范围内安全生产第一负责人，对辖区的安全生产负直接领导责任。向班组、施工队进行书面安全技术交底，履行签字手续；对规程、措施、交底要求的执行情况经常检查，随时纠正违章作业；经常检查辖区内作业环境、设备、安全防护设施以及重点特殊部位施工的安全状况，发现问题及时纠正解决。

⑥分包单位负责人：是本单位安全生产第一责任人，对本单位安全生产负全面领导责任。

⑦班组长：是本班组安全生产第一责任人，负责执行安全生产规章制度及安全技术操作规程，合理安排班组人员工作，对本班组人员在施工生产中的安全和健康负直接责任。

4. 安全技术措施与安全管理措施

（1）根据工程施工和现场情况危险源辨识与评价，制定防止工伤事故和职业病的危害的技术措施。

（2）针对工种特点，环境条件，采取的劳力组织、作业方法，施工机械，供电设施等确保安全施工的管理措施。

（3）配置符合安全施工和职业健康的机械设备。

（4）危险性较大分部分项工程施工专项方案。

（5）监督指导各项安全技术操作规程落实与执行的专职安全员和项目检查机构。

（6）及时消除安全隐患，限时整改并制定消除安全隐患措施。

5. 安全生产管理制度

（1）安全生产值班制度：

施工现场必须保证每班有领导值班，专职安全员在现场，值班领导应认真做好安全值班记录。

（2）周、月安全生产例会制度：

解决处理施工过程中的安全问题，并进行定期和各项专业安全监督检查。项目负责人应亲自主持例会和定期安全检查，协调、解决生产、安全之间的矛盾和问题，建立相关的安全管理制度。

（3）安全生产检查和验收制度。

（4）安全生产验收制度：

必须严格坚持"验收合格方准使用"的原则，对安全生产设备、设施和防护用品进行验收签认。

（5）整顿改进及奖罚制度。

6. 应急救援预案与组织计划

（1）制定施工现场生产安全事故应急救援预案。实行施工总承包的由总承包单位统一组织编制建设工程生产安全事故应急预案。

（2）工程总承包单位和分包单位按照应急预案，各自建立应急救援组织，落实应急救援人员、器材、设备，并定期进行演练。

（3）发生事故及突发事件组织救援和抢险。

## 14.2.2　过程控制与持续改进

1. 过程控制

（1）项目负责人、技术负责人、安全员应对安全工作计划进行监督检查，关键工序应安排专职安全员对重点风险源进行现场监督检查和指导。

（2）发现施工中人的不安全行为、物的不安全状态、作业环境的不安全因素和管理缺陷，专职安全员采取有针对性的纠正措施，及时制止违章指挥和违章作业；并督促整改直至消除隐患。

（3）对查出的安全隐患要做到"五定"，即定整改责任人、定整改措施、定整改完成时间、定整改完成人、定整改验收人。

（4）项目部应定期或不定期进行安全管理工作分析和安全计划总结改进。

（5）项目部应定期向企业安全生产管理机构报告项目安全生产计划实施情况。

2. 安全生产保证计划评估

项目部应定期对安全保证计划的适宜性、符合性和有效性进行评估，确定安全生产管理需改进的方面，制定并实施改进措施，并对其有效性进行跟踪验证和评价。

发生下列情况时，应及时进行安全生产保证计划评估：

（1）适用法律法规和标准发生变化；

（2）企业、项目部组织机构和体制发生重大变化；

（3）发生生产安全事故；

（4）其他影响安全生产管理的重大变化。

3. 持续改进

（1）项目部应根据企业职业健康安全管理体系要求，及时将生产安全保证计划实施与改进情况报送企业。

（2）企业结合实际制定内部安全技术标准和图集，定期进行技术分析改造，改进施工现场安全生产作业条件，改善作业环境。

## 14.3　施工安全检查内容与方法

本节简要介绍企业和项目部生产安全检查主要内容及方法。

### 14.3.1　安全检查的内容与频次

1. 安全检查主要内容

（1）安全目标的实现程度；

（2）安全生产职责的落实情况；

（3）各项安全管理制度的执行情况；

（4）施工现场安全隐患排查和安全防护情况；

（5）生产安全事故、未遂事故和其他违规违法事件的调查、处理情况；

（6）安全生产法律法规、标准规范和其他要求的执行情况。

2. 安全检查的形式与频次

安全检查按组织形式可分为管理层的自查、互查以及对下级管理层的抽查等；按照检查频次可分为日常巡查、专项检查、季节性检查、定期检查、不定期抽查等。

（1）日常巡查

工程项目部每天应结合施工动态，实行安全巡查；总承包工程项目部应组织各分包单位每周进行安全检查，每月对照《建筑施工安全检查标准》，至少进行一次定量检查；项目安全员或安全值班人员对工地进行的巡回安全生产检查及班组在班前、班后进行的安全检查等。

（2）专项检查

企业或项目部每月应对工程项目施工现场安全职责落实情况至少进行一次检查，并针对检查中发现的倾向性问题、安全生产状况较差的工程项目，组织专项检查。专项检查应结合工程项目进行。如沟槽、基坑土方的开挖、脚手架、施工用电、吊装设备专业分包、劳务用工等安全问题，专业性较强的应由技术负责人组织专业技术人员、专项作业负责人和相关专职部门进行。

（3）季节性检查

企业应针对承建工程所在地区的气候与环境特点，组织季节性的安全检查。季节性安全检查是针对施工所在地气候特点可能给施工带来的危害而组织的安全检查，如雨期的防汛、冬期的防冻等。每次安全检查应由主管生产的领导或技术负责人员带队，由相关的部门联合组织检查。

## 14.3.2 安全检查标准与方法

1. 安全检查标准

（1）可结合工程的类别、特点，依据国家、行业或地方颁布的标准要求执行。

（2）依据本单位在安全管理及生产中的有关经验，制定本企业的安全生产检查标准。

2. 安全检查方法

（1）常规检查

常规检查是常见的一种检查方法。通常是由安全管理人员作为检查工作的主体，到作业场所的现场，通过感官或辅助一定的简单工具、仪表等，对作业人员的行为、作业场所的环境条件、生产设备设施等进行的定性检查。安全检查人员通过这一手段，及时发现现场存在的安全隐患并采取措施予以消除，纠正施工人员的不安全行为。

常规检查依靠安全检查人员的经验和能力，检查的结果直接受安全检查人员个人素质的影响。因此，对安全检查人员个人素质的要求较高。

（2）安全检查表法

为使检查工作更加规范，将个人的行为对检查结果的影响减少到最小，常采用安全检查表法。

安全检查表（SCL）是事先把系统加以剖析，列出各层次的不安全因素，确定检查项目，并把检查项目按系统的组成顺序编制成表，以便进行检查或评审，这种表就叫做安全检查表。安全检查表是进行安全检查，发现和查明各种危险和隐患，监督各项安全规章制度的实施，及时发现事故隐患并制止违章行为的一个有力工具。

安全检查表应列举需查明的所有可能会导致事故的不安全因素。每个检查表均需注明检查时间、检查者、直接负责人等，以便分清责任。安全检查表的设计应做到系统、全面，检查项目应明确。

（3）仪器检查法

机器、设备内部的缺陷及作业环境条件的真实信息或定量数据，只能通过仪器检查法来进行定量化的检验与测量，才能发现安全隐患，从而为后续整改提供信息。因此，必要时需要实施仪器检查。由于被检查的对象不同，检查所用的仪器和手段也不同。

## 14.3.3 安全检查的工作程序

1. 准备工作

（1）确定检查的对象、目的、任务；

（2）查阅、掌握有关法规、标准、规程的要求；

（3）了解检查对象的工艺流程、生产情况、可能出现危险、危害的情况；

（4）制定检查计划，安排检查内容、方法、步骤；

（5）编写安全检查表或检查提纲；

（6）准备必要的检测工具、仪器、书写表格或记录本；

（7）挑选和训练检查人员并进行必要的分工等。

2. 实施检查

（1）访谈。通过与有关人员谈话来查安全意识、查规章制度执行情况等。

（2）查阅文件和记录。检查设计文件、作业规程、安全措施、责任制度，操作规程等是否齐全，是否有效；查阅相应记录，判断上述文件是否被执行。

（3）现场观察。对作业现场的生产设备、安全防护设施、作业环境、人员操作等进行观察，寻找不安全因素、事故隐患，事故征兆等。

（4）仪器测量。利用一定的检测检验仪器设备，对在用的设施、设备、器材状况及作业环境条件等进行测量，以发现隐患。

3. 通过分析作出判断

掌握情况（获得信息）之后，要进行分析、判断和验证。可凭经验、技能进行分析，作出判断，必要时需对所做判断进行验证，以保证得出正确结论。

4. 及时做出决定进行处理

作出判断后，应针对存在的问题做出采取措施的决定，即提出隐患整改意见和要求，包括要求进行信息的反馈。

5. 整改落实

存在隐患的单位必须按照检查组（人员）提出的隐患整改意见和要求落实整改。检查组（人员）对整改落实情况进行复查，获得整改效果的信息，以实现安全检查工作的闭环。

6. 考核与奖惩

（1）对安全检查中发现的问题和隐患，应定人、定时间、定措施组织整改，并跟踪复查。

（2）企业和项目部应依据安全检查结果定期组织实施考核，落实奖罚，以促进安全生产管理。

### 14.3.4 安全检查资料与记录

1. 项目部

（1）项目部应设专职安全员负责施工安全生产管理活动必要的记录。

（2）施工现场安全资料应随工程进度同步收集、整理，并保存到工程竣工。

（3）施工现场应保存的资料

①施工企业的安全生产许可证，项目部专职安全员等安全管理人员的考核合格证，建设工程施工许可证等复印件；

②施工现场安全监督备案登记表，地上、地下管线及建（构）筑物资料移交单，安全防护、文明施工措施费用支付统计，安全资金投入记录；

③工程概况表，项目重大危险源识别汇总表，危险性较大的分部分项工程专家论证表

和危险性较大的分部分项工程汇总表，项目重大危险源控制措施，生产安全事故应急预案；

④安全技术交底汇总表，特种作业人员登记表，作业人员安全教育记录表，施工现场检查表；

⑤违章处理记录等相关资料。

2. 施工企业

（1）项目部应根据企业职业健康安全管理体系要求，及时将生产安全和职业健康保证计划实施记录与资料移交企业保管。

（2）企业应建立并保存安全检查和改进活动的资料与记录；项目部应将安全管理资料与记录及时归档。

# 第 15 章 市政公用工程职业健康安全与环境管理

## 15.1 职业健康安全体系的要求

本节简要介绍企业职业健康安全管理体系对市政公用工程施工项目的要求。

### 15.1.1 项目职业健康安全管理的目的与内容

1. 职业健康安全管理体系

（1）职业健康安全管理体系（Occupational Health and Safety Management System，简称 OHSMS）是企业总的管理体系的重要部分，职业健康安全系统执行的标准：《职业健康安全管理体系规范》GB/T 28001—2001。

（2）市政工程项目职业健康安全管理就是运用现代科学的管理知识、方法，组织和协调施工生产，充分调动施工人员的主观能动性，在提高劳动生产率的同时，改变不安全、不卫生的工作环境和条件，大幅度降低伤亡事故，达到安全生产的目标要求。

（3）市政工程施工条件复杂、施工中多专业、多工种集中在一个场地，施工人员流动性大，作业位置经常变化，施工现场存在较多的不安全因素，属于事故多发的作业现场。因此，加强工程项目施工现场职业健康安全各要素的管理和控制具有重要意义。

2. 建立项目职业健康安全管理体系

项目职业健康安全管理体系必须符合国家有关职业健康安全生产的法律、法规和规程的要求，包含组织机构、程序、过程和资源等基本内容。

（1）体系建立的要求

企业应加强对项目的职业健康安全管理、指导，帮助项目部建立、实施并保持职业健康安全管理体系。项目职业健康安全管理体系必须由总承包单位负责策划建立，适用于项目全过程的管理和控制；分包单位结合分包工程的特点，制定相适宜的职业健康安全保证计划，纳入并接受总承包单位职业健康安全管理体系的管理。

（2）管理目标

项目部或项目总承包单位负责制定并确保项目的职业健康安全目标。项目负责人（经理）是项目职业健康安全生产的第一责任人，对项目安全生产负全面的领导责任，实现安全管理目标。目标应符合国家有关法律、法规和行业有关规程，实现对建设单位和社会要求的承诺。

（3）管理组织

项目部应建立以项目负责人（经理）为首的职业健康安全管理机构，对于从事与项目职业健康安全有关的管理、操作和检查人员，规定其职责、权限和相互关系。编制职业健康安全计划，决定资源配备；制定项目职业健康安全体系实施的监督、检查和评价制度；制定纠正和预防措施验证制度。

（4）资源

项目部应确定并提供充分的资源，以确保职业健康安全管理体系的有效运行和目标的实现。

资源包括：

① 配备经培训考核持证的管理、操作和专职安全员。

② 施工职业健康安全技术及防护设施。

③ 施工临时用电和消防设施。

④ 施工机械安全防护设施、装置及检测、验收、保养措施。

⑤ 必要的职业健康安全检测工具。

⑥ 职业健康安全技术措施的经费。

### 15.1.2 管理体系与主要程序

1. 危险源辨识、风险评价和风险控制策划

（1）通过对项目现场危险源进行辨识、风险评价分级，根据评价分级结果有针对性地进行风险控制，从而取得良好的职业健康安全绩效。

（2）依据公司的重大危险源清单，项目部结合工程特点和需求补充符合要求的重要危险源清单；作为项目风险控制的依据。

（3）项目危险源辨识、风险评价与风险控制程序，见图 15-1。

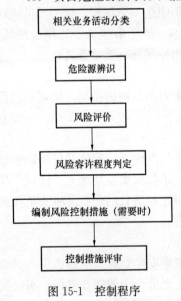

图 15-1 控制程序

（4）施工项目危险源辨识、风险评价与风险控制，详见 15.1。

2. 安全风险控制措施计划制定与评审

职业健康安全风险控制措施计划是以改善项目劳动条件、防止工伤事故、预防职业病和职业中毒为主要目的的一切技术组织措施。具体包括以下四类：

（1）职业健康安全技术措施：以预防工伤事故为目的，包括防护装置、保险装置、信号装置及各种防护设施。

（2）工业卫生技术措施：以改善劳动条件、预防职业病为目的，包括防尘、防毒、防噪声、防振动设施以及通风工程等。

（3）辅助房屋及设施：指保证职业健康安全生产、现场卫生所必需的房屋和设施，包括淋浴室、更衣室、消毒室等。

（4）安全宣传教育设施：包括职业健康安全教材、图书、仪器，施工现场安全培训教育场所、设施。

风险控制措施计划项目主要包括工程概况、控制目标、控制程序、组织结构、职责权限、规章制度、资源配置、安全措施、检查评价和奖惩制度等内容。

项目职业健康安全风险控制措施计划应由项目负责人（经理）主持编制，经有关部门批准后，由专职安全管理人员进行现场监督实施。计划应在实施前进行评审，确定计划的可行性、可靠性和经济合理性。

3. 项目职业健康安全过程控制

施工过程中人的不安全行为、物的不安全状态、作业环境的不安全因素和管理缺陷是项目职业健康安全控制的重点，必须采取有针对性的控制措施。项目施工安全生产中必须把好安全生产"六关"，即措施关、交底关、教育关、防护关、检查关、改进关。施工项目职业健康安全控制程序见图 15-2 所示。

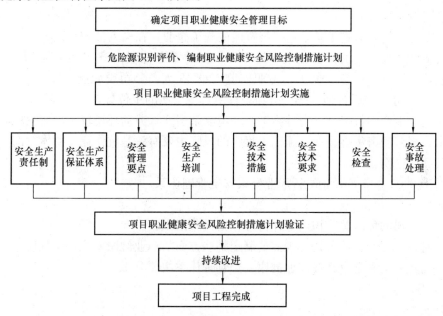

图 15-2  施工项目职业健康安全控制程序

## 15.1.3  劳动保护和职业病预防

1. 劳动保护

（1）严格按照劳动保护用品的发放标准和范围为相关人员配备符合国家或行业标准要求的口罩、防护镜、绝缘手套、绝缘鞋等劳动保护用品，尤其是一线工人的特殊劳动保护用品和必要的劳动保护用品。

（2）要加强施工现场的劳动保护用品的采购、保管、发放和报废管理，严格掌握标准和质量要求。所采购的劳动保护用品必须有相关证件和资料，必要时应对其安全性能进行抽样检测和试验，严禁不合格的劳保用品进入施工现场。

（3）对于二次使用的劳动保护用品应按照其相关标准进行检测试验，破损严重、失去防护功能、不能有效保证安全的劳动防护用品必须及时更换。

2. 职业病预防

（1）应根据具体情况编制特殊工种如：电气焊、油漆、水泥操作工等职业病预防的措施。

（2）施工现场预防职业病的主要措施：

① 为保持空气清洁或使温度符合职业卫生要求而安设的通风换气装置和采光、照明设施；

② 为消除粉尘危害和有毒物质而设置的除尘设备和消毒设施；

③ 防治辐射、热危害的装置及隔热、防暑、降温设施；

④ 为职业卫生而设置的对原材料和加工材料消毒的设施；

⑤ 减轻或消除工作中的噪声及振动的设施。

【案例 15-1】

背景资料：

某市政公司是国家施工总承包一级资质的施工企业，在岗人员 862 人。其中，各级专业技术人员 212 人，受国家安全生产管理局发证的安全管理人员（含经理、副经理、总工、副总工、项目经理等）68 人，专职安监人员 43 人。公司设职能处室 12 个，项目部 10 个。项目部分设国内各地，部分分项工程由具备资质的单位分包。

公司施工生产的特点是：野外施工，环境复杂多变，劳动环境较差，危险性大，特种作业较多，属劳动密集型企业。施工工程中的风险主要有深基坑作业、物体打击、高处坠落、爆破和触电伤害。

公司于 2003 年 5 月开始推行职业健康安全管理体系。

问题：

（1）该公司的危险源辨识风险评价应包括哪些范围？

（2）对运行控制，该公司至少需要制定哪些方面的职业健康安全控制程序？

（3）简述公司和项目部在职业健康安全管理体系主要分工。

参考答案：

（1）答：

①常规和施工方案需特批的作业活动。

②所有进入施工现场人员的活动。

③作业场所内的所有设备、设施。

④现场施工器具、劳动防护用品的使用。

⑤饮食健康与生活卫生。

（2）答：

①《安全技术措施管理程序》。

②《分包工程安全管理程序》。

③《特殊作业管理程序》。

④《施工机具安全管理程序》。

⑤《施工现场交通安全管理程序》。

⑥《爆破物品管理程序》。

⑦《消防安全管理程序》。

⑧《劳动防护用品管理程序》。

⑨《职工食堂卫生管理程序》。

（3）答：

①企业应负责职业健康安全管理体系建立、运行和持续改进，对施工项目部运行应负责指导、监督，帮助项目部建立、实施并保持职业健康安全管理体系。

②施工项目部应建立适用于项目全过程的管理和控制措施（规定），结合分包工程的特点和需要制定适宜的职业健康安全保证计划，纳入项目部的管理体系。

# 15.2 环境管理体系的要求

本节简要介绍企业环境管理体系对市政公用工程施工项目的要求。

## 15.2.1 环境管理体系

### 1. 市政工程特点

市政公用工程建设的自身特点决定了施工企业必须做好环境保护管理工作，减少项目施工对环境的影响。市政公用工程涉及城市自然环境和水环境保护问题，工程建设要通过环境评估。城市交通工程环境评价主要是评价对沿线单位和居民的噪声、振动等影响；城市给水排水工程和垃圾处理工程环境评价主要是评价工程对城市水资源和生态的影响。

### 2. 环境管理体系

（1）我国的环境体系标准主要有：《环境管理体系要求及使用指南》GB/T 24001—2004 和《环境管理体系原则、体系和支持技术通用指南》GB/T 24004—2004。

（2）环境管理体系的宗旨是遵守法律法规及其他要求，实现持续改进和污染预防的环境承诺。其中，环境因素的识别是基础，需考虑施工中大气污染、水污染、噪声污染、废弃物、土地污染、原材料和自然资源的利用以及其他环境问题等内容，按照"三种状态"（正常、异常、紧急）、"三种时态"（过去、现在、将来）进行辨识，确保识别的充分性。

（3）企业内部各管理层次和岗位均应有明确的目标和指标、组织机构和职责、管理制度以及环境管理方案、应急预案。项目部应根据工程特点、顾客要求建立相应的环境管理组织机构，明确目标、职责，制定切实可行的环境保护措施。

## 15.2.2 管理程序与主要内容

### 1. 管理程序

①环境因素辨识和评价；

②确定项目环境因素管理目标；

③进行项目环境管理策划；

④实施项目环境管理策划；

⑤验证并持续改进。

### 2. 主要工作内容

（1）项目文明施工管理

①文明施工是企业环境管理体系的一个重要部分，项目文明施工管理应与当地的社区文化、民族特点及风土人情有机结合，树立项目管理良好的社会形象。

②市政公用工程文明施工应包括：

a. 进行现场文化建设；

b. 规范场容，保持作业环境整洁卫生；

c. 创造有序生产的条件；

d. 减少对居民和环境的不利影响。项目部应对现场人员进行培训教育，提高文明意识和素质，树立良好的企业形象，并按照文明施工标准，定期进行评定、考核和总结。

③ 市政公用工程文明施工要点，详见11.2。

（2）项目现场管理

① 项目施工现场是企业环境管理体系另一个重要部分，市政公用工程施工现场管理具有要求高、变化多的特点；项目部必须严格执行现场管理的各项规定，树立企业和项目管理良好的社会形象。

② 市政公用工程施工现场管理内容与要求，详见11.1。

③ 项目部应按照体系标准，定期进行评定、考核和总结。

### 15.2.3 企业环境管理体系对项目部的要求

1. 企业环境管理体系

（1）企业环境管理体系重在对环境因素和运行控制，对污染预防措施、资源能源节约措施的效果以及重大环境因素控制结果等环境绩效进行监测评价，对运行控制、目标指标、环境管理方案的实现程度进行进行监测。

（2）企业环境管理体系应通过环境管理体系审核和管理评审等手段，对施工项目存在的和潜在的不符合项采取纠正和预防措施，以促进企业环境管理水平持续改进。

2. 项目部环境管理要点

（1）项目部环境管理应与企业环境管理体系保持一致。项目负责人（经理）负责现场环境管理工作的总体策划和部署，建立现场环境管理组织机构，制定相应制度和措施，组织培训，使各级人员明确环境保护的意义和责任。

（2）项目部应按照分区划块原则，搞好现场的环境管理，进行定期检查，加强协调，及时解决发现的问题，实施纠正和预防措施，保持现场良好的作业环境、卫生条件和工作秩序，并进行持续改进。

（3）项目部应对环境因素进行控制，制定应急措施，并保证信息通畅，预防可能出现非预期的损害。针对紧急情况，应制定事故的应急准备和响应预案，预防可能出现的二次和多次污染。出现环境事故时，应消除污染，制定措施，防止环境二次污染。

（4）项目部应进行现场节能管理，有条件时应规定能源使用指标。

（5）项目部应保存有关环境管理的工作记录，并按体系要求归档。

【案例 15-2】

背景资料：

某市政公司是集施工及生产为一体的具备国家总承包一级资质的施工企业。公司设有总经理办公室、工程部、安全部、技术质量部等9个职能部室；公司所属有机械加工厂、沥青生产厂、材料设备租赁站、中心试验室等分公司和7个施工项目部。全公司现有员工2682人，其中有高级技术职称75人、中级技术职称346人。

该公司通过了企业环境管理体系认证，于2009年7月进行内部评审。评审中发现管理上存在下列主要问题：

（1）两个生产厂过多地承担了企业体系管理的责任；

（2）第4施工项目部现场文明施工管理存在不闭合现象，施工所在地街道管理部门有抱怨；

（3）部分环境管理人员素质有待提高，环境管理激励机制和奖励力度存在问题；

（4）施工现场外来单位或人员多，对他们的文明施工和环境保护教育不够落实。

问题：

（1）分析指出该公司企业环境管理体系改进主要方面。

（2）针对问题（3），需要如何规范和完善？

（3）针对问题（4），公司和项目部应如何分工进行改善？程序应包括哪些主要管理内容？

参考答案：

（1）答：

该企业是集施工及生产为一体的具备国家总承包一级资质的施工企业，企业施工是经营主体，而机械加工厂、沥青生产厂是从属工程施工的，企业环境管理体系应将管理重点放在施工现场文明施工、环境管理方面。市政工程施工项目的文明施工管理应与当地的社区管理有机结合，保持作业环境整洁卫生，尽可能地减少对居民和环境的不利影响，树立企业的施工项目管理良好的社会形象。两个生产厂过多地承担了企业体系管理的责任，不利于企业环境管理长效机制的建立，必须加以改进。

（2）答：

问题（3）反映了企业环境管理体系存在需要规范和完善的问题，建议首先采取以下措施：

① 必须建立配套的环境管理绩效及激励制度，责权利基本匹配，促进管理责任到位。

② 在管理责任明确细化、职责权限界定清晰基础上，实施奖励与惩罚。

（3）答：

问题（4）反映了施工现场管理的普遍存在问题，建议首先采取以下措施：

① 企业均应有明确分包管理制度，建立管理机构，控制和减少外来单位或人员对施工现场管理的不利影响。

② 项目部应及时对现场人员进行文明施工和环境保护培训教育，并留有记录；对施工现场管理定期进行评定、考核和总结。

# 第16章 市政公用工程竣工验收与备案

## 16.1 工程竣工验收注意事项

本节介绍了市政公用工程施工质量验收程序与依据。

### 16.1.1 施工质量验收规定

1. 验收程序

（1）检验批及分项工程应由监理工程师组织施工单位项目专业质量（技术）负责人等进行验收。

（2）分部工程应由总监理工程师组织施工单位项目负责人和项目技术、质量负责人等进行验收；地基与基础、主体结构分部工程的勘察、设计单位工程项目负责人也应参加相关分部工程验收。

（3）单位工程完工后，施工单位应自行组织有关人员进行检查评定，总监理工程师应组织专业监理工程师对工程质量进行竣工预验收，对存在的问题，应由施工单位及时整改。整改完毕后，由施工单位向建设单位提交工程竣工报告，申请工程竣工验收。

（4）单位工程中的分包工程完工后，分包单位应对所承包的工程项目进行自检，并应按规定的程序进行验收。验收时，总包单位应派人参加。分包单位应将所分包工程的质量控制资料整理完整后，交总包单位，并应由总包单位统一归入工程竣工档案。

（5）建设单位收到工程竣工验收报告后，应由建设单位（项目）负责人组织施工（含分包单位）、设计、勘察、监理等单位（项目）负责人进行单位工程验收。

2. 基本规定

（1）检验批的质量应按主控项目和一般项目验收。

（2）工程质量的验收均应在施工单位自检合格的基础上进行。

（3）隐蔽工程在隐蔽前应由施工单位通知监理工程师或建设单位专业技术负责人进行验收，并应形成验收文件，验收合格后方可继续施工。

（4）参加工程施工质量验收的各方人员应具备规定的资格。单位工程的验收人员应具备工程建设相关专业的中级以上技术职称并具有 5 年以上从事工程建设相关专业的工作经历，参加单位工程验收的签字人员应为各方项目负责人。

（5）涉及结构安全的试块、试件以及有关材料，应按规定进行见证取样检测。对涉及结构安全、使用功能、节能、环境保护等重要分部工程应进行抽样检测。

（6）承担见证取样检测及有关结构安全、使用功能等项目的检测单位应具备相应资质。

（7）工程的观感质量应由验收人员现场检查，并应共同确认。

### 16.1.2 质量验收合格的依据与退步验收规定

1. 质量验收合格的依据

（1）验收批

① 主控项目的质量经抽样检验合格；

② 一般项目中的实测（允许偏差）项目抽样检验的合格率应达到 80%，且超差点的最大偏差值应在允许偏差值的 1.5 倍范围内；

③ 主要工程材料的进场验收和复验合格，试块、试件检验合格；

④ 主要工程材料的质量保证资料以及相关试验检测资料齐全、正确；具有完整的施工操作依据和质量检查记录。

（2）分项工程

① 分项工程所含的验收批质量验收全部合格；

② 分项工程所含的验收批的质量验收记录应完整、正确；有关质量保证资料和试验检测资料应齐全、正确。

（3）分部（子分部）工程

① 分部（子分部）工程所含分项工程的质量验收全部合格；

② 质量控制资料应完整；

③ 分部（子分部）工程中，地基基础处理、桩基基础检测、梁板混凝土强度、混凝土抗渗抗冻、预应力混凝土、回填压实等的检验和抽样检测结果应符合本规范规定；

④ 外观质量验收应符合要求。

（4）单位（子单位）工程

① 单位（子单位）工程所含分部（子分部）工程的质量验收全部合格；

② 质量控制资料应完整；

③ 单位（子单位）工程所含分部（子分部）工程有关安全及使用功能的检测资料应完整；

④ 主体结构试验检测、抽查结果以及使用功能试验应符合相关规范规定；

⑤ 外观质量验收应符合要求。

2. 质量验收不合格的处理（退步验收）规定

（1）经返工返修或经更换材料、构件、设备等的验收批，应重新进行验收。

（2）经有相应资质的检测单位检测鉴定能够达到设计要求的验收批，应予以验收。

（3）经有相应资质的检测单位检测鉴定达不到设计要求，但经原设计单位验算认可能够满足结构安全和使用功能要求的验收批，可予以验收。

（4）经返修或加固处理的分项工程、分部（子分部）工程，虽然改变外形尺寸但仍能满足结构安全和使用功能要求，可按技术处理方案文件和协商文件进行验收。

（5）通过返修或加固处理仍不能满足结构安全或使用功能要求的分部（子分部）工程、单位（子单位）工程，严禁验收。

### 16.1.3 竣工验收

1. 竣工验收规定

（1）单项工程验收。是指在一个总体建设项目中，一个单项工程已按设计要求建设完成，能满足生产要求或具备使用条件，且施工单位已预验，监理工程师已初验通过，在此条件下进行的正式验收。

（2）全部验收。是指整个建设项目已按设计要求全部建设完成，并符合竣工验收标准，施工单位预验通过，监理工程师初验认可，由监理工程师组织以建设单位为主，有设计、施工等单位参加的正式验收。在整个项目进行全部验收时，对已验收过的单项工程，可以不再进行正式验收和办理验收手续，但应将单项工程验收单作为全部工程验收的附件而加以说明。

（3）办理竣工验收签证书，竣工验收签证书必须有三方的签字方生效。

2. 工程竣工报告

（1）由施工单位编制，在工程完工后提交建设单位。

（2）在施工单位自行检查验收合格基础上，申请竣工验收。

（3）工程竣工报告应含主要内容：

① 工程概况；

② 施工组织设计文件；

③ 工程施工质量检查结果；

④ 符合法律法规及工程建设强制性标准情况；

⑤ 工程施工履行设计文件情况；

⑥ 工程合同履约情况。

# 16.2　工程档案编制要求

本节简要叙述工程资料内容及管理要求。

## 16.2.1　工程资料管理的有关规定

1. 基本规定

（1）工程资料的形成应符合国家相关法律、法规、工程质量验收标准和规范、工程合同规定和设计文件要求。

（2）工程资料应为原件，应随工程进度同步收集、整理并按规定移交。

（3）工程资料应实行分级管理，分别由建设、监理、施工单位主管负责人组织本单位工程资料的全过程管理工作。

（4）工程资料应真实、准确、齐全，与工程实际相符合。对工程资料进行涂改、伪造、随意抽撤或损毁、丢失等，应按有关规定予以处理；情节严重者，应依法追究责任。

2. 分类与主要内容

（1）基建文件：决策立项文件，建设规划用地、征地、拆迁文件，勘察、测绘、设计文件，工程招投标及承包合同文件，开工文件、商务文件，工程竣工备案文件等。

（2）监理资料；监理管理资料、施工监理资料、竣工验收监理资料等。

（3）施工资料：施工管理资料，施工技术文件，物资资料，测量监测资料，施工记录，验收资料，质量评定资料等。

### 16.2.2 施工资料管理

1. 基本规定

(1) 施工合同中应对施工资料的编制要求和移交期限做出明确规定；施工资料应有建设单位签署的意见或监理单位对认证项目的认证记录。

(2) 施工资料应由施工单位编制，按相关规范规定进行编制和保存；其中部分资料应移交建设单位、城建档案馆分别保存。

(3) 总承包工程项目，由总承包单位负责汇集，并整理所有有关施工资料；分包单位应主动向总承包单位移交有关施工资料。

(4) 施工资料应随施工进度及时整理，所需表格应按有关法规的规定认真填写。

(5) 施工资料，特别是需注册建造师签章的，应严格按有关法规规定签字、盖章。

(6) 竣工验收前，建设单位应请当地城建档案管理机构对施工技术资料进行预验收，预验收合格后方可竣工验收。

2. 提交企业保管的施工资料

(1) 企业保管的施工资料应包括：施工管理资料、施工技术文件、物资资料、测量监测资料、施工记录、验收资料、质量评定资料等全部内容。

(2) 企业保管的施工资料主要用于企业内部参考，以便总结工程实践经验，不断提升企业经营管理水平。

3. 移交建设单位保管的施工资料

(1) 竣工图竣工图表。

(2) 施工图纸会审记录、设计变更和技术核定单。开工前施工项目部对工程的施工图、设计资料进行会审后并按单位工程填写会审记录；设计单位按施工程序或需要进行设计交底的交底记录，项目部在施工前进行施工技术交底，并留有双方签字的交底文字记录。

(3) 材料、构件的质量合格证明。原材料、成品，半成品、构配件，设备出厂质量合格证；出厂检（试）验报告及进场复试报告。

(4) 隐蔽工程检查验收记录。

(5) 工程质量检查评定和质量事故处理记录、工程测量复检及预验记录、工程质量检验评定资料、功能性试验记录等。

(6) 主体结构和重要部位的试件、试块、材料试验、检查记录。

(7) 永久性水准点的位置、构造物在施工过程中测量定位记录，有关试验观测记录。

(8) 其他有关该项工程的技术决定；设计变更通知单、洽商记录。

(9) 工程竣工验收报告与验收证书。

### 16.2.3 工程档案编制与管理

1. 资料编制要求

(1) 工程资料应采用耐久性强的书写材料。

(2) 工程资料应字迹清楚，图样清晰，图表整洁，签字盖章手续完备。

(3) 工程资料中文字材料幅面尺寸规格宜为 A4 幅面。图纸宜采用国家标准图幅。

（4）工程资料的纸张应采用能够长期保存的韧力大、耐久性强的纸张。图纸一般采用蓝晒图，竣工图应是新蓝图。计算机出图必须清晰，不得使用计算机出图的复印件。

（5）所有竣工图均应加盖竣工图章。

（6）利用施工图改绘竣工图，必须标明变更修改依据；凡施工图结构、工艺、平面布置等有重大改变，或变更部分超过图面 1/3 的，应当重新绘制竣工图。

（7）不同幅面的工程图纸应按《技术制图复制图的折叠方法》GB 10609.3 统一折叠成 A4 幅面，图标栏露在外面。

2. 资料整理要求

（1）资料排列顺序一般为：封面、目录、文件资料和备考表。

（2）封面应含工程名称、开竣工日期、编制单位、卷册编号、单位技术负责人和法人代表或法人委托人签字并加盖公章。

（3）目录应准确、清晰。

（4）文件资料应按相关规范的规定顺序编排。

（5）备考表应按序排列，便于查找。

3. 项目部的施工资料管理

（1）项目部应设专人负责施工资料管理工作。实行主管负责人责任制，建立施工资料员岗位责任制。

（2）在对施工资料全面收集基础上，进行系统管理、科学地分类和有秩序地排列。分类应符合技术档案本身的自然形成规律。

（3）工程施工资料一般按工程项目分类，使同一项工程的资料都集中在一起，这样能够反映该项目工程的全貌。而每一类下，又可按专业分为若干类。施工资料的目录编制，应通过一定形式，按照一定要求，总结整理成果，揭示资料的内容和它们之间的联系，便于检索。

【案例 16-1】

背景资料：

A 公司中标某城市旧区市政道路改扩建工程，改建后道路升级至城市主干道；并将原来处于快车道下雨水线、给水和燃气等三条管线拆移至新建路的辅路或人行道。合同内的三条管线施工由建设单位直接分包给三家专业公司分别承担，但 A 公司作为工程总承包单位负责土建配合。工程竣工验收前，A 公司请某市城建档案馆有关人员对施工技术资料进行预验收，发现缺少给水管和燃气管线功能性试验记录，管线施工验收资料的总承包单位签字不全等问题。A 公司施工项目部负责人解释说除土建部分资料外不归他们负责，是专业公司直接请专业监理工程师验收签字，资料由专业公司负责交建设单位。但是城建档案馆拒绝出具预验收合格证明。

问题：

（1）试分析城建档案馆拒绝出具施工资料预验收合格的主要原因。

（2）A 公司施工项目部负责人解释正确吗，为什么？

（3）由建设单位直接分包的专业工程施工资料应如何整理移交？

参考答案：

（1）答：

主要理由应该有：首先，竣工验收前对施工技术资料进行预验收，应由建设单位出面组织，而不是由 A 公司出面组织。再者，实行总承包的工程项目，由总承包单位负责汇集，整理所有的有关施工资料，并按相关规范规定进行编制、移交和保存。由此可以认定 A 公司提供的资料不全，不符合预验收的规定。

其中应移交城建档案馆资料包括所有管道功能性试验记录；按有关规定分包单位应主动向总承包单位移交有关施工资料。请当地城建档案管理机构，预验收合格后方可竣工验收。

（2）答：

A 公司施工项目部负责人的解释不正确。因为实行总承包的工程项目的专业分包施工资料应由总承包单位收集整理，而且施工资料应随施工进度及时（同时）形成。竣工验收前出现资料不全只能说明 A 公司施工项目部施工资料管理存在问题。

（3）答：

由建设单位直接分包专业工程的现象普遍存在，但是建设单位在施工总承包合同中对施工资料的编制要求和移交都有明确规定。相关规范也有明确规定：总承包工程项目，由总承包单位负责汇集，并整理所有有关施工资料；分包单位应主动向总承包单位移交有关施工资料。特别是需总承包项目部注册建造师执业签章的，必须履行总承包方责任，严格按有关法规规定签字、盖章。竣工验收前，由总承包单位向建设单位和当地城建档案馆办理移交手续。

# 16.3  工程竣工备案的有关规定

## 16.3.1  竣工验收备案基本规定

1. 竣工验收备案的依据

（1）《房屋建筑和市政基础设施工程竣工验收备案管理暂行办法》，中华人民共和国建设部第 78 号令，于 2000 年 4 月 7 日颁布执行。

（2）《房屋建筑工程和市政基础设施工程竣工验收暂行规定》，中华人民共和国建设部于 2000 年 6 月 30 日颁布执行。

2. 竣工验收备案的程序

（1）经施工单位自检合格后，并且符合《房屋建筑工程和市政基础设施工程竣工验收暂行规定》的要求方可进行竣工验收。

（2）由施工单位在工程完工后向建设单位提交工程竣工报告，申请竣工验收，并经总监理工程师签署意见。

（3）对符合竣工验收要求的工程，建设单位负责组织勘察、设计、监理等单位组成的专家组实施验收。

（4）建设单位必须在竣工验收 7 个工作日前将验收的时间、地点及验收组名单书面通知负责监督该工程的工程质量监督机构。

（5）工程竣工验收合格之日起 15 个工作日内，建设单位应及时提出竣工验收报告，向工程所在地县级以上地方人民政府建设行政主管部门（及备案机关）备案。

（6）工程质量监督机构，应在竣工验收之日起 15 工作日内，向备案机关提交工程质量监督报告。

（7）城建档案管理部门对工程档案资料按国家法律法规要求进行预验收，并签署验收意见。

（8）备案机关在验证竣工验收备案文件齐全后，在竣工验收备案表上签署验收备案意见并签章。工程竣工验收备案表一式两份，一份由建设单位保存，一份留备案机关存档。

## 16.3.2 工程竣工验收报告

（1）工程竣工验收报告由建设单位编制。

（2）报告主要内容包括：

① 工程概况；

② 建设单位执行基本建设程序情况；

③ 对工程勘察、设计、施工、监理等单位的评价；

④ 工程竣工验收时间、程序、内容和组织形式；

⑤ 工程竣工验收鉴定书；

⑥ 竣工移交证书；

⑦ 工程质量保修书。

## 16.3.3 竣工验收备案应提供资料

1. 基建文件

（1）规划许可证及附件、附图；

（2）审定设计批复文件；

（3）施工许可证或开工审批手续；

（4）质量监督注册登记表。

2. 质量报告

（1）勘察单位质量检查报告：勘察单位对勘察、施工过程中地基处理情况进行检查，提出质量检查报告并经项目勘察及有关负责人审核签字。

（2）设计单位质量检查报告：设计单位对设计文件和设计变更通知书进行检查，提出质量检查报告并经设计负责人及单位有关负责人审核签字。

（3）施工单位工程竣工报告。

（4）监理单位工程质量评估报告：由监理单位对工程施工质量进行评估，并经总监理工程师和有关负责人审核签字。

3. 认可文件

（1）城乡规划行政主管部门对工程是否符合规划设计要求进行检查，并出具认可文件。

（2）消防、环保、技术监督、人防等部门出具的认可文件或准许使用文件。

（3）城建档案管理部门出具的工程档案资料预验收文件。

4. 质量验收资料

（1）单位工程质量验收记录；

（2）单位工程质量控制资料核查表；

（3）单位（子单位）工程安全和功能检查及主要功能抽查记录；

（4）市政公用工程应附有质量检测和功能性试验资料；

（5）工程使用的主要建筑材料、建筑构配件和设备的进场试验报告。

5. 其他文件

（1）施工单位签署的工程质量保修书；

（2）竣工移交证书；

（3）备案机关认可需要提供的有关资料。

# 16.4　城市建设档案管理与报送的规定

本节介绍市政公用工程资料档案管理和报送的基本要求。

## 16.4.1　向城建档案馆报送工程档案的工程范围

（1）工业、民用建筑工程；含住宅小区内的市政公用管线等。

（2）市政公用基础设施工程：

① 城镇道桥隧工程

城镇道路：含广场、停车场、高架桥、地下人行过街道等；

城市桥梁：含人行天桥、人行过街桥、涵洞等；

城市隧道：车行、人行等非轨道交通隧道。

② 城市地下管线工程

给水管线：含生活给水、消防给水、工业给水、中水等管道、沟道；

排水管线：含雨水、污水、雨污合流、工业废水等管道、沟道；

燃气管线：含煤气、天然气、液化石油气等输配管道；

供热管线：含水热、气热等管线。

③ 轨道交通工程

地铁车站、车辆段、停车场、控制中心和区间隧道等；

城市轻轨交通车站、车辆段、停车场、控制中心和区间等。

④ 场（厂）站工程

给水厂站：含取水头部、水源井、净水厂、加压站等设施；

排水厂站：含处理厂站、排水泵站、出水口等设施；

燃气厂站：含气源厂、储配站、调压站、供应站等；

供热厂站：供热厂、供热站等；

垃圾处理站、垃圾填埋场等。

（3）园林建设、风景名胜建设工程。

（4）市容环境卫生设施建设工程。

（5）城市防洪、抗震、人防工程。

（6）军事工程档案资料中，除军事禁区和军事管理区以外的穿越市区的地下管线走向和有关隐蔽工程的位置图。

### 16.4.2 城市建设工程档案管理的有关规定

1. 有关规定

（1）受城市规划行政主管部门的委托，在工程竣工验收前，对列入接受范围的工程档案应进行预验收，并出具预验收认可文件。

（2）当地城建档案管理机构负责接受、保管和使用城市建设工程档案的日常管理工作。

2. 城市建设档案的报送期限

（1）《建设工程文件归档整理规范》GB/T 50328 要求，建设单位应当在工程竣工验收后三个月内，向城建档案馆报送一套符合规定的建设工程档案。凡建设工程档案不齐全的，应当限期补充。

（2）对改建、扩建和重要部位维修的工程，建设单位应当组织设计、施工单位据实修改、补充和完善原建设工程档案。

（3）凡结构和平面布置等改变的，应当重新编制建设工程档案，并在工程竣工后三个月内向城建档案馆报送。

（4）停建、缓建工程的档案，暂由建设单位保管。

（5）撤销单位的建设工程档案，应当向上级主管机关或者城建档案馆移交。

3. 城市建设工程档案组卷

（1）应分专业按单位工程，分为基建文件、施工文件、监理文件和竣工图分类组卷。

（2）厂站房屋建设和内部设备安装，应按建筑安装工程的要求组卷。

（3）基建文件、监理文件、施工文件组卷，应根据文件、资料的分类、数量组成一卷或多卷。